U0069285

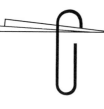

政治與資訊的對話

A Dialogue between Information Technology and Politics

張錦隆、孫以清◎主編

張　序

　　政府電子化的趨勢改變了政府組織部門運作的兩個面向，其一是改善政府服務，如提升效率、降低成本、公開訊息、提高品質等，這是屬於電子化政府較為狹義的定義範疇。另一個面向，則是改善人民與政府之間的溝通互動，亦即所謂「電子化民主」，這是屬於電子化政府較為廣義的定義範疇。

　　根據統計，在二〇〇一年，全球所有國家中已設置政府網站的比例約占九成。國家之間，電子化政府的進展不一，呈現「數位落差」的現象；專家指出發展中國家的電子化政府的表現，高達 60%是失敗的。先進國家大都投注許多資源來建構電子化政府，以美國為例，它在資訊科技項目的年度預算大約是四百億美元。在美國，電子化政府所提供的諸多線上服務，例如申請大學入學、追蹤法案進展情形、個人或企業繳稅、購買打獵或釣魚執照、更新駕照或行照、保留國家公園露營位置等，節省舟車往返的時間和成本，帶來更加便捷的服務，深獲民眾肯定。另一項統計數據指出，美國公民與政府之間有三兆美元的貨幣交換，若不計算個人或企業利用網路報稅、繳稅的部分，剩下來的部分，只有不到 0.5%的貨幣交換是透過網路來進行的。這個現象顯示電子化政府在提升服務效率的面向，仍有極大的改善空間。

　　電子化政府的另一個面向是「電子化民主」，也就是所謂的「網路民主」。它的目標是應用資訊科技來改善民主的效能和效率。著名的公共經濟學家史提格里茲（Joseph Stiglitz）曾在英國牛津大學的一場演講中指出：「在民主過程中，有意義的參與，需要有足夠資訊的參與者。」透明化的政府資訊，可以維護民眾的「知的權利」，也有利於監督政府部門的

無能和腐敗。電子化政府的設置，毫無疑問的，提供了公民一個更便利、更即時、低成本的取得資訊的管道或平臺。然而，資訊傳播科技並非萬靈丹，其伴隨而來的問題，包括隱私權保護、國家安全情報保密、網路犯罪、資訊超載、數位落差、規格標準化等，皆非可以輕易解決的。大多數學者對於電子化民主抱持著保留的態度，認為科技對公民生活與民主治理的影響是非常有限的。

以「資訊爆炸」來描述資訊科技革命所帶來的社會現象，並不為過，不僅「資訊管理」益形重要，成為一項專門學科，且許多學者認為有去蕪存菁之必要，進而鼓吹「知識管理」的研究領域。不少大型企業開始設置「知識執行長」（Chief Knowledge Officer, CKO）的編制，期望能夠更有效地萃取「有用的資訊」——「知識」，以增加企業整體的效率和生產力。我國電子化政府歷經數年建置，成效相當不錯，屢獲世界公正權威之學術機構肯定，在全球評比中名列前茅，但是公共政策的品質，並未因此項傑出表現而大幅提升；政府資訊網絡系統中的資訊品質，似乎有待改善及整合。

本論文集探討政治與資訊科技之間的互動關係，邀集不同專長的學者，進行跨學科領域的研究調查。可以預見的，政治與資訊科技的交互影響，將持續下去，而政治與資訊科技之間的對話，也應該傳承延續。

張錦隆　謹誌

孫　序

　　「政治與資訊科技研討會」從佛光大學創校那年（西元二〇〇〇年）就開始舉辦，至今已經辦了六屆，以台灣的學術界而言，算是一個蠻長命的系列研討會了。顧名思義，此一研討會所要探討的主題，就是政治與資訊科技之間的交互影響。而這六屆研討會所探討的問題，約略有以下六個：第一、在資訊科技的不斷發展及產值不斷提升之際，各國政府如何制定各種資訊政策？又以何種方式提升其科技產業？而其效果又如何？第二、資訊科技的發達對於國際關係、外交政策與作為、國防安全將帶來何種影響？資訊戰爭是現實還是幻想？恐怖組織運用資訊科技進行恐怖活動的可能性為何？又會帶來什麼影響？資訊的快速流通，對外交政策及決策的影響如何？第三、政府及政治人物如何利用資訊科技？而其影響與成效如何？第四、資訊科技與民主政治到底有著什麼關係？它能夠提高民主政治的品質，增進政治參與，或只是淪為民粹主義的工具？民主原則與數位落差的問題如何解決？第五、電子化政府能否增進人民福祉？是否能擴大民眾對各種公共政策與議題的參與？其效能如何評估？以及資訊科技如何提升政府效能？第六、資訊技術的持續進步，將如何改變政治學領域中的研究方法及研究方向？

　　六屆研討會的與會學者及專家，對上述這些問題，提出了上百篇的論文，而會中的討論也十分熱烈。而本書是第三、第四、第五屆「政治與資訊科技研討會」的論文精選集，共分為：「網路與民主前瞻」、「資訊科技與國際政治」、「電子化政府」、「資訊科技與民主發展」與「政府專業資訊網站」等五篇。每一篇收錄論文二至三篇，同時，收錄陳玉璽教授在第四屆研討會中的主題演講，總共十二篇文章。這十二位學者對「政

治與資訊科技研討會」的主要討論問題，都有很精闢的見解和分析，值得仔細閱讀。

在民國八十九年十二月，佛光大學政治學系與資訊學系共同舉辦了「第一屆政治與資訊科技研討會」。當初這個研討會之所以舉辦，是有許多機緣巧合共同促成的。六年前，由於學校剛成立不久，規模很小，全校只有六個研究所，學生總數九十人，學校職員大多身兼數職，簡清華小姐當時負擔政治學與資訊學兩所的行政業務，工作繁重，不太可能分身協助兩個研究所，個別舉辦活動，因此，政治學所郭冠廷所長，與資訊學所駱至中所長共同協商，兩所合辦學術活動的可能性，而「政治與資訊科技研討會」就是兩位所長協商的產物。如果簡清華小姐當時不是擔任政治與資訊學兩所的助理，或是郭所長與駱所長沒有協商出什麼結果，「政治與資訊科技研討會」可能不會舉辦，也不會有什麼論文集，更不可能有兩本專書的出版。在此，願意藉著本書的出版，對這些「政治與資訊科技研討會」幕後的催生者表達謝意。

最後，本書能夠順利出版，在此要感謝許多辛苦的工作人員及贊助單位。首先要感謝政治系助理鄭嘉琦小姐，她包辦了第二屆到第六屆研討會的各項行政工作，她對此一系列研討會的熱心投入是本書能夠順利出版的最重要因素。在此也要特別謝謝政治系所的學生們，你們的熱心服務及參與，使得研討會多采多姿，更為完美。藉此機會也要特別要感謝幾個對「政治與資訊科技研討會」的贊助單位——佛光大學、國家科學委員會社會科學研究中心、教育部、國家政策研究基金會、民主進步黨、金車文教基金會、宜蘭縣議會，以及羅東鎮公所等——由於這些單位的資助，「政治與資訊科技」研討會才能順利地進行，本書也才能順利地出版。最後，要感謝多位匿名評審委員，謝謝你們為本書挑出這十二篇精彩的論文。

孫以清　謹誌
二〇〇六年七月于宜蘭礁溪

目 錄

主題演講

資訊革命與政經劇變

陳玉璽

佛光人文社會學院宗教系教授

一、前言

人類歷史上有過多次因為生產技術的創新而導致社會、經濟和政治體制的巨大變遷。人類學者喜歡引用的一個例子是，當農耕技術和飼養家畜的方法出現以後，初民就告別狩獵的生產方式，開始建立農業的生產方式，以及與之相適應的社會、經濟和政治制度。在近代史上，十九世紀初期歐洲重商主義制度開始轉型為工業資本主義制度，乃是得力於工業革命所帶來的技術創新。蒸汽機的發明不但大大提高了紡織業的生產力，而且被應用於製造各種機械和工業品，後來又應用於推動汽車和火車，促成了工業的全面發展。隨著資本的大量累積和工廠制度的建立，社會逐漸出現了資本家和無產階級對立的階級結構。商品的大規模生產促使英國倡導自由貿易制度；資產階級的壯大則催生自由民主的政治體制。然而西方的資本主義和自由民主制度，要到第二次世界大戰以後，才逐漸推廣到全世界，其關鍵因素也是生產技術的創新。二次戰後，西方的製造業新技術突飛猛進，包括電子、石化、製藥、化工、精密機械等的製造技術，加上跨國公司的崛起，西方先進國家遂以直接投資和技術合作的方式，把製造業技術——而不是戰前殖民主義者用來榨取礦產和農林資源的技術——擴散到廣大的開發中國家，並在製造業生產方式的基礎上，幫助開發中國家建立了以私有企業和自由經濟為特徵的資本主義制度。到了八十年代末期，事情已經變得很清楚了，就是那些在經濟上實行資本主義的開發中國家（包括台灣），一個一個走上了政治民主化的道路。踏進九十年代，蘇聯和東歐共產主義集團不但在經濟上轉型為資本主義，政治上也採行了議會民主制。著名的社會科學家福山（Francis Fukuyama）從以上的政經變遷歸納出一個論點，說是共產主義和資本主義的意識形態鬥爭及政經制度衝突的歷史已經終結（the end of history），而資本主義和自由民主制度是所有人類社會的最後歸趨[1]。

促成這一系列變遷的因素當然很多，但是最重要的因素是科技的創新。我剛才提到，第二次世界大戰後跨國資本和製造業新生產技術的發展是推動全球資本主義和自由民主制度的主要因素，這一點，從非共產世界（包括台灣）的發展歷程來看，是很明顯的，但是蘇聯東歐集團的政經劇變也是由西方的資本和技術所促成的嗎？這就觸及這場主題演講的主題——從二十世紀七十年代中期開始的資訊科技革命，不但導致蘇聯政治和經濟制度的劇烈變動，同時也促成了資本主義制度本身的深刻轉型和變貌。讓我先從蘇聯的問題談起。

二、資訊革命與蘇聯崩解

如上所述，許多開發中國家因為接受西方先進國的資本和技術，而發展出資本主義和自由民主的制度，但是蘇聯的情況剛好相反——僵硬的政治體制和嚴厲控制資訊流通的政策，使蘇聯未能利用世界資訊革命的機會來建立一個強大的資訊科技產業部門，並把資訊科技應用於各個經濟部門的生產和管理，藉以提高經營效率。這個致命的弱點使蘇聯經濟無法面對西方的競爭，終於導致整個政治經濟體制土崩瓦解，而不得不改採西方的制度。這個觀點是社會科學家卡斯德斯（Manuel Castells）在其巨著《資訊時代：經濟、社會與文化》一書中提出的。這本出版於二○○○年的著作共三大卷，對資訊時代的政治經濟和社會文化的變動及其所衍生的問題作了十分透徹的實證研究和分析。其中有關蘇聯的部分，卡氏指出，在八十年代，蘇聯幾項重要工業的生產都超過美國，鋼鐵超過 80%，水泥超過 78%，石油超過 42%，肥料超過 55%，而拖拉機

---

[1] 參閱 Francis Fukuyama, 1992, *The End of History and the Last Man*, NY: The Free Press.

產量更高達美國的五倍。問題是，那時世界經濟體系已把生產重點轉移到電子資訊產業，同時正在醞釀生物科技革命，然而蘇聯在這些方面卻遙遙落後。從各方面的數據和指標來看，蘇聯錯過了七十年代中期開始形成的資訊科技革命。卡氏根據自己在蘇聯的實地調查，對蘇聯在微電子晶片、個人電腦、超級電腦及其他資訊科技領域的落後情況，作了詳細的分析和描述[2]。

為什麼會這樣呢？根據卡斯德斯的研究，原因在於這回新科技革命乃是建立在資訊科技產業以及資訊科技迅速應用到經濟的各部門，但是蘇聯僵硬的政經體制使其無法吸收並調適於資訊科技。並不是布里茲涅夫時代的經濟衰滯妨礙了科技發展，而是相反，由於蘇聯體制沒有能力整合和吸納資訊科技革命，才發生了經濟衰滯。尤有進者，蘇聯對思想的壓制及控制資訊流通的政策，嚴重妨礙了以資訊處理為重心的科技創新和擴散。因此，「當資本主義先進國正埋首於根本的科技轉型之際，這種科技落伍的後果對蘇聯而言是意義深遠的，最終成為它壽終正寢的一大因素。該國經濟無法從粗放型轉變成精緻密集的發展模式，因而加速了經濟的衰落。愈來愈大的科技落差，使蘇聯在世界經濟競爭中變成殘廢，除了出口能源和原料外，無法從國際貿易中獲得任何利益」[3]。

在蘇聯東歐集團崩潰以後，美國及西方國家開始加速全球化的步伐，而這回全球化是以資訊科技作為核心動力的，因此美國從九十年代初以來，對資訊科技設備的投資大增。例如從一九九五年到二〇〇〇年，資訊設備支出占全國企業總資本支出的一半，結果使全國工業生產力比過去二十二年（一九七三至一九九五）高出一倍以上[4]。我們或許可以這樣說，美國先以資訊革命的優勢瓦解蘇聯集團，清除全球化的障礙，然

---

[2] 參閱 Manuel Castells, 2000, *Information Age: Economy, Society and Culture*, Vol. III, *The End of Millenium*, Malden Mass: Blackwell, second edition, pp.26-37.

[3] Manuel Castells, *op. cit.*, p.37.

[4] 引自 *The Economist*, "Productivity, Profit and Promises: Will America's New Economy Survive the Downturn?", February 10-16, 2001, pp.22-24.

後大力加強資訊設備投資，推進新一回合的全球化，把前蘇聯、東歐以及仍在共產黨統治下的中國大陸包攝在一個新的全球分工體系內。

進一步探究歷史發展的軌跡，我們發現問題的根源不僅在於蘇聯的政經體制沒有能力把資訊科技整合於國家經濟，而且在於意識形態的偏執使蘇聯領導層看不見資訊時代的來臨及其對蘇聯經濟的重要意涵。美國社會科學家、哈佛大學教授貝爾（Daniel Bell）在其名著《後工業社會之來臨》一書中透露，該書初版在一九七三年問世後，蘇聯學術界及媒體隨即展開對該書的全面抨擊和批判，因為貝爾在書中斷言，無產階級（工人階級）在即將到來的資訊時代裏將會愈來愈沒落。他說歐美社會在六十年代末期到七十年代初期已開始進入「後工業社會」（即資訊社會），其特徵之一是資訊處理（processing）取代了商品製造（fabricating），成為社會的主要經濟活動；勞動力結構中從事服務業的比率超過製造業，而服務業的內涵主要是資訊處理。再者，推動社會經濟向前發展的核心階級，並不是共產黨所標榜的無產階級，而是新興的專業知識及技術階級；相反的，無產階級在勞動力結構中的比重及其社會力量將會日趨式微。蘇聯當局認為貝爾的論調是對無產階級革命和共產主義學說的侮蔑和挑釁，因此對他的著作發動了全面批判[5]。事實上，早在一九六七年捷克發生「布拉格之春」民主運動時，捷克科學院的社會科學部主任里奇塔（Radovan Richta）曾匯集科學院裏的社會學者的論文，出版了《文明走到十字路口：科學與技術革命的社會人文意涵》，這本書探討社會主義國家的社會矛盾可能已經不是資產階級與無產階級之間的「階級衝突」，而是新興科學及專業階層與工人階級之間的「利益衝突」。這種言論不能見容於蘇聯共產黨，因此第二年（一九六八年）蘇軍占領捷克時，里奇塔被迫針對該書的觀點進行了自我羞辱的駁斥和批判[6]。

總而言之，資訊革命早在七十年代初就已開始醞釀，但蘇聯當局被

---

[5] 參見 Daniel Bell, 1976, *The Coming of Post-Industrial Society*, NY: Basic Books, p.xx.
[6] Daniel Bell, *op. cit.*, p.xxi.

共產主義意識形態所蒙蔽,似乎看不到這個重大的歷史轉變,當然也不瞭解其中的政經意涵。如果蘇聯能及時洞察時代的脈搏,從七十年代開始推行改革開放,建立一個能夠整合資訊科技的開放性的政治體制和經濟體制,今天的世界局勢恐怕會大大改觀,至少不是由美國單獨主導資訊經濟和全球化的歷史進程。

三、資本主義的變貌

　　資訊科技革命也為資本主義世界帶來了劇烈的變化。首先,今天西方的資本主義制度已不再是資本家與工人階級界線分明或互相對立的體制。由於資本來源發生了重大變化,「資本家」的定義已變得模糊不清;又由於管理制度和管理技術的變革,資本家在企業的經營管理上已經沒有角色可以扮演。尤有進者,工人階級透過退休基金的營運以及個人的股市投資而擁有企業的股權。根據著名管理學家彼得‧杜拉克(Peter Drucker)的研究,美國企業資本的主要來源已不是所謂的「資本家」,而是團體投資者,尤其是全國公共部門和私有企業員工共同參與的退休基金,其所擁有的投資額十分龐大,例如在一九九二年擁有全國大企業的一半股權,以及中型企業所發行的公司債券的一半。退休基金的資金是由全國員工薪資中扣繳的公積金,由專業的投資基金負責經營管理,主要投資於股票和債券,這就等於說全國員工是企業的集體大老闆,企業的營運必須為他們負責。因此杜拉克認為,美國的資本主義實際上已變成「退休基金社會主義」[7]。

　　其次,據卡斯德斯的分析,由於資訊科技廣泛應用於經濟各部門的生產、銷售、管理、採購等業務,也應用於政府公共部門的作業,歐美

---

[7] 參見彼得‧杜拉克著／傅振焜譯,2002,《後資本主義社會》,台北:時報文化,頁84-90。

先進國總勞動力的三分之一可以被排除而不影響整體經濟的營運，這不啻應驗了馬克思的預言，即資本主義的資本累積以及由此所促成的技術進步，將會使機器大量取代人工，從而造成大批工人失業。將來的資訊經濟體系能否創造足夠的就業機會來安置這批龐大的剩餘勞動力？政府如何應對失業問題？這是資訊社會所面臨的巨大挑戰。

第三，如果問題只是資訊科技排除勞動力的話，那就表示知識工作者和技術人員仍然保有其專業工作，這也是為什麼貝爾一再強調專業知識階級和技術階級是資訊社會的核心階級。但是貝爾沒有料到，今天歐美社會與資訊科技有關的專業知識工作正在發生「外包」的現象。據二○○四年三月一日《商業周刊》（*Business Week*）封面故事專題報導，由於印度軟體業的崛起，加上其平均工資只有美國的五分之一，美國科技公司正在把軟體程式設計的工作外包給印度，使三百萬名軟體設計師面臨失業的危機。除軟體設計外，其他資訊服務業也正在外包給工資遠較美國低廉的開發中國家的知識工作者。從宏觀經濟來看，這個現象意味著什麼？自從六十年代以來，美國、西歐和日本的勞力密集產業以及汽車、電子等產品的勞力密集零組件大量遷移到開發中國家（包括台灣）製造和裝配，雖然在本國造成失業，但因為本國仍保有資本技術密集型產業、高附加價值產業和資訊服務產業，工業得以持續轉型升級，經濟得以持續成長，並創造新的就業機會。但是現在的情況不同了，現在由於資訊科技促成了全球性的資源優化整合，使企業得以透過電腦網絡到世界各地去尋求「最適」的生產要素組合，因此連高技術、高附加價值的資訊服務工作也可以外包，致使作為「後工業社會」核心力量的專業知識及技術階級面臨工作流失的困境；貝爾的「後工業社會」儼然已變成充滿不確定變數的「後後工業社會」，其未來前景究竟如何，以及各國公私部門如何應對危機和挑戰，乃是資訊時代令人關切的一大課題。

第四，隨著資訊科技的發達，跨國企業的組織形態和營運方式也發生了變化。從前的跨國公司（transnational corporation, TNC）只在投資國

及其週邊地區整合資源（例如日本汽車公司在東亞各國生產零組件，再運到裝配地點去裝配成整部汽車），但現在由於資訊科技促成了全球性的資源整合和市場布局，跨國公司單打獨鬥已經力有所不逮，而必須與其他國家的大公司合資組成「多國企業」（multinational enterprise, MNE），或彼此進行「策略聯盟」（strategic alliance），以便藉重彼此的力量去從事全球資源的優化組合和市場的拓展。策略聯盟的方式花樣繁多，包括新技術的交叉使用權、交叉持股、市場分享、合資企業、零組件製造及裝配的分工合作、互換品牌（re-badging，即一公司代銷其他公司產品，但換上自己的品牌，例如日本本田公司在英國製造的汽車掛上 Rovers 品牌銷售）等等[8]。

第五，由資訊革命所促成的經濟全球化，已導致原來的第三世界分裂爲二，比較發達的第三世界國家或第三世界國家中的專業知識階層，搭上了全球化的列車，有機會參與新的資訊經濟分工體系，從中獲得利益；但是比較落後的第三世界國家或較發達國家的落後地區卻與全球化脫節，淪爲所謂的「第四世界」（the Fourth World）。這個「第四世界」的主要特徵是「去工業化」（de-industrialization）和「社會排斥」（social exclusion）——傳統工業在劇烈競爭中被摧毀，又因基礎設施落後等原因而無法吸引新的外來投資，結果是人口的相當部分既沒有機會參加生產，也沒有能力參加消費，成爲全球化軌道上被「摔出去」的一群，其子女沒有機會受教育，淪爲犯罪、吸毒和兒童色情行業的犧牲品[9]。由於許多開發中國家熱中於趕上全球化的列車，也爲了吸引外來投資，把大量國家資源投注於基礎建設，以及能在短期獲利的事業（如房地產），少有餘力施行社會福利，加上全國所得和財富分配兩極化的問題日益嚴重，致使「第四世界」民眾的處境更加艱難。

---

[8] 參見 Malcolm Waters, 2001, *Globalization*, second edition, NY: Routledge, pp.76-78.
[9] 參見 Manuel Castells, *op.cit.*, pp.68-168.

四、結語：從資訊社會到「後資訊社會」

　　正如歷史上的所有技術創新一樣，資訊革命帶來了政治經濟和社會文化的巨大變遷，所不同的是速度比以前更快，影響也更深遠。資訊革命可以顛覆一個龐大的現代帝國，造成其政經體系的瓦解，同時也使資本主義本身發生深刻的轉型和變貌。就微觀經濟層面而言，企業界在激烈的競爭下，「創造性毀滅」（creative destruction，即技術創新導致原有企業被淘汰）正以雷厲風行的速度在進行，任何新興資訊產業都難有長期性的前景展望，需要不斷地更新技術和經營方式才能在競爭中存活，台灣的個人電腦王國在短短數年間改頭換面，便是最好的例證。再就宏觀經濟來看，景氣循環的週期和形態已不再遵循傳統資本主義的模式，東亞經濟經過三十年的平穩發展和繁榮以後，於一九九七年突然陷入嚴重衰退，不到兩年後（一九九九年）出現戲劇性的強勁復甦，隨後又受到美國「科技泡沫」破滅的影響而再度陷入衰退，直到今年初（二〇〇四年）才出現明顯復甦，這種驚濤駭浪式的景氣循環模式，是歷史上所沒有過的現象。

　　資訊經濟的邏輯不重視資源有限的事實，或者說是冀望以不斷的技術創新來克服資源供應的瓶頸，然而自然資源所賴以保存的生態環境正在遭受日益嚴重的破壞，卻是有目共睹的事實。當資源的基礎被破壞時，如何能保證資源的無限供應和永續經營？再者，信奉「資訊至上」的精英們喜歡誇言：土地和勞力創造價值的時代已經過去了，現在只有知識和資訊才能創造價值；從前製造業的產品特性是體積和重量愈大就愈值錢，現在的資訊產品則相反——體積愈小，重量愈輕，才能創造愈多的價值。然而資訊經濟的精英們忽略了一個重要事實：先進國的資訊產品必須與後進國的傳統農工產品交換，才能彰顯其價值。兩者的生產分工

和不平等交易，是先進國的資訊經濟得以保持優勢的重要條件，假如有一天這個分工體系被破壞，全世界各國都要發展資訊科技產業，而不再依靠土地和勞力去創造價值的話，那麼資訊產品的身價恐怕就要一落千丈，畢竟電腦和微晶片是不能用來填飽肚子的啊！綜上所述，可見資訊經濟也同傳統經濟一樣，不能逃過「收益遞減定律」（law of diminishing returns）以及產業「成長極限」（limit to growth）的一般規律。當各種資訊科技產業的邊際收益趨近於零，或產業擴張達到極限時，資訊社會恐怕就要被「後資訊社會」所取代，而那時的社會、政治和經濟變貌，是我們目前所無法想像的。我們可以斷言的是，資訊革命帶來了政經劇變，但當資訊時代終結時，世界的政經體制並不會處於靜止不動的狀態，而很可能還要經歷一番同樣劇烈——甚至更劇烈——的動盪。

（佛光人文社會學院政治學系主辦第四屆政治與資訊學術研討會主題演講，2004 年 4 月）

第一篇

網路與民主前瞻

網路民主前景初探
ww以公共領域為核心之探討

劉久清
銘傳大學通識教育中心專任副教授

一、楔子

雖然說，對於網路民主或相關概念的論述、探討或引用，就算說不上汗牛充棟，卻已絕對可以說所在多是[1]；不過，對於此一主題的探討，卻仍不免是處於初級階段，難謂成熟，因為這畢竟只是個新興、處於學步階段、有待進一步觀察其發展的概念與／或制度[2]。

至於已有許多相關論述出現，只顯示資訊爆炸情形之嚴重，甚至只是表示此一詞彙已開始流行，卻不表示對該概念已有了明確的結論、甚或深入的理解，更遑論確立制度。

但是，卻也因此顯現出此一論題的研究限制：所能做的，往往只是就已發生的現象，根據過去的經驗、對現況（其實並不完整）的掌握與既有（且未必適用）的理論架構，來進行預測（更可能是臆測）或評估其實踐、發展的可能程度。

即便如此，只要我們對民主現況仍有不滿，網絡的應用仍在持續蓬勃發展，且網絡與民主實踐間也確能見出可能有的關聯，則對網路民主的前景加以探析，就當然有其意義、價值。

有鑑於此，我們乃將本文探究主旨限定於就今日對網絡發展、趨勢所能掌握的認知、反省，結合對民主政治的理解、要求，來探析網路民

---

[1] 就以二〇〇三年三月二十三日為例，在當日利用 google 引擎，以「網路民主」為關鍵詞在網際網路上搜尋相關文章，就出現 164000 筆資料提及或討論此一概念，而以「網路民主」與「公共領域」為關鍵詞在網際網路上搜尋相關文章，也能找到 13900 筆資料。

[2] 不容否認，如果能夠朝著理想方向走下去，網路民主確有可能發展為一種民主的制度形式，只不過，在致力發展之前，卻需要先對此一概念作適度釐清，才有可能去談要建構出何種具體制度架構；當然，它也可以是具體成形於實踐之中，但是，實踐還是需由概念出發，更何況，實踐結果是真的建構出一種新制度，還是只發展出一些所以執行民主決策的技術，仍在未定之天。因此，本文主要將其視為一概念來處理，只有在某些實踐的必要面向上，論析其制度意涵。

主的前景。

　　然而，這並不表示，本文所探究的僅只是如何將「網路」的應用與「民主」理想、實踐結合，如果純就此一面向思考，很容易地就會將網路視為只是所以實踐民主理想的一項（新）手段、（新）工具。

　　就如我們在後文的論析中將呈現的，網絡的發展不只有工具性價值，更有意義的是它提供了一個新的環境，此一環境甚至有可能使我們發展、建構出新穎且性質迥異的身分認同，從而使民主實踐有了新的可能[3]。

　　只不過，在探尋此一新可能之前，仍需就網路運作本身對民主實踐所可能發揮的作用有所瞭解。

二、網路對民主實踐所能發揮的功能

　　一般而言，電腦網路作為一種發展中的工具，其對民主實踐可能提供的最大貢獻，在於有可能促使民主政治的原型──直接民主真正實現（摩利斯，2000：29）。

　　以這個角度來看，網路所促成的是一種「電子民主」（electronic democracy）、「數位民主」（digital democracy）。也就是「應用現代資訊與通信科技以協助民主價值的實現，主要工具是以電腦與網路作為憑藉以進行溝通或傳播的電腦中介傳播」，其在理想情況下，「有助於增加政府的公開性、排除公眾參與統治的障礙，以及達成互動的溝通理想」（孫國祥，2001）。

　　以最簡單的方法來說，資訊與通訊科技（Information and

---

[3] 這也是本文所以會兼用「網路」與「網絡」二詞的原因。網路是就資訊與通訊科技發展所提供的新的資訊交流方式與其中所進行的交流活動來看，而網絡則著重於其所可能營造的環境。由此亦可見，「網路民主」一詞的出現，是因為注意到此一科技發展的工具價值，只不過隨著網絡科技的發展，其內含益形豐富。

Communication Technologies）的發展所排除的民主實踐障礙，主要有三（李梅，2000）：地理限制，網路使人得以足不出戶而聚集溝通、會商、做出決策；會議限制，網路使每個人都能就特定公共事務表達自己看法，聽取他人意見，而不會被會議場地與時間所限制；信息限制，網路拓寬了人們獲取資訊的管道，可以按照自己需要獲致各種訊息，由於對資訊有著無限選擇，使其得以充分理解公共事務的各種可能。

不寧唯是，資訊與通訊科技由於具備「回應性」（reflexivity）與「能夠增強組織內成員的自我控制與溝通」兩項性質，使其得以發展出以下特質從而可能促生新型態的直接民主：互動性（interactivity）、全球性網路（global network）、言論自由（free speech）、自由連結（free association）、資訊的建構與擴散（construction and dissemination of information）、挑戰專家與官方的觀點（challenge to professional and official perspectives）、國家認同的破壞（breakdown of nation-state identity）（詹中原，2001）。

然而，就現階段看來，這類利用網路空間（cyberspace），也就是在「資訊交換空間」（information exchange space）中進行虛擬網路議事廳的會議（virtual town hall meeting），以實現網路烏托邦（cybertopia）的美麗前景（葉冠志，2000），畢竟仍只是烏托邦。

所以會認為藉由網路發展直接民主還有一段很長且不知是否能夠達到的路要走，原因很多。除了經濟所造成的數位區隔（digital divide），使許多人因無能力使用網路而淪入網路貧民區（cyber-ghetto）的問題，最關鍵的應該是：一般人仍不熟悉網路與（在網路上作集體決策與投票所不可或缺的）密碼科技，以及缺乏對政府的基本信任（孫國祥，2001）；更重要的，當然是單憑網路並不能真正促進人民的公民素養。

對政府缺乏信任的原因很多，就電子民主言，最根本的，當然就是資訊與溝通能力（詹中原，2001）。也就是，政府未能在網路上就公共議題提供公開平等的政策辯論的空間，以及雖不這麼重要但更直接的，民眾經由網路投入政治運作時，既找不到充分、全面的資訊，又得不到政

府令人滿意的回應（遲恆昌，1999；瞿海源，2001）。

　　但是，即便解決了上述問題，還是有如何在個人完全自由參與，使得網路上往往呈現混亂、高度流動、難以組織的狀況下，去形成成熟、適當的議案，以供決策的問題（陳靜雲，2001）。更何況，對於所謂完備塑造出資訊政體（polity）的治理制度（詹中原，2001），仍須擔心這是否只促成了國家機器進一步強化控制人民的能力，或是由於網站主持人對議題進行操控的能力而成為新的掌權者（陳靜雲，2001）。

　　一項針對歐洲與北美數大城市所做電子民主實驗的檢討報告結論指出（Tsagarousianou, 1998: 175, 176）：電子民主計畫的成功，有賴於其「在國家機器與私有媒體宰制下的公共領域中，支持引入新的『公共性』形式與使其發揮作用的能力」；電子民主本身的運作「並不能使其所在社區民主化，各種公共空間的創立、各種觀點與需求的發聲、每一公民的形塑，均有賴於在公共辯論上有更多能量、承諾與草根性的參與投入」。

　　但是，即便解決了以上所有問題，就網路民主言，還有一個更根本涉及公民素養的問題：民主實踐是否一定要以直接民主為判準、皈依。此一問題可以表達為：「如果我們有的是一個真正純粹的民主，結果很可能是我們會沒有民主」（摩利斯，2000：198）。

　　這是因為：直接民主所可能遭遇的最致命問題，在於缺乏過濾民眾的激情與偏見的機制[4]（桑斯坦，2002：45-46）。也就是說，網路所促成的，可能是更分歧而立場堅定的不同意見，使形成共識所需的妥協更難達至（孫國祥，2001）；同樣地，網路投票能使代議民主壓抑毀滅性狂熱的控制力降低（甚至喪失），從而擴大了民眾的錯誤觀點、加深了他們的偏見（摩利斯，2000：198）。

　　可以預見，當人們一再在投票時，因自己的恐懼、憎恨（不是希望、夢想）而做出錯誤抉擇，就會開始理解到人民有了太多的權力，應該克

---

[4] 國內近年來對民粹主義（populism）的檢討與憂慮，即源於此。

制自己，多聽取比一般人有更多資訊、智慧的人的意見，而可能選擇自動放棄部分決策權力，將其交付專家（摩利斯，2000：第十五章），也就是再度回到代議政治的民主體制。

此時，代議民主之所以可能合乎民主理想，在於儘可能做到了使政府基於政治平等，能夠持續回應其所有公民的各種偏好（Dahl, 1971: 1）。而網路對民主的價值，正在於它有助於增加政權民主化的機會，也就是有助於促成高度包容性（inclusive）的政權，並在其中增加公開競爭的機會（Dahl, 1971: 10）。

最低限度，資訊與通訊科技所提供的方便性，既增強了使用者對公共議題表達主張的意願，更可以輕易集結多數人的意見，組成利益團體，實踐網際網路行動主義（internet activism），由虛擬空間走向真實世界，以盡可能促成實質的強大壓力團體，確保一定程度的民主實踐（遲恆昌，1999）。

然而不然的是，網路發展卻也可能對民主實踐造成極負面的影響。因為網路固然使得各種意見都有機會發表、被每一個人聽到，但是面對網路上無以數計的資訊，個人其實並無能力毫無選擇地全盤吸收（這麼做也是無意義的），必須有所篩選，而網路科技的發展確實也使人有可能獲致「無限過濾」（unlimited filtering）的能力。

只不過，無限過濾的結果，卻極可能使個人只閱讀自己所偏好、感興趣的資訊（桑斯坦，2002：第一章）。再加上，如前所述，個人可在網路空間中經由虛擬串連（virtual cascades）與有著同樣意見、利益的人結合成利益團體。如此一來，就可能進一步刺激深化群體極化（group polarization）[5]的現象，使得言論自由日趨禁錮在一個個特定的虛擬社群中，既阻滯了個人獲取、思索進而接受不同主張的可能，更妨礙了資訊交流與多元意見協商的機會，當然也就傷害了民主的實踐（桑斯坦，

---

[5] 所謂群體極化，是指「團體成員一開始即有某些偏向，在商議後，人們朝偏向的方向繼續移動，最後形成極端的觀點」（桑斯坦，2002：70）。

2002：第三章；翟本瑞，2002）。

究其實，由以上討論可以見出，真正問題不在何種民主制度較為理想，而是如何使網路運作更有助於民主理想的實現。也就是說：問題重點不在「民主是怎麼回事」，而在「為什麼要民主」。對此，最直接的答案是：「確保深思熟慮與廣為周知的決策體系」，使政府的作為均能以促進公眾福祉、確保自由社會實現為依歸（桑斯坦，2002：第二章）；其根本答案，則為我們在他處已指出的（劉久清，2001）：維護並有助於個人實現其自主性。而自主性的實踐場域正在公共領域，這就是接下來要論析的問題。

三、網絡所實踐的公共性與公共領域

事實上，就現今我們對網路發展的理解，可見到在網絡中已形構相當程度的公共性（publicness）[6]，如果此一公共性能夠具備「和公共權力機關直接相抗衡」（哈貝馬斯，1999：2）的性質，就有可能在網絡中建構出始終未曾真正全面發展出來的公共領域（public sphere, publicity）[7]，使人們得以避免遭受權力腐化之害，並因而確立其個體自主性[8]。

只不過，正如本文前言所指出的，這是個我們尚無法對其有真正、深切、相應理解的新現象，以致對其所做解析，甚至是對同一現象均可解析出不同、乃至全然相反的結論。

---

[6] 此處所謂公共性乃依湯普森（J. B. Thompson）所言之一「能見空間」（space of visible）：「也就是藉由行動與事件所建構的空間，而這些行動與事件則是經由符號交換能夠在一公共領域中進行，並具備能見性的過程來完成。」（轉引自 Slevin, 2002: 239）然而，後文將會指出：網路中所展現的公共性與傳統空間中的公共性並不全然相同。

[7] 在很多時候，「公共領域」是被當成一項理念類型（ideal type）看待、應用的。

[8] 在十七、八世紀，公共領域的規範性意涵即為：一個生活範域（realm），公民承受著國家機器權力的陰影而在此範域中得以創造出他們自己的認同（identities）（Keane, 2000: 70）。

由於公共領域概念乃由歷史事實淬取而成，因此，我們先由對公共領域的歷史社會學理解著手。

公共領域「指的是一個交換的競技場」（an arena of exchange）（Poster, 1997: 216），「是一個共同的空間（common space），社會中的成員透過各種媒介達成交會，透過印刷、電子、媒介或面對面的交流，討論共同關心的事物（common interest），而能形成共同的心意（common mind）」（泰勒，1995：59）。

在此意涵下的公眾（public），由原先簡單的「屬於眾人共同關注的事務」、「對整個社會來說重要的事物，它或者屬於整個社會，或者與該社會賴以形成一個整體並行動的工具、制度或設置有關」意涵，加入了規範性意義，而成為有自己意見的自主性公眾（an autonomous public）（泰勒，1999：19）。

此處所謂的意見，也就是公共意見、輿論（public opinion），所指的不只是個人的意見，也不是各人意見的總和，甚至不是大家所自發同意的意見，而是「經過詳盡地辯論和討論，並被我們所有人承認為共同意見的那個東西」（泰勒，1999：19，20）。

有了這種無私的公眾，歐洲人才可以在十七、八世紀與專制的國家機器抗衡，以公民自由表達意見的權力與確保法治（rule of law）的憲政規劃，來徹底改革當時的既有政體；在當代，則可與資本主義經濟抗衡，以對公共財與／或公共善（public good）、公共生活（public life）的肯定、提倡，來對抗因商品經濟重視對盈虧的理性計算所助長的自私德行，以及促使個人盡可能將時間用在賺錢上而無暇參與公共生活的市場經濟（Keane, 2000: 70-71）。

在此一發展過程中，大眾傳媒代表公眾輿論，原可發揮將政治權力與社會權力公開的批判功能（哈貝馬斯，1999：283）。但是，由於資本主義發展，商業廣告進入媒體，以至於媒體除了刺激消費，更因為其對某些產品的宣傳是間接透過虛構的普遍利益來進行，遂使得大眾傳媒將

公共輿論轉成為一種展示、操縱的力量（哈貝馬斯，1999：230，283）。

　　既然利潤導向的媒體會助長、蠱惑公民的無知，因此有學者主張，必須藉助於公共廣播系統來確保公共生活與公共財（公共善）得以維護（Keane, 2000: 71）。然而，「媒體就是公共領域」的結果（Poster, 1997: 217），使得傳統媒體由於單向傳播、閱聽者只能被動接收訊息的特質，將其閱聽者一個個彼此孤立起來，完全缺乏互動，以致共識並非源自共同協商，而係媒體主導所得。這點即便是公共廣播系統也無法避免。

　　電腦網絡在相當程度上解決了上述傳統媒體的問題。因為，網絡提供的技術可能性、開放討論平台與內部強大的搜尋、超連結能力，使得各種論壇、俱樂部、協會，乃至職業團體、政黨、工會與其他各種組織都有可能在網絡中組成、活動；而網路中的參與者又具有匿名性、自主性、參與性以及公共性的特質，可以自由進出網絡、選取自己所要資訊、暢所欲言發聲（何盈，2003）。

　　再加上電腦網路具有互動、回應的特質，對個人提供參與、互動的主動功能，個人可藉由電傳在場（telepresence）的方式與他人在網路上進行互動式溝通，彼此商議、討論，共同辯論，以形成共識、認同，乃至串連、動員。於是，網路成為電子集會場（electronic agora），並可藉由主體溝通建構一相互連結的網絡（周桂田，1997）。

　　如此一來，網絡豈不就提供了自主性公眾活動的空間，而要以公共領域為武器來確保個人自由、自主，在網絡中也就有了實踐可能。但是，事情卻未如此樂觀。

　　首先，在最理想狀態，公共空間應是向所有人開放（哈貝馬斯，1999：2），一個容許不特定多數人隨時自由進出的空間；它可被視為公共財，而具有以下特色：消費時並不會有競爭（nonrivalry in consumption，每個人都可消費同樣的質量，不會因一個人的消費損耗其他人的消費質量），且具有非排他性（non-excludability，每個人都可享用）（Kaul, Grunberg & Stern, 1999: 3-4）。當然，在實際上，總難免會有某些限制，因此，問題

就在於網絡就此所生限制的性質與程度。

這點首先可由技術面看：數位區隔固然顯現了處於（主要是）經濟弱勢者無法進入的問題。更嚴重的是，網路發展並未擺脫資本主義，在相當程度上，反倒是因為市場、商品經濟的運作，才促成網路的蓬勃發展。然而，商品、市場經濟的關鍵在私有產權，電腦網路的有效運作需要依靠相關軟硬體設備，一旦開發廠商將其視為私有產權，就有可能為求私利而限定使用者應用權限（姜奇平，2003），或（如 Pentium Ⅲ晶片在剛開始製造時曾）設定可追蹤之產品序號使得使用者不再能夠匿名。

更重要的是，網路不是自然生成、自行架構而成，上網也需要有個入口、通路，不是直接就能與資訊接觸、與他人進行互動。隨著網路發展所呈現的巨大商機，促使網路日趨商業化，浸假淪為華爾街的玩物。

無法避免地，隨著通路商業者的激烈競爭而終於出現兼併現象，由於入口網站在相當程度上決定了所能取得的資訊，也就是說，誰擁有入口網站誰就決定了上網者能夠獲取哪些資訊（遲恆昌，1999）。於是，隨著兼併使得網路被少數大公司壟斷，上網者日益集中於少數幾個入口網站，在訊息流通系統業者兼訊息提供者的情形下，就可能使得網路上傳達的訊息只是少數幾家媒體巨頭的作品，從而出現「富有的媒體、貧窮的民主」，甚至扼殺網路民主的潛力於搖籃之中[9]（李希光，2001；瞿海源，2001）。

其實，對網路資訊自由流通更嚴重的威脅，乃來自各類管制措施。

雖然說，公共領域的價值，仰賴於適當地接近並取用資訊、進行溝通的可能性，前段所述問題之發生，即在於將資訊視為是私人生產以供銷售的貨品，如果認為資訊是社會財，則由國家機器確保公民取得、運用資訊與溝通的機會，正是民主的標的之一（Malina, 1999: 28-29）。何況，為了避免網路受到不當利用，尤其是為了避免遭人傳送不當資訊，一般

---

[9] 承蒙熊愛欽老師指出：入口網站的限制可以搜尋引擎突破，唯搜尋引擎對資料的排序則形成了新的限制。謹此致謝！

多承認管制有其必要。

但是，以國家力量進行管制，就可能出現如中共以國家機器持續不斷地用各種理由、手段將網路上的資訊與言論加以管制、宰控，甚至前段所述市場化對網路民主前景的威脅，都成為國家機器管制網路的正當性藉口（張志安，2002）。

這樣的管制根本傷害了網絡發展為公共領域的可能。因為公共領域必須處於「政治之外」（extra-political）的位置，方得不受限於局部空間，進而得以否定個人意見的侷限與特性。為達此目的，就要使社會有識之士集結為獨立討論網絡，跨越政治界限、獨立於國家之外（泰勒，1995：62-63）。

然則，即便是由國家之外的民間自發進行管制，無論其手段是由某些民間團體組織的網路巡邏、監視行動，或由網路業者架構的獨立監督系統，甚至是以業者開發的防火牆之類評等、過濾軟體，也都有可能妨礙網路言論自由的發展與不同意見的呈現（Slevin，2002：第九章）。

這是因為，民間團體會起而監督，自然是認為網路上所呈現的言論、資訊違反或侵害了那個團體所抱持的價值標準與要求，但是，也因此，他們所執行的行動就難免激發群體極化的可能；至於業者的作為，無論是建立監督系統或在電腦作業系統中置入過濾軟體，生意人就是生意人，其競爭對手或不利於其業務的資訊或言論，就很可能隨著管制系統的過濾而一併遭到剔除，無法呈現於網路視聽者面前（Slevin，2002：第九章）。

論析及此，已經脫離技術面而接觸到人類社會的一個基本狀態：權力永遠傾斜，壓迫難以避免（葉啟政，1996）。其中關鍵在於對中心／邊陲關係中資訊點的掌握，是否掌握資訊、掌握的數量、種類、掌握方式，均可能成為劃分人群甚至階級的重要資源判準（葉啟政，1996）。

既然如此，面對網路科技與應用的持續發展，可以檢討的是，網絡中的權力關係是否有助於公共領域開展與民主實踐。

對此，可分幾個方面看（Jordan, 2001：第七章）：首先，就個人層面，以網路是一應用科技看，資訊通訊科技的發展，確實可能提高個人參與討論、形成決策的便利性，使個人得以擁有之前所無法擁有的權力。

然而，方便的科技在應用之後會產生對更便利科技的需求，以求發揮更高的參與效能，以獲致更多的權力，也就對研發、設計與掌控此一科技發展的網路菁英有了更深的依賴。於是，就整體社會架構來看，菁英統治的階級架構也就為之確立。

面對此一個人自由與菁英統治的螺旋向上發展——菁英愈益有權以促使科技日形進步而個人於是更加自由。我們對自己的未來，不免產生兩種迥異路線的想像：是從此日趨民主，邁向自由、解放的天堂，還是愈益陷入《1984》中永遠受老大哥監視的煉獄。

不管是哪種想像，基於在未來有著共同命運的感受，個人與社會整體被綁在一起，形成某種想像共同體（imagined community）——一個「虛擬的我們」（virtual we），同時，也逼使著大家，無論是為實現天堂或迴避煉獄，都只有奮力向前、不斷實踐以求取進一步發展。

必須注意的是，網絡權力雖然是「虛擬生活裏的理論」（Jordan, 2001: 299），由於想像共同體乃是民族主義的主要緣起因素（安德生，1999），以至於在網絡中非但出現與前述破壞國家認同相反的「虛擬國家」的建構（黃瓊儀，2001），更會在某些特殊時刻、某些特殊事件，激發起大家對虛擬網路所指涉真實空間的關切，而出現強化國家認同的現象（遲恆昌，1999；龔浩群，2002）。

這中間的關鍵在於參與者個人素養，如果參與者無法以合理態度參與討論，無法摒除私人因素，將論題與個人因素脫離，當然就無可能真正發揮公共領域的功能。此一現象，更典型的表現在網路術語所謂的「火焰戰爭」（flame wars），也就是在參與討論時，完全拒絕就事論事，而是濫用各種情緒語言，甚至粗口謾罵來攻擊對手。這是在網路上普遍發生（春夏之交，1999），且為網路觀察者所深以為憾的現象（瞿海源，2001）。

其所以如此，涉及網絡中的公共性與實體交流的最大差異：匿名性。在網絡中，個人脫離了生物與社會文化的決定因素，而得以如幽靈般自由飄盪，以匿名與陌生人交往，也就較無責任感與現實負擔（翟本瑞，2002）。在進行溝通時，又只是面對電腦顯示器，見不到活生生的人，也不會見到對方表達的非語言、文字（或超語言）訊息，於是，在不覺得有必要自我節制的情形下，很容易因意見不合而提升敵意、怒火中燒，剛好又覺得自己可以侮辱人而不受罰，就肆無忌憚地大聲開罵了（德里，2000；Davis, 1999）。

矛盾的是，相對於缺乏網絡禮儀（netiquette），還有一完全相反的現象，網路上的大多數人是沈默、不願甚至害怕表示意見的潛行者（lurker）。除此之外，網絡中討論社群的成員流動率高、並不穩定；在討論議題時又無法集中焦點，往往同時呈現幾個論題，這種混沌現象，源自網絡中缺乏規範討論、維持討論方向的機制，但是，管制又可能激發前已論及的妨礙自由表達機會。因此，網絡中的議題討論，離達到「直接民主的涅槃」（a nirvana of direct democracy）還早得很（Davis, 1999: chap. six, p.165）。

由此可知，公共領域要有效形成、運作，確立理性人的存在是其必要條件。只不過，人會根據工具理性去追求最大利益，卻不只是個自然事實（natural fact），而是源自人的自我理解（self-understanding），這一理解則來自於現代西方社會對人我關係的認識（泰勒，1995：68）。

這種人對人我與物我關係的想像，立基於現代西方人對社會的認定——社會必須共同行動，社會關係乃建立於共識之上；以及立基於西方現代人對世界認識——我在世界的位置、我和他人的關係以及我所處的道德位置（我與善的關係）—— 的背景意識（background sense）所建構的自我認同（泰勒，1995：68-69）。

由於網絡的運作，在相當程度上，對這幾項基本認知都起了挑戰作用。因此，我們可以問：即便現今人在網絡中的行動仍存在著前述種種

嚴重問題，網絡發展是否有可能促使新人出現，從而建構起新的公共領域？

對此，網絡機體（cyborg）是最典型的想像。就最徹底的理想面向看，這個概念是指：在人類文化以演化論打破人與動物的界限後，更進一步以網絡打破了有機體與機器、實體與非實體的障礙。從此以後，人的生活、與他人他物的關聯，都需透過網絡，甚至就在網絡中進行（Jordon, 2000: 262-266）。

雖然說，有正面的描述，當然不免極其負面的預測。然而，即便是在網際網絡中仍無法真正解決真實社會中的階層、性別、族群差異，尤其是歧視、政治不平等的現象，卻由於網絡中的匿名性，使參與者可以自行選定自己所要（甚至與真實身分完全相異）的身分認同，而且可以隨時變換。以至於，即使網絡無法真正成為公共領域，也就是說，網絡不是個有效宣稱（validity-claims）能夠呈現，也不是批判理性得以真實展現的場所，它卻是一個能夠「銘刻新的自我建構（self-constitution）的人類集合體」的場所（Poster, 1997: 222-224）。

在網絡機體政治學中，「民主」一詞不再是指涉具有形體的個人的主權，以及由這些人來決定由誰領導的系統，而是要用來指稱「由網絡空間媒介的領導者與追隨者，而且，他們的關係是建構在由網絡創造的機動的身分認同上」（Poster, 1997: 225）。

最後，網絡的發展也使我們對公共領域有了進一步深化的認知。其中最明顯的就是，公共領域是一多重結構的概念，而非單一平面的場域。例如：它可分為微觀、中程與宏觀三個層次（Keane, 2000: 77-84）；又可以將其多元化、複合化，成為一個個立基於政治抗爭、站在社會邊緣團體的立場與既有建制對抗的（oppositional）、局部的（partial）、反的公共領域（counter-public sphere）（Poster, 1997: 217-219）。

也因為這樣，當我們回到網絡的公共領域概念來看時，就會發現（周桂田，1997）：它在設想上固然是以追求共識的建立為目的，但是，要達

成此目的，除了理性論辯，更重要的是需要某種進行討論的規範架構。這是因為網絡中所呈現的多元、異質、多重主體的特性與自由發言的機會，使得如前所述，網絡秩序非常難以形成、維持，成為一個參與者彼此相互混戰的場域。

如此一來，設法經由對話、溝通、論戰發展出參與詮釋、釐清問題的能力，再透過對所討論的議題發展出論述策略以取得發言權，從而確立某種共識、某種社會的後設形構信仰，建構出有秩序的權力關係，商討出最佳生活策略，就成為公共領域參與者的主要任務。

究其實，「公共領域是一種理解，而非具體可見的事實」（泰勒，1995），「一項將公共領域視為統一，公共意見與公共利益均定義於此，並將公共生活獨斷地寄附於此的理論，乃是一種幻想拼裝的怪獸（chimera）」，但是，「為了民主著想，還是不該將之棄置」（Keane, 2000: 88）。

這是因為，公共領域其實始終在受操縱，差別只在粗糙／精緻、明顯／細微、簡單／複雜；公共領域也往往被金錢、政府，乃至二者的勾結所擺布；現代媒體更未必就真正允許開放、多面的意見交換以在公共事務上達成共同看法。但是，「現代自由社會的特出之處，在於讓公共領域的活動自由進行，而政府能有所回應及反饋」（泰勒，1995：60）。

因此，對於網路民主，該努力的不是建立某種完善的民主體制，而是要設法推動電子民主化（electronic democratisation）的工作，致力於促使原先在政治社會生活的各個層面均無能參與決策的一般人，能夠經由網絡發展，就算無法真正強化其政治權力，增強其在政治運作過程中所扮演的角色（Malina, 1999: 32-33），至少也要能增加他們參與論述的發言機會。

四、尾聲：網路民主是實踐而非理論

網路發展無可迴避，也不應設想其消失的可能，只能設法使其更公平、合理的被應用。例如，數位區隔[10]與確保網路資訊的真實性，就是一定要克服的問題。

民主固有諸多缺失，卻仍是迄今最值得追求的政治制度。而隨著網絡日益進入我們的生活，就有可能反過來，成為我們的生活嵌入網絡之中（葉啟政，1996），如此一來，網路民主的發展就更加無從迴避。

因此，最重要的不是理論性地追問：網路民主是什麼樣的制度？真有那麼理想？是烏托邦還是可能的前景？而是實際的探討，如何在網絡中實踐公共領域，使民主實踐得以在網絡空間中充分發揮其應有功能，以確保個人的自主性。

畢竟，民主固然應該也有可能確保個人的自主性，但是，前者只是後者的必要條件而非充分條件，有民主，個人未必就有能力行使其自主性。

關鍵還是必須回到人的本身，回到人如何成為公民的問題。

但是，以上討論有一重大盲點，即其所採用的是一普遍性觀點，認為民主、公共領域與網絡發展舉世皆然，遵守的是同一套準則。完全忽略了現代民主與公共領域乃是西歐社會依其獨特歷史條件所發展出來，網絡更是當代西方社會的產物。

但是，我們在此間探析網路民主前景的關切點，在於我國發展網路民主的可能，如果忽略了其間存在的區域性、文化性差異，就很難有真正相應的理解，若是不顧這些，硬行移植過來，就難免橘逾淮而為枳，

---

[10] 對此，戴森（F. J. Dyson）就技術面提出了很有趣的解決可能。見戴森，1999，第二章。

這正是我國多年發展民主的經驗教訓。

台灣其實是一個相當複雜，存在著多元面向、層次，也就是個各類價值、不同發展階段（傳統、現代、後現代）同時並存的社會。就民主言，我們一方面還算不上已經有了穩固、合理的體制，甚至（如果以杭亭頓的判準）只是迎上了第三波的大潮，卻不曾真正進入民主鞏固；再一方面，我們又見到在選舉實務上已發展至所謂民主先進國家（尤其是美國）的樣貌，重視文宣、甚至以反面文宣為主流，以及對政府的態度上出現既要求去中心化又致力集權中央的徘徊於後現代門檻狀態；最後，也就是前述人的問題，我們社會中的多數成員離成為合格公民仍有許多修養功夫待努力。

至於公民陶成工作之所以有待努力，其中最關鍵的原因，在於我國與當代西方文化上的差異。而在中西種種差異中，除了缺乏工具性理性與批判理性的思考習慣（劉久清，2000），最重要的，應是缺乏明確的公私之分。

這一宣稱，觸及了當代中國史學研究的一項爭議：我國是否曾有過公共領域？對於此一爭議，且不論正反雙方的對錯，純就此一辯論本身來看，對我國歷史社會的認知都是饒富意義的（范純武，2000；魏斐德，1998；羅威廉，1998；黃宗智，1998）。更何況，無論過去是否發生，對於建立國人公私之分觀念——例如應有公德心的努力，在我國確是已逾百年，而且迄今成效不彰仍待努力（陳弱水，1997）。

研究上所以會有爭議，努力所以成效不彰，關鍵在於我國傳統不是沒有公私之分，而是不像當代西方社會在概念上能夠加以明確二分。誠如我們在他處指出的：基本上，我國傳統是以相對觀點來理解公私，以相對於自己的距離遠近來區分公私（劉久清，1999）。

因此，就我國傳統而言，必須保護私人領域的觀念十分淡薄（金觀濤、劉青峰，2001）。但是，「資產階級公共領域首先可以理解為一個由私人集合而成的公眾的領域」（哈貝馬斯，1999：32）。唯有先確立私人

價值、私人領域，才能發展獨立於國家之外的公共領域。此所以我國一直到今天仍存在整體私人領域可以完全為代表公的國家所壓制的現象（金觀濤、劉青峰，2001）。

同一原因的完全相反表現，則在於公共領域中所著重的完全是私人問題。我國現今媒體特別喜好窺人隱私的表現，以及國人與媒體在論述公共議題時，總習慣性、反射性地放在個人原因，例如以陰謀論的角度來思考，甚至常做人身攻擊，都無非是缺乏公共領域認知的表現。

面對這些文化差異，所該做的不是試圖加以彌平，而是面對差異，設法在實踐中尋獲一條可行的出路。對此，要走的路還很漫長，且常是曲折的。因此，在今日台灣探討網路民主前景，主要仍在於理想自勉。

當然，只是在技術面運用網路從事一些與反映民意、利益遊說之類政治參與的行動，確是很快就可以實現，也已經有人在嘗試著做；只不過，網路是否真能用來（網路發展是否真能）實踐民主的價值——因以實踐個人自主性，則仍大有疑慮。對此，有待於進一步深入檢視網路與人的互動。

要有效進行此一工作，唯一合宜的參考指標，厥為人類在歷史上與科技發展互動的經驗。只不過，由於社會的高度複雜性，要想藉由對科技發展的歷史社會學探析，進一步預測網絡與人互動的未來發展，終究只是種主觀的想望。

雖然說，主觀想望不是壞事，但是，要以其預測來規劃未來發展藍圖，指引下一步實踐工作，就要小心會成為「烏托邦社會工程」（utopian social engineering）[11]，非但無益反而有損。

更何況，網絡發展永遠領先於我們對它的理解。

網絡發展不會停下來，等我們討論出一個適當結論，再配合此一結論進行。因此，對於網絡前景與網路民主的最佳預測，就是不預測。

---

[11] 此處的烏托邦社會工程與後面的涓滴社會工程，乃是引自波伯（K. R. Popper）的概念，我們對此曾有過相當的闡述。見劉久清，1984，1993。

這不是說除了有個模糊的願景想望，完全不需檢討、回顧或做前瞻工作，而是本於「涓滴社會工程」（piecemeal social engineering）的概念，不做全面性規劃藍圖的設想，過去經驗（尤其是犯錯的經驗）與理論預測均僅供採行下一步作為時的參考。做中學或是一步步的摸著石頭過河，即為最佳的規劃藍圖。

因此，對於我國發展網路民主的前景，如果希望除了理想還能有些具體作為，最重要的不是架構理想的網路民主圖像，而是具體實踐，抱著戒慎恐懼心理卻又一往直前的實踐。

參考書目

■中文部分

安德生（B. R. O. Anderson）著，吳叡人譯，1999，《想像的共同體：民族主義的起源與散布》（*Imagined Communities: Reflections on the Origin and Spread of Nationalism*），北市：時報文化。

李希光，2001，〈新媒體巨頭的出現與網絡民主的終結〉，發表於「（大陸）清華大學國際傳播研究中心網站」http://www. media.tsinghua. edu.cn/new_new/reader.asp?Id=12。

李梅，2000，〈網絡時代：民主發展的重要契機〉，發表於「制度分析與公共政策」學術網站 http://www.wiapp.org/maoshoulong/maopaper04. html。

何盈，2003，〈互聯網，作為公共領域勃興的契機〉，發表於「紫金網」（zijin.net）http://www.zijin.net/gb/content/2003-01/01/content_48.htm。

金觀濤、劉青峰，2001，〈從「群」到「社會」、「社會主義」──中國近代公共領域變遷的思想史研究〉，《中央研究院近代史研究所集刊》，第 35 期，頁 1-66。

周桂田，1997，〈網際網路上的公共領域——在風險社會下的建構意義〉，發表於北市：中央研究院社會學研究所籌備處主辦，第二屆「資訊科技與社會轉型」研討會。

春夏之交，1999，〈閒評網上論壇（兼論網路民主）〉，發表於《春夏自由評論——中國網絡自由思想文摘／春夏評論》，http://209.213.197.26/freethinking/sstxt/cx002.htm。

哈貝馬斯（J. Habermas）著，曹衛東、王曉珏、劉北城、宋偉傑譯，1999，《公共領域的結構轉型》（*Strukturwandel der Offentlichkeit*），上海：學林。

姜奇平，2003，〈公共領域的悲劇：評私有協議和事實標準〉，發表於「新浪網／科技時代／業界—政策與產業/數字論壇專題」。http://tech,sina.com.cn/it/e/2003-02=13/1035165145.shtml。

孫國祥，2001，〈電子民主社會之願景與因應之道〉，《*E-Soc Journal*》（南華社會所電子期刊），第 11 期。http://mail.nhu.edu.tw/~society/e-j/11/11-15.htm。

泰勒（C. Taylor）著，蔡佩君譯，1995，〈現代性與公共領域的興起〉，收錄於廖炳惠主編，《回顧現代文化想像》，頁 56-69，北市：時報文化。

泰勒（C. Taylor）著，馮清虎譯，1999，〈市民社會的模式〉，收錄於鄭正來、J. C. 亞力山大編，《國家與市民社會：一種社會理論的研究路徑》，頁 3-31，北京：中央編譯出版社。

范純武，2000，〈兩難之域：公共領域（Public Sphere）在中國近代史研究中的爭議〉，發表於《史耘》第六期，頁 171-190。

陳弱水，1997，〈公德觀念的初步探討——歷史源流與理論建構〉，發表於《人文及社會科學集刊》第九卷第二期，頁 39-72。

陳靜雲，2001，〈網路民主的限制與困境：網路提案會是民主的實踐還是另一種消耗？〉，《新新聞週報》，第 729 期。http://www.new7.com.tw/weekly/old/729/729-060.html。

張志安 2002,〈傳媒與公共領域——讀哈貝馬斯《公共領域的結構轉型》〉,發表於「鬥牛士（DoNews）/ IT 寫作社區 / 張小丑 / 媒介觀察」,http://www1.donews.com/donews/article/2/23435.html。

黃宗智（P. C. C. Huang）著,程農譯,1998,〈中國的「公共領域」與「市民社會」?——國家與社會間的第三領域〉,收錄於鄭正來、J. C. 亞力山大編,《國家與市民社會：一種社會理論的研究路徑》,頁420-443,北京：中央編譯出版社。

詹中原,2001,〈數位民主與電子化治理〉,《國政研究報告》憲政（研）090-052號,http://www.npf.org.tw/PUBLICATION/CL/090/CL-R-090-052.htm。

翟本瑞,〈網際網路能否成爲公共領域？〉,《E-SocJournal》（南華社會所電子期刊）,第 26 期,http://mail.nhu.edu.tw/~society/e-j/26/social/26-19.htm。

葉冠志,2000,〈從網路叛客討論網路空間文化現象〉,《美國資訊科學與技術學會台北學生分會會訊》,第 13 期。

葉啓政,1996,〈對資訊科技社會來臨的一些思考〉,發表於北市：中央研究院社會學研究所籌備處主辦,第一屆「資訊科技與社會轉型」研討會。

劉久清,1984,《從卡爾・波伯的「社會工程」論與「開放社會」觀論「大同社會」》,北市：師範大學三民主義研究所碩士論文。

劉久清,1993,《社會問題與社會工作——一個整全的社會哲學的理論與實踐》,北市：政治大學三民主義研究所博士論文。

劉久清,1999,〈公民、社區與自主性——論社區的定位〉,收錄於沈清松主編,《文化的生活與生活的文化》,頁 193-232,北縣,立緒文化。

劉久清,2000,〈是自主還是自律？——由個人在中國家庭中定位的演變論個體自主性的本土化理解〉,發表於北市：中央研究院民族學研究所等單位主辦,第五屆「華人心理與行爲」科際學術研討會。

劉久清,2001,〈民主與個體自主性〉,發表於北市：銘傳大學主辦,「新

世紀、新思維」國際學術研討會。

德里（M. Dery）著，寧一中譯，2000，〈火焰戰爭〉（Flame Wars），收錄於王逢振主編，《網絡幽靈》（*Cyber-Ghost*），頁 1-12，天津：天津社會科學院出版社。

摩利斯（D. Morris）著，張志偉譯，2000，《網路民主》（*Vote.com*），北市：商周出版。

遲恆昌，1999，〈網路空間與行動〉，《城市與設計學報》，第七 / 八期。

戴森（F. J. Dyson）著，席玉蘋譯，1999，《21 世紀三事：人文與科技必須展開的三章對話》（*The Sun, The Genome, & The Internet*），北市：商務印書館。

瞿海源，2001，〈網路公共論壇與民意：有關停建核四事件討論的分析〉，發表於北市：中央研究院社會學研究所主辦，第四屆「資訊科技與社會轉型」研討會。

魏斐德（F. Wakeman, Jr.）著，張小勁、常欣欣譯，1998，〈市民社會和公共領域問題的論爭——西方人對當代中國政治文化的思考〉，收錄於鄭正來、J. C. 亞力山大編，《國家與市民社會：一種社會理論的研究路徑》，頁 371-400，北京：中央編譯出版社。

羅威廉（W. T. Rowe）著，鄭正來、楊念群譯，1998，〈晚清帝國的「市民社會」問題〉，收錄於鄭正來、J. C. 亞力山大編，《國家與市民社會：一種社會理論的研究路徑》，頁 401-419，北京：中央編譯出版社。

龔浩群，2002，〈公共領域的雙重要求——評析九一一事件與中國的媒介事件〉，發表於「文化研究/個案研究」。http://www.culstudies.com/911.htm。

Jordan, T. 著，江靜之譯，2001，《網際權力：網際空間與網際網路的文化與政治》（*Cyberpower: The Culture and Politics of Cyberspace and the Internet*），北市：韋伯文化。

Slevin, J.著，王樂成、林祐聖、葉欣怡譯，2002，《網際網路與社會》（*The Internet and Society*），北市：弘智。

■外文部分

Dahl, R. A., 1971, *Polyarchy: Participation and Opposition*. New Haven and London: Yale University Press.

Davis, R., 1999, *The Web of Politics: The Internet's Impact on the American Political System*. New York, Oxford: Oxford University Press.

Keane, J., 2000, 'Structural Transformations of the Public Sphere', in K. L. Hacker & J. van Dijk, ed., *Digital Democracy: Issues of Theory and Practice*, pp.70-89. London, etc.: Sage Publications.

Kaul, I., Grunberg, I. & Stern, M. A., 1999, 'Defining Global Public Goods', in I. Kaul, , I. Grunberg & M. A. Stern ed., *Global Public Goods*, pp.1-19. New York and Oxford: Oxford University Press.

Manila, A., 1999, 'Perspectives on citizen democractisation and alienation in the virtual public sphere', in B. N. Hague & B. D. Loader ed., *Digital Democracy: Discourse and Decision Making in the Information Age*, pp.23-38. London, New York: Routledge.

Poster, M., 1997, 'Cyberdemocracy: The internet and the public sphere', in D. Holmes ed., *Virtual Politics: Identity and Community in Cyberspace*, pp.212-228. London, Thousand Oaks, New Delhi: Sage Publications.

Tsagarousianou, R., 1998, 'Electronic democracy and the public sphere', in R. Tsagarousianou, D. Tambini & C. Bryan ed., *Cyberdemocracy: Technology, Cities and Civic Networks*, pp.167-178. London and New York: Routledge.

網路民主的困境與局限

宋興洲

東海大學政治學系教授

一、前言

網際網路（internet）可以說是一個集社會、文化、商業、教育和娛樂大成的全球性溝通系統。它的正當性目的便是讓線上使用者減少障礙，從全世界各種網站內容中獲利及創造權力（empowering）。一九九〇年代網際網路的突然興盛（boom），進而創造了溝通和討論的新機會[1]。換句話說，在數位革命（digital revolution）的衝擊下，大眾可以形成一個美好、新的電子社會（a brave new electronic society）。因為網際網路可以同時是一個專業性服務和產品的分配性管道、一種人際間溝通的工具，以及一種表達和參與的空間，所以網際網路似乎對變遷所產生諸多問題的管理上提供了一個具有魅力及吸引的解決途徑。例如，政府將其視為修補公民與國家之間關係的方式，發動運動的團體開始運用它從事於傳播及動員集體力量的工作，企業利用它掌握銷售機會，以及教育學者心中的願景是它可擴大終生學習和再學習的範疇。總之，這種透過革命性時刻（網際網路的來臨）所產生的生活意識，鼓舞了大量樂觀預言的不斷出現：社會組織和每日生活中各個層面都將展現快速和無遠弗屆的變化，讓我們溝通與行動不但更方便而且也更容易[2]。

由於網際網路被視為是新的公共空間，有人因此強調，網際網路以商議性論壇的討論方式可以將公民連繫在一起。同時，網際網路將減少公民與政治人物之間的障礙，進而強化民主的對話並縮小團體之間的「差距」（gap）。因而，網路與民主相結合，「網路民主」的概念應運而生。

---

[1] Yaman Akdeniz, 2002, "Anonymity, Democracy, and Cyberspace," *Social Research*, 69, 1, Spring 2002, p.223.

[2] Graham Murdock, 2002, "Review Article: Debating Digital Divides," *European Journal of Communication*, 17, 3, p.385.

事實上，學者們的用法不同。例如，網路民主（cyber-democracy）[3]、數位民主（digital democracy）[4]、e民主（e-democracy）[5]、電子民主（electronic democracy）[6]、網路共和國（republic.com）[7]、電視民主（tele-democracy）[8]、虛擬民主（virtual democracy）[9]、網路投票（vote.com）[10]、線上民主（wired democracy）[11]等等，不一而足。各個名稱不同，意義也多少有些差別（因為「民主」本身的涵義就很廣），但本文著重於網際網路與民主參與面之間的關係，因此採用一般的通稱，以「網路民主」代表。

如果民主是有關對話、相互關係和啟蒙（enlightenment）而不僅是選舉和正式制度的話，那麼就有必要討論「商議式民主」（deliberative democracy，簡稱商議民主）。事實上，英語系國家的學者自一九八九年起興起商議式民主的辯論，這是因為德國社會學家哈伯瑪斯（Habermas）一九六二年的德文著作《公共領域的結構性轉型》於一九八九年翻譯為

[3] W. Gibson, 1984, *Neuromancer* New York: Ace Books; M. Poster, 1995, "Cyber-democracy: Internet and the public sphere", http://www.hnet.uci.edu/mposter/writings/democ.html.

[4] K. Hacker, 1996, "Missing links in the evolution of electronic democratisation," *Media, Culture and Society*, 18, pp.213-232; H. Reingold, 1998, *The Virtual Community*, New York: Harper Collins; J. H. Snider, 1994, "Democracy on-line, tomorrow's electric electorate", *The Futurist*, Sep-Oct 1994, pp. 15-19.

[5] K. L. Hacker & M. A. Todino, 1996, "Virtual democracy at the Clinton White House, an experiment in electronic democratization", *The Public*, 3, 1, pp.71-86.

[6] James Bohman, 2004, "Expanding dialogue: The Internet, the public sphere and prospects for transnational democracy", *The Sociological Review*, 52, 1 (June 2004), pp.131-155.

[7] Cass Sunstein, 2001, *Republic.com*, Princeton, N.J.: Princeton University Press. 本書中譯本則譯為《網路會顛覆民主嗎？》。

[8] Tony Kinder, 2002, "Vote early, vote often? Tele-democracy in European cities", *Public Administration*, 80, 3, pp.557-582.

[9] Hacker & Todino, *op. cit.*

[10] Dick Morris, 1999, *Vote.com: How Big-Money Lobbyists and the Media are Losing Their Influence, and the Internet is Giving Power to the People*, New York: Renaissance Books. 本書中譯本則譯為《網路民主》。

[11] Philip E. Agre, 2002, "Real-Time Politics: The Internet and the Political Process", *The Information Society*, 18, pp.311-331.

英文版[12]後而引起熱烈的討論。受到哈伯瑪斯的鼓舞，民主對話的概念自然與公共領域的可能復甦連結在一起。對商議民主抱高度期待的學者認爲，公民透過對話和參與的加強，可以重新取得對「公共領域」與「政策制定過程」的控制，因爲這兩方面已經日益掌握在組織、專業政治人物以及媒體集團的手中。同時，透過參與和對話，公民獲得更多的資訊和啓蒙，而成爲真正的民主公民。

基本上，商議過程的要素有三：辯論（argumentation，透過理性而達到對社會整體利益和目標的相互瞭解）、資訊（information，辯論是根據高層次、深入及詳細的資訊），以及相互性（reciprocity，除了狹隘的利益和自私的動機應該排除外，所有的參與者能有公平和平等的機會表達他／她的意見）。因此，如果商議民主能夠實現的話，那麼最好的媒介就是網際網路了。一方面，網際網路可以促成快速、沒有阻礙的彼此溝通，另一方面，在網際網路的興盛和對商議民主熱烈的討論兩者同時成爲時髦的情形下，自然而然地，宣稱網路民主的時代已經來臨就不足爲奇了[13]。

不過，針對網路民主的過分樂觀，有些學者持保留的態度。例如，根據一九九八年的調查，年薪七萬五千美元或以上的美國人要比年薪低於一萬美元的美國人，在網際網路的使用次數及比率上高七倍；有大學學歷的人比只有小學畢業的人，在家中擁有電腦的比率相較要高十六倍[14]。因此，網路民主的可行性便成爲一個爭辯性的議題。

不可否認地，網際網路對民主的發展已有具體的貢獻。簡單的說，例如，我們可以比以前學習到更多的事物，甚而學習得更快。如果要從不同的人群中獲得任何資訊，我們可以透過電子郵件或網站很快地得到。而且，網際網路某些網址及網路日誌（blog(s)，即 web log 的縮寫，

---

[12] Jürgen Habermas, 1989, *The Structural Transformation of the Public Sphere: An Inquiry into a Category of Bourgeois Society*, Cambidge, MA: MIT Press.

[13] Jakob Linaa Jensen, 2003, "Virtual democratic dialogue? Bringing together citizens and politicians", *Information Polity*, 8, pp.29-30.

[14] 引自 Murdock, *op. cit.*, pp.386-387.

有些媒體以其英文發音而稱之「部落格」）的興起，人們增加了更多的機會去閱讀和撰寫相關的話題。如果你／妳有意見想要公開表達，或者對任何話題想找到相關的看法，那麼這種機會在網際網路上絕對有，而且所費的成本簡直是微不足道[15]。

同樣地，本文並非否認網際網路對民主發展的功效。不過，網際網路是否像電話、手機、收音機、電視、第四頻道等的發明與出現一樣，雖然造成生活方式的轉變並促進民主，但尚未如商議民主理論所説已經徹底實踐民主？從這個角度，本文將焦點放在網路民主的困境與限制上。以下先從正面的角度探討網路民主的願景與理論基礎，接著分析網路民主所面臨的困境及限制，最後提出本文的結論。

二、美麗的願景

網際網路的出現，可以說是已經打破地理疆界的限制，不但時間與空間相對壓縮，而且資訊與溝通更快速地流動或流通。而在社會各行各業中，大概最大力支持及倡導網路民主（或數位民主）不遺餘力的，應該屬於那些從事網際網路的專業人士。因為網路通訊發達與否，除了仰賴科技繼續不斷地創新外，也必須靠使用人數及消費者的擴大增加。而反過來，一旦使用人數增多，便會促使網際網路進一步改進以因應更多的需求。所以，網際網路與使用人數兩者之間呈現的是一種相輔相成的緊密關係。在網路發達的情況下，不但消費者可以利用網路蒐集廣泛及龐大任何有興趣產品的相關資訊及價格，進而購買「物美價廉」及「貨真價實」的物品，而且網際網路使用者亦可增進與他人（不管是親友或素昧平生的陌生人）之間訊息、意見的交流互動並增強對議題的多元化

---

[15] Cass R, Sunstein, 2004, "Democracy and Filtering", *Comminications of the ACM,* vol. 47, no. 12, December 2004, p.57.

討論，無形中也發揮了民主政治理論中所強調「參與討論」的功效，因而也落實了民主實踐的意義與真諦。

那麼，網際網路專業人士所勾勒出的未來願景是什麼？難道網路民主將是個一帆風順、可以實踐的通暢道路？要談這個主題，其中之一的代表應該非「美國線上—時代華納基金會」（the AOL. Time Warner Foundation）副總裁福爾頓（Fulton）莫屬了。他於二○○一年十一月二日在美國公民聯盟數位民主會議（the National Civic League's Digital Democracy Conference）中發表一場講題為「數位民主」的演說[16]。首先，他提到，美國政府於一九六九年集合了研究者、科學家和工程師創造了世界第一個數位網絡（國防是最主要的因素），而其中一個重要任務就是建立一個基礎建設（an infrastructure），讓人民能繼續不斷地溝通。在卅多年後的今天，世界上數以百萬的人們依賴電子郵件與立即通訊的方式和他們所愛的人、親屬接觸。例如，「美國線上」（AOL）一天之內就傳送超過十二億的立即訊息。而「九一一事件」後，各式各樣的網站很快就成立並提供有關各項服務及接受捐款。事實上，網路慈善行為（online philanthropy）已快速成長，二○○○年從占全部捐贈中的百分之一增加到二○○一年的百分之廿。而美國 CNN 網站平常每天上網流覽頁數為一千一百萬，尤其「九一一」事件後上網流覽頁數則暴增為每小時九百萬。同時，美國政府網站的流通量亦急速增加。例如，疾病控制中心的網站在二○○一年十月就增加百分之一百一十八，而聯邦調查局（FBI）網站則在同月中的一個星期內增加了百分之五百一十八。

其次，網際網路比其他媒體提供更多各式各樣的觀點。譬如，澳洲的一個網站（Australia-thepaperboy.com），與世界超過一百五十個國家連結新聞來源，提供全球各類意見，議題從阿富汗到辛巴威（非洲南部國家）無所不包。不可諱言的，網際網路這種不可思議的彈性和力量

---

[16] Keith Fulton. 2002, "Digital Democracy: Engaging Citizens in the 21st Century", *Vital Speeches of the Day*, vol. 68, issue 9, Feb. 15, 2002. pp.280-282.

（resiliency and power）可以說是政府貢獻的遺產。經過了卅多年的努力，美國政府幫助締造並扶植了網際網路。今天，網際網路則反過來回饋、幫助政府。針對人民每日的生活和需要，政府已經變得更有效率、更方便接觸，不但提供更多的服務而且有更快的回應。不僅美國政府如此，世界其他各國亦然。以美國為例，聯邦和州政府的出版品有百分之九十可從線上取得，而且所有政府的資料庫中有超過一半可以在網路上搜尋、利用。美國華盛頓州的州政府對其公民、企業、員工、和政府機關提供了超過一百五十種線上電子服務（online e-government services）。該州居民從網路上可以建檔和支付商業稅、申請失業救濟金、換新駕照及汽機車行照、或申請重要文件記錄。而且，申請大學、處理州的退休帳戶金額、和查詢上百種其他的政府資料，都可從網路上作業。

再者，政府提供百姓各種線上服務，不但省時不說，而且省錢更是一大助益。例如，美國亞利桑那州的汽車行照更新，如果按照傳統的方式平均每人要花費六點六美元，而今從線上申請更新則只需要一點六元，省了五元。同樣地，美國國稅局（IRS）電子退稅只要成本零點四元，如果用信件退稅則成本要一點六美元。另外，利用網路報稅的正確性要比動筆手寫的高，而國稅局花在檢查錯誤及必要稽核的成本將大幅降低。再加上，線上付費和繳稅速度較快，政府可以將這些金額立即使用，不必等上一段時日。當然，納稅人的退稅也快得許多（直接轉帳到戶頭裏）。

第四，政府電子服務可以促進開發中國家的經濟成長，因為如果要提供網路服務就必須建立適當的公共基礎建設並提昇網路的使用人口。如此一來，公共投資和教育普及的努力將進一步推進經濟發展。除了經濟利益之外，數位民主最終的優點就是促使政府有更多的回應，並且讓更多的選民參與、介入。在網際網路的時代裏，不但需要新的技術能發揮、利用，而且需要基本的改變能調整、配合，包括政府的結構、政府及選民的關係、以及企業、組織和公民之間的關係。

第五，隨著網際網路的拓展，更多的使用者將會出現。例如，就美國而言，藍領工作者使用網路的成長比率比其他職業團體要快得許多；少數族群較全體人口的使用比率要高出兩倍；在年齡最高為六十五歲或更老的住戶中，網路連結的成長率已經上昇百分之廿五。事實上，美國年齡六十五以上的人口比率已超過全部人口的百分之十三，在未來的卅年裏，這個比率將增加一倍。但目前僅有百分之十五的老年人上網，也就表示仍有許多老年人未能利用網際網路所帶來的好處。老年人之外，美國還有許多人，特別是兒童，沒有必備的資源去接觸及有效使用網路。而每個時代的人，隨著當時科技的發展，生活上都會受到很大的影響。像嬰兒潮時代的人，科技是電視；X 世代則是電腦；而未來廿一世紀的人將是網際網路。同時，歷史上第一次，年輕人常常是知道的最多、受教育的最多、最能夠與科技相處融洽。因此，這是最好的時機讓每一位兒童能充分利用網際網路。並且，對於少數族群及低收入的年青人也應給予機會，讓他們學習、瞭解、及使用網路。如果我們想要實現一個真正的數位民主，那麼我們就必須讓每一個人擁有必要的知識、技術、和工具。

　　最後，政府與人民的交易（transactions）或事務的往來，在網路作業上不到百分之一，但是在未來五年內，單單美國估計就有一萬四千個電子政府系統（e-government systems）可能開展出來。為了保證未來的成功，我們必須發展夥伴關係，加強政府官員、企業團體、學校機關、非盈利組織、以及技術提供者之間的互動與合作。只有在鼓勵及支持公民、民意代表、企業和組織相互之間的溝通下，我們才能創造出制定決策和解決問題的新形式，並且重新點燃我們對政治過程的興奮。而網際網路則是提供我們達到那個目的的最佳方式。隨著網路的成長，權力已經從制度轉移到個人身上。個人對自己的生活有更多的控制，而且對周遭的世界有更大的影響力。但掌握權力也隨之帶來責任，那就是確保每個人都有使用互動媒介（the interactive medium）的工具以促進自己、家庭和

社區的最佳利益。

　　從以上福爾頓的演講內容裏，不難看出他把目前既有的事實拼湊、編織出一幅未來美麗的遠景。簡言之，網際網路可以說是催化劑，不但引導經濟成長和發展、促進世界和平和世界主義（世界大同）、而且提昇個人發展和自由。固然福爾頓承認，仍需努力的層面還有許多，但在他心中未來的網路世界裏則是充滿著和諧、幸福、和快樂。換句話說，網路民主的願景已經指日可待。

三、網路民主的理論基礎：商議民主

　　美國選民投票率低是眾所皆知的事實，例如，根據二〇〇〇的統計，自一九四二年以來的所有期中選舉（midterm election）[17]裏，一九九八年的投票率最低。而總統大選的投票率自一九六〇的百分之六二點八到一九九六年時則只有四十八點九，為歷年來的最低。因此，在改善選民投票的興趣和參與上，網際網路算是很好的工具。據統計，一九九八年，美國共和及民主兩黨中有百分之九十五的州長候選人和百分之七十二的參議員候選人在網際網路上有自己的網頁。而且許多工會、學校和企業團體都發現在網路上投票是最有效和最方便的方式[18]。此外，美國亞利桑那州的民主黨更於二〇〇〇年的三月七日至十一日舉行黨內初選時，允許黨員可以利用網際網路投票。雖然期間發生一個小插曲，反對人士認為網路投票等於歧視貧窮選民，因為他們沒有上網設備或能力（亦就是「數位隔離」"digital divide"），但是法院不接受這種控訴而讓網路投票照常舉行。結果，將近八萬六千位民主黨選民去投票，其中四萬名是透過

---

[17] 是指該年全國性選舉時並不選總統，而只是改選部分州長、全體眾議員及三分之一參議員。

[18] Michael Gerber & Rachel Marcus, 2000, "What's Hot at APSA", *The Washington Monthly*, September, 2000, p.24.

網際網路的方式投票。而這些「電子選民」（e-voters）中四分之三的年齡是在十八歲和卅五歲之間。通常，這些人比老年人的投票興趣要來得低，大約一萬二千位在四年前的初選時並未投票[19]。事後，亞利桑那州的地方報紙*吐桑市公民*（*The Tucson Citizen*）報導，許多電子選民之所以去投票是因為受到選舉方式的新穎而吸引並非是候選人的因素。不過，法國國民議會議員桑提尼（André Santini）則認為「電子民主將喚醒政治」，而且電子投票「對我們已耗盡動能的民主體制提供了一個不可思議的機會」[20]。

　　然而，如果網路民主僅指得是電子投票，那麼一方面這個概念太狹隘，只不過是增加投票方式的多一種選擇而已，另一方面其根本忽略了參與討論在民主本質上的意義。所以，要轉變或落實民主的精髓，網際網路必須達到增進大眾商議（或商議民主）的效果。換言之，網路要能發揮直接民主的作用。卡茲和里伯（E. Katz and T. Lieber）就論道：「傳統政治充滿了意識形態，而數位世界則迷戀事實。如果我們目前政治體制是不理性的，漂浮著假道學的美好、價值性談論，那麼數位國家則指向（採用）更多理性、少些教條的方式處理政治。」[21]

　　商議民主（deliberative democracy）的一個基本前題就是「公共領域」（public sphere）的存在。自啟蒙運動起，現代民主理論不但強調法律中和國家內的公共性（publicity）原則，而且把焦點放在討論和制定決策過程裏公民參與的重要性。一方面，透過公共性原則，個人才能轉換成真正的政治行為者，也就是公民。另一方面，透過公共領域的自動建立，討論共同的利益才有可能。所以，政治主體不僅是擁有個人權利的主體，

---

[19] René Lefort, 2000, "Internet to the Rescue of Democracy", *The Unfsco Courier*, June 2000, p.44.

[20] 同上註。

[21] 引自 Wisdom J. Tettey, 2001, "Information Technology and Democratic Participation in Africa", *Journal of Asia and Africa Studies*, vol. 36, issue 1, p.135.

而且是與別人在複雜的互動過程中形成個人和集體認同的主體。[22]換句話說，在形成個人和集體認同的過程中，個人因而意識到公共領域的存在。所以，公共領域是種政治和社會的關係，是展現個人認同和整合集體認同的結果。而杜威（Dewey）則對公共領域下了明確的定義：「如果結果涉及到多數（a large number）的人，而這個多數之大讓個人無法事先預知他們將會受到什麼影響，那麼這個多數就構成了公共」。[23]換句話說，私和公並沒有先天上的分野，純粹是因為行動之後產生了效果（對多數人造成影響），才發展出公共的意涵和領域。

其次，理想的商議（ideal deliberation）是：(1)自由的，一方面，參與者覺得自己受到限制是針對商議所達成的結果（決定）而言（沒有商議，就沒有約束），另一方面，對參與者而言，透過商議而達成的決議，已具備充分的理由必須遵守；(2)理性的，參與者對提出的方案，不管是支持、批評或反對，都必須提出理由，而且所提的理由決定了方案未來的命運（方案的通過與否是根據所提的理由）；(3)平等的，形式上，程序規則對每位參與者都適用，沒有歧視，實質上，目前權力和資源的分配不能作為商議時的機會和權威（亦即，個人不能因為權力較大或資源較多而在商議時占盡優勢）；(4)共識的，大家自由理性地評估每個方案，最後所決定的選擇是能找出足夠的理由去說服所有的參與者[24]。換言之，商議民主特別強調理性和非強迫性的論述（discourse）。如果參與者都平等、程序完全公開、宰制和結構權力已被擱置（至少暫時如此），以及討論主

---

[22] Antje Gimmler, 2001, "Deliberative Democracy, the Public Sphere and the Internet", *Philosophy and Social Criticism*, vol. 27, no. 4, p.22.

[23] John Dewey, 1988, "The Public and Its Problems", in *John Dewey, Later Works, vol. 2*, Carbondale and Edwardsville, IL: Southern Illinois University Press, p.268. 引自 Gimmler, *op. cit.,* p.24.

[24] Joshua Cohen, 1989, "Deliberation and Democratic Legitimacy", in *The Good Polity: Normative Analysis of the State*, edited by Alan Hamlin & Philip Pettit, Oxford, UK: Basil Blackwell, pp.22-23; Joshua Cohen, 1998, "Democracy and Liberty", in *Deliberative Democracy*, edited by Jon Elster, Cambridge: Cambridge University Press, pp.193-198.

題可以自由選擇，那麼這種理性和非強迫性的論述才會出現。

　　因此，商議民主的意義是：大家平等地使用或掌握可用的資源及資訊，大家公開地追求個別的議題，大家共同地建構從外到內[25]的認知與認同（私和公本身並不是先驗性的，而是人們在互動中創造出公共領域），以及大家理性地建立起彼此連繫的公共網絡。例如，公民發起的活動或行動（citizen initiatives）、圓桌會議的組成與召開、非政府組織（NGOs）的成立與訴求，這些都是屬於新的政治（或公共）領域。就像德國社會學者哈伯瑪斯（Habermas）所強調的，公共領域內的論述是「沒有限制的溝通」（unrestricted communication）[26]。在這種意義下，民主才能發揮與落實。

　　當然，公共領域和商議民主的概念不可避免地引來各種批判。首先，有些論者[27]認為，公共領域的想法過於天真，忽略了現實中權力的操縱。基本上，個人在溝通行為上並不見得是平等的，每個人無論在知識、教育、資訊掌握、社會地位、及使用語言技巧上都不相同，也因而彼此溝通時無法達到理性、自由、與平等的地步[28]。不過，支持公共領域和商議民主的人士則回應，民主本來就具有規範性的特徵。兩千多年前，亞里斯多德就認為民主制可能是暴民制（當然也可能是好的政體〔good polity〕）。而強調公共領域或商議民主就是要落實人民當家作主的目的，以直接民主來補救代議制的缺失和不足[29]。公共領域的建立就是要確保溝

---

[25] 意即，從尚未理解公共的涵意（外）到體認公共的存在（內）。

[26] Jürgen Harbermas, 1998, *Between Facts and Norms: Contribution to a Discourse Theory of Law and Democracy*, Cambridge, MA: MIT Press, p.308.

[27] 例如，格雷恩（Michael T. Greven）批評所謂「論述的方法」完全「遺忘了權力」。引自 Gimmler, *op. cit.,* p.26.

[28] 許多評論家對復興批判性公共領域的想法，也抱持著懷疑的態度。「他們認為網際網路的使用雖然能夠帶來社會互動的新契機，但它所創新的關係模式，卻同樣是一具備『零碎』和『重新窄化』（reparochialization）特質的過程。」引自史列文／著，2002，《網際網路與社會》，台北：弘智文化事業有限公司，頁 240.

[29] 其實，創制、複決（initiatives and referenda）或所謂的「公民投票」就已經代表了「直接民主」的精神與意義。只不過，那些主張網路民主的人士則希望透過網際網路能使民主更加落實。見迪克・摩利思／著，張志偉／譯，2000，《網路民主》，台

通結構受到制度上的保護，而同時希望發展並維護基本的原則：對每個人而言，程序、資訊、機會及議題都是平等且公開的。換句話說，非但公共領域中的特殊利益不能遭到排除，而且多元的意見、態度、利益和歧見能同時共存。如果這些原則今天做不到，那也是大家應努力的方向與目標。

其次，批評人士認為，公共領域所強調的重要資訊（尤其在網際網路裏），其實大都是消費資訊，與知識方面毫無關係，而且個人也受困於「資訊娛樂化」（infotainment）[30]的限制、無法全然瞭解事實真相。因而，公共領域只不過是進一步操縱人民，阻礙其個別性（individuality）的發展，並造成社區的分裂。不過，支持者認為，公共領域的角色就是要保護自由溝通並讓個別性能充分發展。而個別性所產生的主觀性（subjectivity）無形中會與「相互主觀性」（intersubjectivity）結合。也就是，如果彼此之間沒有互動交流，就像是山中的隱士離群索居、彼此沒有來往，不但不會突顯個別性的存在，而且也自然不會有公共領域的意識。所以，個人的態度、偏好、利益、及自我（selfhood）本身這個概念，都是在相互主觀的情結（complex）及情境下形成的，而且透過與媒體（報紙、雜誌、收音機、電視及網際網路）的互動，相互主觀的關係才會建立：個人能夠界定他們自己的利益、觀點，是在與別人比較之後所導致的結果。而強化個人特質的現代社會則是讓個人能發展出高度的自主以及批判的能力。哈伯瑪斯論到：「對個人而言，社會的個別化（social individualization）所代表的是自己決定和自我實現，是期待個人展現出不曾有過（非傳統）的自我認同（ego-identity）。」[31]在這個意義下，個別

北：商周出版社。

[30] 這個字是由兩個字混合而成：info(rmation)＋(enter)tainment。它代表的意義是：將新聞事實儘量以娛樂的方式廣播和出版，常常以戲劇化或小說編造的方式改寫實際事件。

[31] Jürgen Habermas, 1993, "Individuation through Socialization: On George Herbert Mead's Theory of Subjectivity", in *Postmetaphysical Thinking*, edited by Jürgen Habermas, Cambridge, MA: MIT Press, p.184. 引自 Gimmler, *op. cit.,* p.27.

性是繼續不斷自我發展的過程。因此，個人在公共領域中不但不會被操縱反而可以利用論述的方式與別人溝通、商議。

第三個批評，則是從歷史的眼光檢視公共領域與商議民主。女性主義者批判，從十八世紀開始的公共階段，婦女及非公民就被排除在外。父權思想完全充斥在擁有財產權的中產階級中，所謂的公共領域只限於部分人士，並非含蓋所有的人群。這種現象如果不能改善，公共領域的概念和意義就空洞無物，成了空心湯圓（有名無實）。另外，女性主義者強調，感情與情緒（溝通時的身體動作、修辭表達、和美感表現），具體地以諷刺、姿態及戲劇性效果的形式表露，也排除在公共領域之外。例如，十八世紀的公共領域充滿了「狂野、玩樂、和性感」，到了十九世紀則變為溫馴和平淡。所以，女性主義者主張，未來的公共領域應該包含豐富、多樣的溝通形式，讓生活的不同形式、態度的多元傾向、以及認同的各形各色，都能發展和並存[32]。相對地，公共領域論者則回應，「排除在外」（exclusion）正突顯了「平等」的重要性。要解放中產階級主宰的公共領域就不得不朝向商議民主的公共領域邁進。只有在自由、平等及開放的溝通層次上讓每一個人盡情地發揮，才能打破既有的樊籬。再者，公共領域並不限於一個場域，它是多面的，就如公民社會的各式各樣活動和交流。一方面，個人可以從大眾媒體、群眾事件和公共集會中，發現「自我瞭解的詮釋性論述」（discourses of hermeneutical self-understanding）與「戲劇性和代表性〔再現〕的溝通形式」（the theatrical and representative forms of communication）。例如，示威、動作（performances，表演）和事件（happenings，發生），都是溝通（交流互動）時所呈現出的實驗性、表達性和美感性的特徵，也是公共領域的活力所在。另一方面，公共領域也有理性的層面，也就是，商議式的公共領域。它是一個理性爭論和推理的地點與場所。商議就是廣泛的大眾溝

---

[32] Gimmler, *op. cit.*, pp.28-29.

通。在商議過程中，它涉及了證據的正當性、判斷的支持度、方案的解釋性、疑問的預期性、反對的公開性、以及錯誤的認知性。透過這種商議，公共領域表現出冷靜的一面。因此，公共領域既有熱情活力也有理性辯證。

由於公共領域的內部異質性、以及事前排他和特定偏好的不存在，網際網路實際上可以強化商議民主。因為，第一，在商議過程中，資訊扮演了核心的角色。如果資訊的獲得是一律平等，而且獲得資訊的管道和途徑沒有限制，那麼，在網路科技的支持下，網路上的商議、論述就可實踐。第二，網際網路便利了互動的機會，任何言論的表達均是自由、公開、平等和理性（必須要有說服力，否則不被他人接受）。所以，從公共領域和商議民主的角度而言，網際網路是最佳的工具和實踐[33]。

四、網際網路與商議的病態面

網路與公共溝通實際上呈現什麼樣的關係？威爾翰（Wilhelm）認為，首先，公共溝通受到技術與資源所影響；其次，公共溝通也受到使用電腦資源的分配狀況所影響，它是沿著社會不平等（種族、性別、階級）現狀而突顯使用的不均；再者，技術上的設計（包括軟體應用、網絡結構、硬體設計）將影響網路線上政治性討論的品質與數量。威爾翰進一步分析的結論是：(1)雖然利用網路進行政治溝通可以開放公共領域的民主特性，但要進入由「數位所中介的政治領域」（也就是，必須以網路作為媒介才能進到公共領域），障礙非常高：(2)網路上的公共並不能代表或反映美國人民的公共；(3)網路上運作的民主，速度非常快，無形中

---

[33] 另外，荷蘭學者史列文（James Slevin）對公共領域與網際網路之間的關係，基本上抱持著正面的態度。見其所著《網際網路與社會》中的第七章〈公共性與網際網路〉，頁 239-261.

傷害了緩慢但有用的民主決定過程；(4)公共領域本身已經受到幾個因素的衝擊而一一讓步，包括市場壓力、每次使用付費的服務，和私人所擁有的媒體環境[34]。

就網際網路影響政治的層面而言，兩種理論提出不同的解釋。第一種是「動員論」（mobilization theories），主張網路的使用將會促進和鼓勵政治行動的新形式。而第二種則是「強化論」（reinforcement theories），認為網路的使用只是增強，並非轉變，目前政治參與的形態。挪瑞斯（Pippa Norris）在《網路民主？》[35]一書中篇名為「是誰流覽？」（"Who Surfs ?"）的論文裏，根據美國的統計資料研究分析，結果發現只有「強化」的形態：以網路為基礎的政治活動者早已是那些最被激發（具有強烈動機）、資訊最充分、實際參與最多的廣泛選民。同時，就「單單的網路效果就會把沒有興趣的選民拉入到政治中」這個命題，她也沒有找到足夠的證據支持[36]。而在同一本書裏，可馬克（Elaine Kamarck）的論文是研究美國一九九八年選舉時網際網路上的競選活動[37]。她認為，當年美國選舉時網際網路在競選活動中扮演著重要的角色。但是，她發現大部分的競選者都把他們的網址當作是電子選舉宣傳手冊，而且她很少發現候選人會把他們的網址連結到其他的網址、提供選民登記的有關資訊[38]、或至少每一個月更新網址上的內容[39]。

事實上，網際網路的使用會出現並產生「強化」或「擴大」（amplication）的現象與作用[40]。換句話說，會使用網路的人（或團體）會極盡所能地大

---

[34] Anthony Wilhelm, 2000, *Democracy in a Digital Age: Challenges to Political Life in Cyberspace*, New York, NY: Routeledge.

[35] Elaine Kamarck & Joseph Nye (eds), 1999, *Democracy.com? Governance in a Networked World,* New York: Hollis Publishing.

[36] 引自 Philip Howard, "Review Essays: Can Technology Enhance Democracy? The Doubters' Answer," *The Journal of Politics*, vol. 63, August 2001, p.950.

[37] 篇名為 "Campaigning on the Internet in the Elections of 1998."

[38] 在美國，選民必須先登記才有資格於選舉日投票。

[39] 引自 Howard, *op. cit.,* p.950.

[40] 艾格里（Agre）認為，「強化」與「擴大」在意義上有所不同。簡言之，前者是「維

加利用網際網路所發揮的功能，但不知如何使用網路的人（或團體）則
「望塵莫及」、「望洋興嘆」或根本「不知所措」。例如，戴維斯（Davis）
在研究美國網路上的政治後承認，網際網路是個非常有用的公共性及研
究工具，對傳統的活動分子有很大的幫助。不過，他發現「標籤品牌」
（branding）在政治行銷上，就像商場上的產品行銷一樣，非常重要。而
傳統的政治精英似乎相當能夠適應並主宰網際網路的時代[41]。他提到，
「（網際網路）並未成為革命性工具，能重新安排政治權力和激發真正的
直接民主，（反而）在美國政治裏，網際網路已經由那些目前正利用其他
媒介的相同一批人所主宰……動員公眾的表達仍大部分是由那些目前主
宰政治景觀的團體和個人所發動……今天，政治新聞和資訊的產生，是
官方單位、利益團體代表和新聞媒體之間互動下的結果。這種互動也將
同時管理網際網路上新聞和資訊的出現……目前主宰政治新聞傳送的勢
力也主宰了網際網路」[42]。

　　另一位學者海根（Hagen）也論道：「資訊及溝通技術（ICT）並沒有
藉著其存在而改變政治制度和過程。反而，它們的使用也許擴大了現存
的社會行為和趨勢。這可以歸諸於以下的事實：科技應用的發展是由特
別主宰因素所控制。由於它的工具特性，資訊及溝通技術變成了（扮演
著）應用地區的趨勢—擴大者（角色）」[43]。也就是說，ICT 只是「強化」
了現有的趨勢而已，並沒有根本地改觀政治的面貌。同時，海根提出說
明：「電腦技術並不是獨立的因素，能運作民主的好或壞，而是擴大目前
其他的趨勢或強化現存的制度。這可以解釋為什麼整體而言……那些（電
腦科技）計畫的目標是支持傳統、已經建立的結構，而不是（支持）那

　持現狀」，而後者則會「有所改變」。見 Agre, *op. cit.*, pp.317-320. 不過，本文此處
　並不把兩者區分，而視為同義，可相互替換。

[41] Richard Davis, 1999, *The Web of Politics: The Internet's Impact on the American Political System,* Oxford, UK: Oxford University Press.

[42] 同上註，p.5.

[43] Martin Hagen, 2001, "Digital Democracy and Political Systems", in K.L. Hacker & J. van Dijk (eds.), *Digital Democracy: Issues of Theory and Practice*, London: Sage, p.55.

些試圖達到新的、轉型的民主方式和手段」[44]。

此外，巴尼（Barney）對網際網路的政治意涵提出相當嚴厲的批判。首先，他反對網際網路先天上是個民主的溝通工具，而且它也沒有傾向開放新形式的平等（包括表達、互動、和資訊的掌握）。其次，巴尼認為，使用新資訊科技並不代表公民就可實際決定他們社會存在的形式和過程（亦即，使用新科技並不會立即改變社會互動的本質）。他也不承認「資訊革命」已經來臨，因為階級和財產所有權的基本結構並沒有任何實際的改變。第三，巴尼不相信網際網路所創造出來的「真正、有基礎的共同體」已經出現。如果數位社會生活指的是布告（告示）版（bulletin board）、交談室（chat rooms）、多人互動數位空間（MUDS）及其他網路空間所創造出來的話，那麼這些虛擬的地點和歸屬感根本沒有任何實質意義[45]。相對地，道奇和可齊清（Dodge and Kitchin）同意所謂的「距離已死」（時間的壓縮），但不認為網際網路沒有空間存在。他們所認知的網路空間，指的是那些由許多力量非常強大的私人公司所建構、維持和監督的網路空間。不過，他們質疑這種「線上共同體」（online communities）能夠建構出新的公共空間。而且，他們也與巴尼持相同的觀點，不認為地點和歸屬感已經由「虛擬共同體」創造出來，並懷疑「地點」，就地理、有形的角度而言，在網路世界中變得愈不重要或無關[46]。

除了網際網路本身出現的病態（pathologies）外，接下來的問題是，網際網路真的具有商議民主的功效嗎？魯克（Luke）就持反對的意見。他對「入口網站」（web portals）做了深度的分析而結論是，個人使用網際網路會不知不覺地成為數位消費者，而原本認為屬於公共領域的網際網路，已經由商業必要性廣告（commercial imperatives）占據很大的空間。

---

[44] 同上註，p.56.

[45] Darin Barney, 2000, *Prometheus Wired: The Hope for Democracy in the Age of Netwwork Technology*, Chicago: University of Chicago Press.

[46] Martin Dodge & Rob Kitchin, 2001, *Mapping Cyberspace*, London: Routledge.

而這些網路廣告所代表的邏輯，是把消費者主義融合在公民自我展現權力（empowerment）的概念裏，潛在地分裂與瓦解了民主的論述[47]。但為何如此？因為網路使用者在商業廣告的侵襲下已無法具有辨別、批判的能力，只是不斷接收炫耀性廣告的煽動和刺激，而沈迷在誇張、遐思的幻想世界中。

威爾翰也對網路上的商議做了研究[48]。他針對美國一九九六年總統大選最後競選衝刺時，探究十個政治新聞團體是如何在網路上組織討論的。他根據哈伯瑪斯對「商議」的定義[49]來評斷這些新聞團體是否在其網站上與上網選民達到互動、商議的地步。不幸的是，這些團體都沒有通過檢驗：每個新聞媒體雖然都提供網路空間讓選民充分表達各種不同的意見，但是卻很少主持並維持互動式意見交換。所以，他結論道：「資料（雖然）支持線上政治論壇（online political forums）這個概念，促進自我表達和獨白，（但是）大部分都沒有『傾聽』、回應、和對話，不能提昇……溝通式行動，像是優先（排列）議題、協商差異、達成同意、計畫系列行動。」[50]從這個證據看來，網際網路只是提供了一個「公共空間」，但不是「公共領域」。而美國芝加哥大學教授桑斯坦（Cass Sunstein）則認為：

> 當網際網路這個世界提供給我們一個可以自主選擇我們所要接收的資訊、任意拒絕我們不希望接收的資訊時……（任何人）都可以基於自己的選擇，活在一個針對資訊進行完整的系統性過濾的世界裏，選擇祇接收合乎自己觀點、甚或不斷強化這些觀點的資訊……

---

[47] Robert Luke, 2002, "habit@online: Web Portals as Purching Ideology", *Topia*, issue 8, Fall, pp.61-101.

[48] Wilhelm, *op. cit., Democracy in a Digital Age: Challenges to Political Life in Cyberspace.*

[49] 簡單的說，商議是某人提出自己的想法和意見，並與他人辯論，同時他／她也願意傾聽和回應別人的想法和意見。

[50] Wilhelm, *op. cit.,* p.98.

這是一個人人可以為自己量身設計自己的報紙的世界，在這個⋯⋯世界裏，我們所接收到新聞報導，我們所認知的事實，極可能都祇是經由特定觀點過濾後的版本，我們甚至不讓自己置身在得以充分接收各種不同資訊和意見的環境裏。這樣的世界，即使仍然呈現出新聞、資訊或意見管道「多元」的表象，但是在這個表象背後，卻是互不溝通和自行窄化的「多元」⋯⋯甚至可以祇是一個資訊和意見管道相對窄化的世界。⋯⋯不但將導致整個社會欠缺對話和討論，還可能會讓人們偏執地耽溺於迎合自己喜好的論述和觀點，懶於思索或形成新的想法和觀念。⋯⋯充分對話和討論⋯⋯在網路世界裏已經遭到架空，大家已經逐漸失去「互相說服和改錯」的機會。⋯⋯當我們長期生活在這個窄化⋯⋯的世界裏時，溝通交往的對象便極容易限於所持觀點意見和自己相似的人⋯⋯甚至會進一步強化自己未能察覺的偏見，集體形成極端的立場，讓社會上普遍出現所謂的「群體極化」（group polarization）現象，造成許多不必要的社會對立。[51]

上述的論點似乎推翻了「網際網路可以實踐商議民主和公共領域論述」的主張。當然，如果把商議當作是討論（discussion）的過程（process）[52]，那麼這種方式的民主也無可厚非，儘管各自埋首在自己「封閉」的世界裏。甚至，可能並不像桑斯坦所擔憂的，網路上茶餘飯後的閒聊或八卦新聞的津津樂道，不見得對社會產生很大的殺傷力或破壞力。但講民主就必須決定（否則只是空談，根本無濟於事）。如果商議指的是「溝通導致偏好的內在改變」，那麼，從結果（outcome）來看，商議會改進決

---

[51] 這段文字並非出於桑斯坦本人，而是引自劉靜怡摘要桑斯坦的論點，見劉靜怡，〈導論：網路共和國的民主前景何在？〉，《網路會顛覆民主嗎？》，桑斯坦著，黃維明譯，2002，台北：新新聞文化事業股份有限公司，頁 8-9。有關群體極化的詳細內容，可參考該書第三章，〈分裂與虛擬串聯〉，頁 57-90。

[52] 見 James D. Fearon, 1998, "Deliberation as Discussion", in *Deliberative Democracy*, edited by Jon Elster, Cambridge: Cambridge University Press, pp.44-68.

策（決定）的品質而增進民主？還是並不如我們想像的那麼簡單？

　　史多克斯（Stokes）認為，人們相信什麼對他們最好，什麼對其他人最好，而資訊的出現會對這些信仰（相信）有影響。然後，這些信仰會反過來依靠心中的因果邏輯（模式），想想什麼樣的行動對自己的福利會有什麼樣的效果，也同時會想到對別人的福利效果是什麼。公共溝通就會影響這些因果式信仰，而它跟商議規範性事物一樣同等重要，甚而可能更容易受到操縱。譬如，如果你相信完全的自由放任，政府什麼事都不該插手，那麼我想要說服你，政府花錢在支付公共教育上是對的（規範性的看法），就很難。這種情形，就像是你非常喜歡吃草莓冰淇淋，而我叫你換口味，改吃香草冰淇淋比較好，結果你不見得願意聽我的話而改變。但是，如果我跟你說，大量花費在公共教育上將來會增加國民總生產毛額（GNP），而你我都會過得更好，那麼你就有可能會被我說服。所以，民主中的公共溝通指的就是這種因果本質[53]。

　　然而，政治溝通（或商議）也許會引導人們在因果的思考下去相信錯誤的訊息並提昇傳達訊息人士的利益。這種情形不但可能發生而且造成相當大的社會成本。因此，操縱因果信仰以及操縱偏好的引導，這在民主運作過程中是個潛在的隱憂與病態。我們在討論商議時，這是必須考慮的。同樣地，我們也必須考慮商議在影響公民更深層次上的潛在力量：塑造公民體認自己到底是誰以及能力為何的意識。雖然主張商議民主的人士同意，經過商議後個人會有所轉變，但是他們卻忽略考慮，商議有可能降低當事人對自己能力的意識，或是造成他們對自己的意識已經根本違背了自己真正的需要和利益。所以討論商議民主，不去考慮上述的情形，只能說是膚淺的討論[54]。

　　史多克斯，針對商議和所引導出的偏好之間的關係，提出五種可能

---

[53] Susan C. Stokes, 1998, "Pathologies of Deliberation", in *Deliberative Democracy,* edited by Jon Elster, Cambridge: Cambridge University Press, pp.123-124.

[54] Stokes, *op. cit.*, p.124.

性[55]。第一種可能，就是一般大家所普遍認知的：

1.公民偏好→政客提出方案→政府政策制定[56]

人民形成偏好，就會促使政客接受並提出政策方案，結果政府制定相關政策與法令。可是也有第二種可能，人民偏好的形成並不是在先，而是受到精英的引導：

2.精英辯論→民意形成→政府制定政策

然而，第三種可能也會發生，組織的利益（利益團體、遊說團體）發起反對運動，影響選民思考，形成民意，最後迫使政府終止政策：

3.特殊利益利用溝通反對政策 A→公民轉向反對 A→政策 A 廢除

上述情形是由特殊團體發起，接著影響選民，而導致政府服從。可是，如果中間發生變化，也有可能產生相同的結果，這是第四種可能：

4.特殊利益利用溝通反對政策 A→民意代表錯誤地認為民眾也反對 A→政策 A 廢除

另外一種可能，則比較複雜：候選人競選時提出政策，當選後政府政策配合競選諾言，反對黨溫和地反對，民眾勉強聽從（默許），但特別利益團體在媒體的贊助下開始反抗，造成錯誤的訊息以為民眾已經轉向反對政府政策，反對黨因而提出強烈抨擊，大多數的民眾受到影響也起而反對，最後政策壽終正寢。這是第五種可能：

5.政府提出政策 A→沒有多大的反對，民眾默許→特殊利益開始溝通→媒體報導民眾反對 A→反對黨相信媒體，激烈抨擊 A→人民起而反對 A→政策 A 廢除

---

[55] 詳細的討論，可參考 Stokes, *op. cit.*, pp.124-134.
[56] 箭頭表示「造成」或「促成」。

所以，公共溝通可能改變的不僅是偏好而且是認同。利益團體或政黨「製造」民眾的認同，為的是符合政黨意識形態和策略，而政府也可能會「製造」人民的認同，是為了方便統治和管理。把以上的邏輯，應用到商議上和網際網路上，自然不排除會出現操縱、刻意影響的局面，那麼追求一個理想的商議民主就有實際上的困難了。

　　綜合本節的討論，網際網路的使用會強化現有結構和目前趨勢、出現「群體極化」、以及突顯現存勢力主宰和操縱議題等現象。因而，如何能促成並達到商議民主理論的理想（開放公共空間及彼此充分地商議與討論以落實真正的民主），而不是鞏固現有的結構，是目前網際網路面臨的困境與挑戰。

五、「數位隔離」嚴重嗎？

　　據估計，二〇〇〇年全世界總共有兩億五千萬台電腦，大概每二十四個人就有一台，而美國就占了百分之四十。一九九九年時，全世界有兩億人使用網際網路，但超過一半的上網人口住在美國。另外，一九九六年，每一百個歐洲白領工作者中只有五十二台個人電腦，這個數字僅是美國的一半。許多開發中國家連電話都很缺乏，更不用說是電腦了。大概每十個巴西人才有一具電話，而非洲則是每三百個人一具電話。撒哈拉沙漠以南的非洲，電話總數比美國紐約市的曼哈頓區還要少。對世界上大多數的人來說，全球資訊網只是另一個可望而不可及的美國玩具[57]。其實，北方富裕國家與南方貧窮國家在網際網路的差距就很明顯[58]。

---

[57] John Micklethwait & Adrian Wooldridge, 2000, *A Future Perfect: The Challenge and Hidden Promise of Globalization*, New York: Crown Business, pp.35-37. 中文翻譯本為：約翰·米可斯維特，艾德萊恩·伍爾得禮奇，2002，《完美大未來：全球化機遇與挑戰》，台北：商周出版社，頁 96-98。

[58] 可參考彭慧鸞，2001，〈電信化建制與數位落差的政治經濟分析〉，《問題與研究》，40 卷，第四期，頁 25-40。該文的表二（p.35）列出世界各主要國家電話普及率的

而南非開普敦（Cape Town）大學高等教育發展院長和歷史考古學教授郝爾（Hall）甚至認為，富裕先進國家利用網際網路擴張其利益及影響力等於是「虛擬殖民化」（virtual colonization）[59]。

根據國際電信聯盟（ITU）的統計，美國在一九九六年有百分之九十三點九的家庭裝電話，但其他工業國家則情況較佳。例如，加拿大有百分之九十八點七；法國百分之九十七；日本九十六點一；而澳洲則為百分之九十六點八[60]。必須注意的是，以百分比作為根據，沒有戶數實際數字，並不表示美國使用電話的人口就比較少。不過，就美國而言，超過六百萬的家庭在一九九七年三月時沒有電話。而美國商業部一九九九的研究報告指出，少於百分之七十五的鄉間貧窮住戶和剛超過百分之七十五的城市貧窮住戶有電話。可見城鄉差距也在美國出現。而且在非洲裔美國人（African Americans）當中，只有百分之八十六的住戶有電話。至於落後國家則情況更差。一九九六年，四十三個國家的電話密度每一百人當中不到百分之一。而排名最低的柬埔寨，則為百分之零點零七，也就是，每一千四百廿九人當中才有一具電話。其他像孟加拉、寮國，以及大多數非洲國家的電話密度也都低於百分之一[61]。尤其，不可思議的是，世界上有半數的人口從來未曾打過一通電話[62]，更不用講要如何上網了。

數位隔離（digital divide）[63]的一個理論基礎是知識落差（knowledge

統計表。

[59] Martin Hall, 1999, "Virtual Colonization", *Journal of Material Culture*, vol. 4(1), pp.39-55.

[60] "World Telecommunication Development Report 1998: Universal Access", International Telecommunication Union, Geneva, Switzerland, March, 1998.引自 Leslie David Simon, 2000, *NetPolicy. Com: Public Agenda for a Digital World*, Washington, D.C.: The Woodrow Wilson Center Press, p.163.

[61] Simon, *op. cit.*, p.163.

[62] Simon, *op. cit.*, p.170.

[63] 國內學者一般將 digital divide 譯為「數位落差」。然而，divide 有分隔、區隔或隔離的含義在內，所以本文將其譯為「數位隔離」。固然，數位落差有數位使用「落後」之意，但落後的涵義較模糊。相反地，數位隔離的意義則包括「有電腦」和「沒

gap）。迪可諾等人（Tichenor et al.）本著研究大眾溝通廿年經驗於一九七〇提出他們的基本假設：

當大眾媒體資訊融入社會體系的程度增加時，較高社會經濟地位的人就會比較低地位的人以較快的速度獲得這些資訊，所以這些不同人的知識落差就會增加而非降低[64]。

之後，許多學者熱烈討論知識落差的出現，結果共同認為有五項因素和過程：溝通技巧（communication skills）；先前知識（prior knowledge）；相關社會接觸（relevant social contacts）；資訊選擇性的使用、接受、和儲存（selective use, acceptance and storage of information）；以及媒體結構（structure of the media system）。同時，「知識落差」的解釋模型應運而生。例如，欠缺模型（deficit models）認為，教育導致知識落差，或是教育之後，引起動機，動機造成知識落差；差異模型（difference model）建議，動機促使知識落差；偶然模型（contingency model）主張，不但教育導致知識落差，而且教育促成動機，動機再促成知識落差[65]。

瑞士蘇黎世大學教授邦發德里（Bonfadelli）則提出他的數位隔離的知識落差模型：異質性資訊散播、沒有限制（資訊供給的分化）→接觸資訊的人數有限，因為技術／經濟狀況障礙（觀眾的分裂）→網路的使用在於個人動機和能力（資訊搜尋的個人化）→知識落差，因為管道、使用和技術的落差（議題及分享知識的逐漸解體）。[66]同時，邦發德里根據瑞士 WEMF 一九九九及二〇〇〇兩年的電話訪問資料（樣本數為二千人，十四歲以上，包括有電腦上網和有電腦但不上網）進行分析研究。

有電腦」之間的區隔，因為那些沒有電腦的人群，無從或根本不會使用電腦，自然被隔離在數位使用之外。

[64] Philip J. Tichenor, George A. Donohue & Clarice N. Olien, 1970, "Mass Media Flow and Differential Growh in Knowledge", *Public Opinion Quarterly*, vol. 34, pp.159-160. 引自 Heinz Bonfadelli, 2002, "The Internet and Knowledge Gaps: A Theoretical and Empirical Investigation", *European Journal of Communication*, vol. 17, issue 1, p.67.

[65] Bonfadelli, *op. cit.*, pp.68-70.

[66] Bonfadelli, *op. cit.*, pp.72-73.

結果證據顯示，瑞士不止是出現數位隔離，而且是雙重數位隔離（double digital divide 或 digital divides）：受過良好教育、富裕、年輕的男性仍為瑞士上網的主要人口。換言之，數位隔離的因素不只是教育背景，而且包括人口統計學（demographic）因素，例如，所得、性別和年齡。尚且，一九九七到二○○○，上網和不上網之間的落差更為加大、並非縮小。教育程度較高的人比較積極使用網際網路，使用取向以獲得更多資訊為主；而教育程度較低的網路使用者則把興趣特別放在娛樂方面[67]。

最後，邦發德里的研究結論是，至少有四種障礙無法讓人們享受新資訊科技的好處。首先，缺乏基本電腦常識和技術，以及對連線的恐懼和負面態度，特別是老年人和教育程度較低者。其次，縱使獲得基本電腦技術，上網障礙仍然存在，因為連線費用可能對某些國家而言非常昂貴。第三，另一種障礙可能是「對使用者不友善」（lack of user friendiiness），包括搜尋、溝通、傳達、互動等方式。第四，落差是以網際網路使用的方式而存在，因為它以教育作為使用的基礎。不過，邦發德里認為，這種不平等不僅是因為內容提供的不當或無法上網連線，而且可能是因為結構性因素所造成。不上網連線的人並不見得是不理性或根本不知道網際網路，反而可能是他們處在一個有限選擇的社會環境中而作出理性且有目的的行為[68]。儘管邦發德里把不上網連線解釋為「理性」的行為（不會用，但又太貴、太難、太麻煩，所以乾脆不學也不用），但至少他也承認「數位隔離」的存在。

其實，瑞士的情形無獨有偶，德國也有類似的現象。三位學者（Haisken-DeNew, Pischner and Wagner）分析「德國社會經濟追蹤調查」（the German Socio-economic Panel）一九九八及一九九九年的資料後指出[69]，雖然個人電腦的擁有和網際網路的使用無論在西德和東德的各個階

---

[67] Bonfadelli, *op. cit.*, pp.74-80.

[68] Bonfadelli, *op. cit.*, pp.81-82.

[69] John Haisken-DeNew, Rainer Pischner & Gert G. Wagner, 2000, "Use of Computers

層中皆有擴大的趨勢，但仍呈現巨大的差異。這並非西德和東德之間的不同而導致，而是「所得效果」所使然。誠如預期地，低收入家庭的個人電腦擁有率較低，而富有家庭的情況則正好相反：擁有較多的電腦。而休閒時間使用電腦的情形也與年齡層有關，隨年紀增長而遞減：在每天用電腦的人數中，十六到廿歲的占比例最高，其次為廿一到卅歲、卅一到四十五歲、四十六到六十歲。年紀超過六十的老年人使用電腦情形只有百分之五左右，但這種現象與地域沒有任何關聯。同時，男性比女性使用電腦的次數要超過兩倍。至於外裔德人則比德國人更少使用電腦，這主要是與教育水準有關。同樣地，上網連線的使用情形在差異上也與電腦使用的結果沒有什麼多大的分別。

另外，無論在上網連線或使用電腦上，教育程度也是一個重要的變數：受教育愈高者則使用比率愈高，尤其這種趨勢隨著年齡的增高也愈明顯。如果將性別與教育程度共同參考的話，則電腦使用的差異情形也愈分明。換言之，教育程度愈高的男性與教育程度愈低的女性是兩個極端。至於因工作需要而使用電腦的狀況，教育程度仍是個決定性的因素。總之，德國家庭擁有電腦的比率與家庭收入有因果的關係，而電腦與網際網路的使用多寡則與教育程度和年齡息息相關。這些都突顯了「數位隔離」在德國是存在的。

除了瑞士、德國，另外兩個例子也許更能說明「數位隔離」的情形。第一個例子是有關美國黑人[70]使用網際網路的情形。根據最可靠的估計[71]，五百萬非裔美人，或百分之十九的全部美國黑人，是網際網路的定期

---

and the Internet Depends Heavily on Income and Level of Education", *Economic Bulletin-German Institute for Economic Research*, vol. 37, issue 11, pp.369-374.

[70] 用「美國黑人」這個字眼本身具有歧視的含義，就像我們不用「原住民」而用「山地同胞」一樣。正確用法應為非洲裔美國人（簡稱非裔美人）。本文同時採用「美國黑人」與「非裔美人」，只為避免重複次數太多，並無歧視意味。

[71] "National Telecommunications and Information Administration," *Falling Through the Net: Defining the Digital Divide*, Washington, D.C.: US Department of Commerce, 1999, p.44.

使用者。以全球講英語人口中有一億二千八百萬網路使用者而言，這個數字算是差強人意。不過，如果跟美國人口中上網人數占全體的百分之卅二點七來比較，那麼非裔美人的比例就遜色許多。如果再跟白人相比，則差距更大。美國白人現在定期上網人數（占百分之卅七點七）幾乎比美國黑人將近多一倍[72]。另外，根據霍夫曼和諾瓦克（Hoffman and Novak）一九九八年研究的報告，白人比黑人更多擁有家庭電腦（百分之卅八點五比百分之卅三點八），更多使用網際網路（百分之廿六比百分之廿二），而且更可能在家中上網（百分之十四比百分之九）。雖然高所得的黑人家庭（年薪超過四萬美元）與高所得白人家庭之間的差距較小，但低收入（年薪低於四萬美元）的白人家庭比低收入的黑人家庭在一個星期內使用網路（包括家中、工作地點和公共場所）的次數要高出六倍之多。上網的成長速度，白人（一九九七年為百分之卅五點八，一九九八年增加為四十九點三三）比黑人（一九九七年為百分之卅一點六八，一九九八年增為卅五點五四）要高[73]。

美國商業部一九九九年的研究指出，白人在下列項目裏勝過黑人：家庭電腦（百分之四十六點六比百分之廿三點二）、個人上網（百分之卅七點七比百分之十九）、以及家中上網（百分之廿六點七比百分之九點二）。而一九九四到一九九八期間，白人與黑人在家庭電腦上的差距增加到百分之卅九點二，一九九七到一九九八之間，白人上網比黑人要高出百分之五十三點三。另外，一九九四到一九九八年間，就擁有電腦總數的差距而言，家庭收入在三萬五千到七萬四千九百九十九的白人比同一薪資層的黑人多百分之六點四。同一時間內，收入在一萬五千到三萬四

[72] 引自 Rohit Lekhi, 2000, "The Politics of African America On-Line", *Democratization*, Spring 2000, vol. 7(1): pp.78-79.

[73] Donna L. Hoffman & Thomas P. Novak, 1998, *Bridging the Digital Divide: The Impact of Race on computer Access and Internet Use*, Working Paper, Project 2000, Owen Graduate School of Management, Vanderbilt University, Nashville, TN, pp.2-3.引自 Lekhi, *op. cit.*, p.79.

千九百九十九的白人與黑人的差距增加到六十一點七。至於年薪收入在一萬五千元以下的白人與黑人相比，則是相差了百分之七十三[74]。

　　以上的數字比，雖然看起來分歧，但簡單的總結是，美國黑人比白人的情況要差，而薪資愈低，情況愈嚴重。勒齊（Lekhi）以網際網路研究非裔美人的政治，最後他的結論是：大多數的非裔美人在使用新溝通技術的能力上仍處於嚴重不利的地位；非裔美人在網際網路上政治參與的機會仍然受到限制；網際網路的功能與作用要發揮彰顯，對非裔美人而言，並不是再增加政治活動的能力，而是在於有促進新活動形式的能力[75]。

　　另一個例子則是非洲。由於它的落後，理所當然地，情況不會很好。據世界銀行二千年報告，迦納（Ghana）在一九九七年時每一千個人當中才有一點六人擁有個人電腦，而相對地，加拿大則為二百七十點六人。在非洲地區，只有那些少數的都市精英才有可能接觸到新科技，連線到網際網路上。而且，因為貨幣貶值又對電腦採高進口稅，所以非洲國家人民購買及使用電腦的成本很高。例如，一九九九年人類發展報告（1999 Human Development Report）中指出，在非洲平均每一個月的網路連線費用是一百美元，而在美國則是美金十元。因此，也就不奇怪，次撒哈拉非洲（Sub-Saharan Africa）中只有百分之零點一的人曾經上過網，而美國則是百分之廿六點三[76]。而一項對南非各種人權組織使用網際網路的調查顯示，這些組織不知道如何把科技應用到未來的需要上，而且上網大部分時間都只是在流覽網頁，沒有任何明確的焦點。另外，南非一九九八年一年當中大約有六十萬電子信件使用者，而該年非洲其他地區所有人加起來只大概有十萬人。這表示，每五千個人當中不到百分之一使用

---

[74] "National Telecommunications and Information Administration", *op. cit.*, pp.19, 44, 8. 引自 Lekhi, *op. cit.*, pp.79-80.

[75] Lekhi, *op. cit.*, pp.77-78.

[76] 引自 Tetty, *op. cit.*, pp.138-139.

網際網路[77]。其實，這不足爲奇，因爲還有非常多的人根本沒有收音機和電視。

　　網路上（影像圖片、說明、溝通等等）互動的語言中百分之八十是以英文爲主。這就產生出「什麼樣的人（或者，有誰）才能在網際網路上參與政治論述」的問題。而大多數的非洲人都是文盲，先別說他們是否能夠使用電腦，就是如何看懂網路畫面上的文字就已經很難，更甭提在線上與別人對談交流了。根據一九九九年人類發展報告，貝寧（Benin）[78]國內有超過百分之六十的人口不識字。試想他們又如何能夠利用網際網路與他人做密切且具深度的溝通呢？另外，對全世界的估計，男性主宰了網路世界。例如，針對一九九八和一九九九網際網路使用者的調查研究，其中發現，女性使用網際網路比例偏低。以百分比爲準，美國爲卅八，巴西爲廿五，日本和南非同爲十七，俄羅斯爲十六，中國大陸爲七，阿拉伯國家則爲四[79]。另外，女性比男性文盲的情況更嚴重，據世界銀行二千年的資料，世界百分之五十的女性爲文盲，而男性則爲百分之卅四。非洲的迦納，在一九九七年時，男性成人文盲爲百分之廿三，相對地，女性成人文盲則爲百分之四十三。同時，男性比女性在經濟條件上優越，導致男性在接觸網際網路的能力與機會都要大。所以，綜合各種條件因素，全世界「典型的網路使用人爲：男性、卅五歲以下、有大學學位、高收入、住都市地區、以及說英語」[80]。

　　非洲國家的經濟發展、技術能力遠比其他地區要落後許多，因而上網人數簡直不成比例。而且，大部分非洲的政府把釋放權力視爲「零和遊戲」，執政者不太可能主動建造出網際網路使用的環境來影響政策及政

---

[77] 引自 Tetty, *op. cit.*, pp.139-140.
[78] 西非一個小共和國，原屬法國殖民地，一九六〇年獨立，原稱達荷美共和國（Dahomey），土地面積十一萬四千七百一十一平方公里。
[79] 引自 Tetty, *op. cit.*, pp.140-141.
[80] 引自 Tetty, *op. cit.*, p.141.

治方向。譬如，奈及利亞和波梨那（Botswana）[81]兩國政府對網路積極分子的譴責、批評（前者將環保運動人士定罪、下獄；後者則無視於薩恩〔San〕游牧族的貧苦窮境），無動於衷、相應不理。因此，「想透過電子的方式促進互動，也許期待太多政客和專家會釋放權力給人民」。[82]換句話說，大部分的非洲政府並不把人民當作是政府的夥伴。因而，似乎網際網路（或資訊溝通技術）並不能提供必要的「輕微刺激」（fillip）以促進非洲民主運作的過程。如果不能改善國家本身的硬體（結構面，包括體系、制度、憲法、法律等）和軟體（社會經濟面，包括教育、民主素養、生活水準等）條件，那麼期待科技與網際網路能促進民主的進步等於是遙不可及的海市蜃樓和虛無縹緲而已。

　　總之，所謂「數位隔離」指的是，在接觸（access）和使用數位技術上的差距與分野。而數位隔離又可分為三類：「全球隔離」（global divide），指涉的是工業化社會（國家）與開發中社會（國家）之間在網際網路接觸上的差異；「社會隔離」（social divide），指的是每個國家內擁有豐富資訊者和資訊貧瘠者之間的差距；以及「民主隔離」（democratic divide），則涉及的是兩種人（或團體）之間的差異：一種是那些能使用數位資源的各種裝備（panoply）從事、動員和參與共同生活的人，而另一種則是那些沒有這些能力的人[83]。事實上，這三種數位隔離的形態，在本節的討論中已經清楚可見。挪威學者奧佛貝克（Elvebakk）研究並比較七個國家[84]的歐洲國會議員們（European parliamentarians）使用網際網路技術的經

---

81 東非一共和國，原屬英國殖民地，一九六六年獨立，土地面積七十一萬二千二百五十平方公里。

82 B. N. Hague and B. D. Loader (eds.), 1999, *Digital Democracy: Discourse and Decision Making in the Information Age*, New York and London: Routledge, p.10.引自 Tetty, *op. cit.*, p.143.

83 Pippa Norris, 2001, *Digital Divide: Civic Engagement, Information Poverty, and the Internet Worldwide*, Cambridge: Cambridge University Press.

84 這七個國家分別是：奧地利、丹麥、德國、荷蘭、挪威、葡萄牙和英國（蘇格蘭）。

驗和能力[85]。此外，他也發現，葡萄牙全國使用網際網路的使用率較低；根據二○○○年統計，歐洲婦女平均上網的只占百分之二十，相對於歐洲男性的百分之三十五；同樣是二○○○年，年齡五十五至六十四歲的歐洲人平均上網的比率只有百分之十二；奧地利、葡萄牙和蘇格蘭三國上網的人數中，年輕人居多[86]。從以上的例子，全球、社會和民主的數位隔離也出現在歐洲。即使數位隔離情形沒有第三世界嚴重，但歐洲國家要落實網路民主也仍有待努力。至於國力最強的美國，所得、職業、教育程度、種族和性別的差異，均顯現了「數位隔離」的問題。如果情況未能改善，那麼網路民主可能只是屬於部分較少人群的專利而已。

六、小結

本文採取辯證法的方式，初步性探討網路民主的理論與實際。首先，根據科技媒體人的觀點，描繪以美國為基礎的網際網路應用及發展情形。當然，目前尚未達到盡善盡美的地步。可是假以時日技術改善、溝通成本降低，使用人口與日俱增，那麼人民可望透過網路的連繫、打破地理空間的樊籬、發揮立即溝通與交流的功效，最後將會落實民主的真諦。其次，討論網路民主的理論基礎，以商議民主為分析的重點。其中，公共領域與商議是兩個基本概念。透過網際網路，不但公共領域可以在虛擬世界中創造出來，而且直接的交流與方便更是能把商議的精神發揮得淋漓盡致。所以，網路民主從商議理論的觀點是指日可待。第三，分析網際網路和商議兩者本身可能出現的陰暗面。除了商業廣告光彩奪目地吸引消費者並影響其判斷能力外，網際網路一方面造成「數位隔離」，

---

[85] Béate Elvebakk, 2004, "Virtually competent? Competence and experience with Internet-based technologies among European parliamentarians", *Information Polity*, 9, pp.41-53.

[86] 同上註，pp.50-51.

另一方面也會區隔和封閉使用者之間的連繫與交流。而最後可能的結果會演變成廣泛、普遍的彼此疏離，而不是交流、融合的彼此親近（affinities）。第四、從統計數據及文獻分析的角度，探討數位隔離的嚴重情形。由於知識落差與數位隔離呈現正面的相互關係，不可避免地，「強化」（即，加強目前不平等的既存形態而非轉變改善）效果就愈趨明顯。從四個例子中，瑞士、德國、美國黑人及非洲，知識落差與數位隔離也都存在。如果不能改善知識落差與數位隔離的現象，那麼未來邁向網路民主的道路將很艱辛、困難重重。

　　一般人相信，網際網路的發展與全球化有關。不過，威爾德茲（Weldes）認為，全球化只是科幻小說，因為全球化的美麗前景與科幻小說中的情景非常相似，等於把全球化寄託在幻想中的世界裏。她主張，如果把全球化當成是一種論述的話，那麼論述具有濃厚地政治涵意，創造出具體和意識形態的顯著性效果。換句話說，那些沈迷在全球化思考的人所做的任何表述（他們的想法以及實際或未來會如何進行）都會影響他們自己未來的行動。就是這種效果會發生，所以我們可以把全球化論述解釋為一種「自我實現的預言」（a self-fulfilling prophecy）。威爾德茲非常同意黑依和馬許（Hay and Marsh）的看法：「全球化真正的論述和修辭也許的確可以召喚出所描繪的效果」[87]。因此，她認為，如果把全球化當作是「論述所建構的既成事實」（a discursively constructed *fait accompli*），那麼，在這個意義下，全球化是個狂想、幻想（fantasy）[88]。

　　同樣地，主張網際網路可以發揮無比威力的民主人士在尚未實現的情況下暢言網路民主，是不是也像在鼓吹「自我實現的預言」呢？似乎網際網路的問題和爭議，在他們眼中，不是看不到，就是微乎其微。相對地，持保留態度和主張「強化論」的民主人士則極力想要破解這種「自

---

[87]　Colin Hay & David Marsh, 2000, *Demystifying Globalization*, London: Palgrave, p.9.

[88]　Jutta Weldes, 2001, "Globalization is Science Fiction", *Millennium: Journal of International Studies*, vol. 30, no. 3, p.648.

我實現的預言」，不遺餘力地舉例證明，描繪的美景不是尚未來臨而是根本不存在。但弔詭的是，那些懷疑論者本身的論述不是也在宣揚他們自己的「自我實現的預言」嗎？

雖然網際網路可以增強我們學習的能力、擴大我們獲得資訊的機會，但是作為消費者或者公民的我們也會對資訊「過濾」（filter）。事實上，許多人已經日漸朝向「個人化的過程」（ the process of personalization），只局限於他們自己所選擇的觀點和主題上。在一個多元、充滿異質性的社會裏，如果民主要能進一步落實，那麼我們應該暴露在沒有事先選擇的資訊和主題中。這是因為，沒有預期地接觸那些我們並未尋求的主題和觀點，即使有時候令人憤怒或不愉快（irritating），對民主而言，則具有相當地重要性。一方面，這可以讓我們可以體認到公共空間的存在（除了自己所偏好的議題外，還發現有其他非常重要、但未曾接觸或從未關心的議題存在），另一方面，當我們接觸這些過去從未嘗試瞭解的議題後，我們的興趣和觀點可能因此而改變，或者至少我們可以多知道一點別的人群在想什麼[89]。而這不也正是商議民主所要追尋的嗎？亦即，除了爭論之外，還要有更多的資訊和彼此理解的相互性。相反地，如果網際網路的使用，只是限於自己團體內的討論，並築起一道圍牆與其他團體隔離（群體極化），那麼公共領域就會「巴爾幹化」（balkanized，分裂成許多小而彼此敵對的單位或團體）。如果各個團體再進一步設計他們自己的溝通方式，那麼結果就更「巴爾幹化」。彼此走極端的後果，只會對民主造成危險和傷害。這是網路民主不能不慎思的問題。

本來，網際網路具有快速流通的功能。無論樂觀派或懷疑者都不能否認這個事實，只是他們各自強調、專注的焦點不同而已。其實，網際網路可以作為輔助或補充的工具。就像是選舉時，除了親自前往投票所

---

[89] Sunstein, "Democracy and Filtering", pp.58-59.

投票之外，也可以藉由通訊投票或委託別人投票一樣，網路投票已不是不可能的事了。當然，網路的利用還有許多地方有賴開發及推廣。但是，網際網路是不可能取代現存制度（如代議制）而變為直接民主的。至於未來如何改善使用者隔離和群體極化的問題，對任何一方而言都將是一大挑戰。

參考書目

■中文部分

史列文著，王樂成、林祐聖、葉欣怡譯，2002，《網際網路與社會》，台北：弘智文化事業有限公司。

約翰·米可斯維特、艾德萊恩·伍爾得禮奇著，2002，《完美大未來：全球化機遇與挑戰》，台北：商周出版社。

桑斯坦著，黃維明譯，2002，《網路會顛覆民主嗎？》，台北：新新聞文化事業股份有限公司。

彭慧鸞，2001，〈電信化建制與數位落差的政治經濟分析〉，《問題與研究》，40卷，第四期，頁25-40。

劉靜怡，2002，〈導論：網路共和國的民主前景何在？〉，《網路會顛覆民主嗎？》，桑斯坦著，黃維明譯，台北：新新聞文化事業股份有限公司，頁6-14。

迪克·摩利思著，張志偉／譯，2000，《網路民主》，台北：商周出版社。

■外文部分

Agre, Philip E., 2002, "Real-Time Politics: The Internet and the Political Process", *The Information Society*, 18, pp.311-331.

Akdeniz, Yaman, 2002, "Anonymity, Democracy, and Cyberspace", *Social Research*, 69, 1 (Spring), pp.223-237.

Barney, Darin, 2000, *Prometheus Wired: The Hope for Democracy in the Age of Network Technology*. Chicago: University of Chicago Press.

Bohman, James, 2004, "Expanding dialogue: The Internet, the public sphere and prospects for transnational democracy", *The Sociological Review*, 52, 1 (June), pp.131-155.

Bonfadelli, Heinz, 2002, "The Internet and Knowledge Gaps: A Theoretical and Empirical Investigation", *European Journal of Communication*, vol. 17, issue 1, pp.65-84.

Cohen, Joshua, 1989, "Deliberation and Democratic Legitimacy", in *The Good Polity: Normative Analysis of the State*, edited by Alan Hamlin & Philip Pettit, Oxford, UK: Basil Blackwell, pp.17-34.

Cohen, Joshua, 1998, "Democracy and Liberty", in *Deliberative Democracy*, edited by Jon Elster, Cambridge: Cambridge University Press, pp.185 -231.

Davis, Richard, 1999, *The Web of Politics: The Internet's Impact on the American Political System*, Oxford: Oxford University Press.

Dewey, John, 1988, "The Public and Its Problems", in *John Dewey, Later Works*, vol. 2, Carbondale and Edwardsville, IL: Southern Illinois University Press.

Dodge, Martin & Rob Kitchin, 2001, *Mapping Cyberspace*. London: Routledge.

Elvebakk, Béate, 2004, "Virtually competent? Competence and experience with Internet-based technologies among European parliamentarians", *Information Polity*, 9, pp.41-53.

Fearon, James D., 1998, "Deliberation as Discussion", in *Deliberative Democracy*, edited by Jon Elster, Cambridge: Cambridge University Press, pp.44-68.

Fulton, Keith, 2002, "Digital Democracy: Engaging Citizens in the 21st Century", *Vital Speeches of the Day*, vol. 68, issue 9, Feb. 15. pp.280-282.

Gerber, Michael & Rachel Marcus, 2000, "What's Hot at APSA", *The Washington Monthly*, September, pp.24-25.

Gibson,W., 1984, *Neuromancer*. New York: Ace Books.

Gimmler, Antje, 2001, "Deliberative Democracy, the Public Sphere and the Internet", *Philosophy and Social Criticism*, vol. 27, no. 4, pp.21-39.

Habermas, Jürgen, 1989, *The Structural Transformation of the Public Sphere: An Inquiry into a Category of Bourgeois Society*, Cambidge, MA: MIT Press.

Habermas, Jürgen, 1993. "Individuation through Socialization: On George Herbert Mead's Theory of Subjectivity", in *Postmetaphysical Thinking*, edited by Jürgen Habermas, Cambridge, MA: MIT Press, pp.149-204.

Habermas, Jürgen, 1998, *Between Facts and Norms: Contribution to a Discourse Theory of Law and Democracy*, Cambridge, MA: MIT Press.

Hacker, K. L., 1996, "Missing links in the evolution of electronic democratisation", *Media, Culture and Society*, vol. 18, pp.213-232.

Hacker, K. L. & M. A. Todino, 1996. "Virtual democracy at the Clinton White House, an experiment in electronic democratization", *The Public*, vol. 3, no.1, pp.71-86.

Hagen, Martin, 2001. "Digital Democracy and Political Systems", in K. L. Hacker & J. van Dijk (eds.), *Digital Democracy: Issues of Theory and Practice*, London: Sage, pp.54-69.

Hague, B. N. & B. D. Loader (eds.), 1999, *Digital Democracy: Discourse and Decision Making in the Information Age*, New York and London: Routledge.

Haisken-DeNew, John, Rainer Pischner & Gert G. Wagner, 2000, "Use of Computers and the Internet Depends Heavily on Income and Level of Education", *Economic Bulletin-German Institute for Economic Research*, vol. 37, issue 11, pp.369-374.

Hall, Martin, 1999, "Virtual Colonization", *Journal of Material Culture*, vol. 4 (1), pp.39-55.

Hay, Colin & David Marsh (eds.), 2000, *Demystifying Globalization*. London: Palgrave.

Hoffman, Donna L. & Thomas P. Novak, 1998, *Bridging the Digital Divide: The Impact of Race on computer Access and Internet Use*, Working Paper, Project 2000, Owen Graduate School of Management, Vanderbilt University, Nashville, TN.

Howard, Philip, 2001, "Review Essays: Can Technology Enhance Democracy? The Doubters' Answer", *The Journal of Politics*, vol. 63, August, pp.949-955.

Kamarck, Elaine & Joseph Nye (eds.), 1999, *Democracy.com? Governance in a Networked World*, New York: Hollis Publishing.

Kinder, Tony, 2002, "Vote early, vote often? Tele-democracy in European cities", *Public Administration*, vol. 80, no. 3, pp.557-582.

Lefort, René, 2000, "Internet to the Rescue of Democracy?", *The Unfsco Courier*, June, 2000, pp.44-46.

Lekhi, Rohit, 2000, "The Politics of African America On-Line", *Democratization*, Spring, vol. 7 (1): pp.76-101.

Luke, Robert, 2002, "habit@online: Web Portals as Purching Ideology", *Topia*, issue 8, Fall, pp.61-101.

Micklethwait, John & Adrian Wooldridge, 2000, *A Future Perfect: The Challenge and Hidden Promise of Globalization*, New York: Crown

Business.

Morris, Dick, 1999, *Vote.com: How Big-Money Lobbyists and the Media are Losing Their Influence, and the Internet is Giving Power to the People*, New York: Renaissance Books.

Murdock, Graham, 2002, "Review Article: Debating Digital Divides", *European Journal of Communication*, 17 (3), pp.385-390.

Norris, Pippa, 2001, *Digital Divide: Civic Engagement, Information Poverty, and the Internet Worldwide*, Cambridge: Cambridge University Press.

Poster, M., 1995, "Cyber-democracy: Internet and the public sphere", http://www.hnet.uci.edu/mposter/writings/democ.html.

Reingold, H., 1998, *The Virtual Community*, New York: Harper Collins.

Simon, Leslie David, 2000, *NetPolicy.Com: Public Agenda for a Digital World*, Washington, D.C.: The Woodrow Wilson Center Press.

Snider, J. H., 1994, "Democracy on-line, tomorrow's electric electorate", *The Futurist*, Sep-Oct, pp.15-19.

Stokes, Susan C., 1998, "Pathologies of Deliberation", in *Deliberative Democracy*, edited by Jon Elster, Cambridge: Cambridge University Press, pp.123-139.

Sunstein, Cass R., 2001, *Republic.com*, Princeton, N.J.: Princeton University Press.

Sunstein, Cass R., 2004, "Democracy and Filtering", *Comminications of the ACM*, vol. 47, no. 12 (December), pp.57-59.

Tettey, Wisdom J., 2001, "Information Technology and Democratic Participation in Africa", *Journal of Asia and Africa Studies*, vol. 36, issue 1, pp.133-153.

Tichenor, Philip J., George A. Donohue & Clarice N. Olien, 1970, "Mass Media Flow and Differential Growh in Knowledge", *Public Opinion*

Quarterly, vol.34, pp.159-170.

Weldes, Jutta, 2001, "Globalization is Science Fiction", *Millennium: Journal of International Studies*, vol. 30, no. 3, pp.647-667.

Wilhelm, Anthony, 2000, *Democracy in a Digital Age: Challenges to Political Life in Cyberspace*, New York, NY: Routledge.

第二篇

資訊科技與國際政治

既定或建構
——網路時代的國際關係圖像

李英明

國立政治大學東亞研究所教授

魏澤民

北台科學技術學院通識教育中心講師

一、前言

　　隨著冷戰結束後，美國的部門與全球經濟以及世界地緣政治（world geopolitics）形成互動，使資本主義經歷一種全球化的重組，以資本主義化的（capitalist）與資訊化的（informational）面向擴充發展，並落實了一種「資訊化資本主義」（informational capitalism）新的生產、傳播溝通、管理與生活方式，並藉分散形式的新興網絡，使全球化資本愈來愈集中化[1]。同時，這樣的發展也使國際分工模式重新改組，以日本為主導的亞太地區形成新的核心，與美國、歐盟共同成為各自獨立而相互連結的三大強權（Triad Power）。這如同席勒（Dan Shiller）所言，在技術、經濟與制度的互動中討論網際網路（以下簡稱網路）的深層意義時，便會發現網路的發展動力來自於實實在在的經濟利益，準確的說，控制網路技術的資本主義國家，擴張市場、爭奪市場讓網路發展為資本主義服務才是真正的目的，而由網路發展而來的資本主義就是數字資本主義（digital capitalism）[2]。

　　伴隨數字資本主義的昂揚，由資訊科技的進步所引發對民族國家和全球事務活動方式的革命，已將人們帶入繼農業時代、工業時代之後人類歷史發展的第三個時代，即網際網路時代（以下簡稱網路時代）。二十世紀九十年代初隨著蘇聯的瓦解與冷戰的結束，美國將網際網路（internet）[3]，從軍事用途轉向商業化發展，並使之全球化形成連結世

---

[1] Manuel Castells 著，夏鑄九譯，2000，《網絡社會之崛起》，台北：唐山出版社，頁 19。

[2] Dan Schiller, 1999, *Digital Capitalism, Networking the Global Market System*, Cambridge, Mass.: MIT Press, pp.12-14.

[3] 網際網路即指 Internet，從技術的角度而言，乃利用數位技術，將所有知識以 0 與 1 的字串表達，藉由電腦、電子通信之結合來完成傳播、溝通工作。網際網路不只是電子、光纖（fiber optic cables）、資訊傳輸（data transmissions）等以光速傳播的系統，亦有如電話系統一樣。只不過 internet 是藉由電腦、數據機等系統運作的。根

界的全球網際網路（World Wide Web, WWW）[4]。短短十年期間，從一九九四年開始網路只連結八個國家，一九九五年連接的國家也僅有七十五個，一九九八年之後網路在全球快速發展，至二〇〇四年，只經過近十年的發展，網路已連接全世界近二〇九個國家[5]。在網路時代，資訊科技實力已漸漸變成影響國際關係中力量對比格局變化的關鍵性要素。資訊科技發展水平與創新能力高低是評估一個國家綜合國力強弱的主要標誌。因此，可以這麼說，誰具有資訊科技領域的壓倒優勢，誰就能對世界經濟、國際事務擁有決定性的發言權和主導權。在國際關係理論的發展過程中，針對網路發展的全球化趨勢，軟權力（soft power）理論，正在彰顯其影響力。按照美國學者奈伊（Joseph Nye, Jr.）和基歐漢（Robert O. Keohane）的看法，所謂的軟權力指的乃是影響他國意願的能力與無形的權力資源，如文化、意識型態和政治制度等領域的力量。在《資訊革命與國家安全》（*The Information Revolution and International Security*）一書中，奈伊更宣稱，若能將軟權力與資訊革命結合起來，可以幫助我們遏制衝突，使我們能夠抑制處於對立緊張地區人們之間仇恨的擴散，提供對付煽動種族衝突的替代方法，以及有助於推動民主政體的發展。因此，本文首先針對網路時代的國際關係軟權力理論進行論述，進而分析網路時代下國際政治行為主體的變化與爭論以及對國際關係圖像所產生

據一九九五年十二月二十四日「美國聯邦通訊委員會」（The Federal Networking Council, FNC）的定義，網際網路是涉及全球的資訊系統，藉由全球性單位位置與空間的邏輯性連結；凡建基在網際網路的通路、工具或其後的各項拓展，都是由之引申而得。一般所說的資訊高速公路、虛擬世界、超文本都是網際網路系統。換言之，網際網路是一種集合眾系統的系統（a system of systems）。本文所指的網際網路正是此系統。

[4] 全球網際網路（World Wide Web, WWW）是指由多媒體資料所組成，通常都以超媒體文件（hypermedia document）的方式存取這些多媒體資料。全球網際網路是一個訊息快速增長的浩瀚空間，到二〇〇〇年已有超過上兆個開放性網頁可供瀏覽。參見 http://www.inktomi.com//press/billion.html.

[5] International Telecommunication Union; ITU, World Telecommunication Development Report 2003, Geneva, 2004. http://www.itu.int/ITU-D/ict/publications/wtdr_03/material/WTDR03Sum_c.pdf.

的影響。

二、既定或建構：國際關係的軟權力理論

　　權力論一直是國際關係學的一個核心理論，冷戰結束前後國際關係
發生深刻的變化，過去既定的權力觀念是從硬權力的角度來理解，特別
是資訊科技的昂揚發展給權力理論注入了新的內容，理解國際關係中權
力行使的方式開始向軟權力方向轉折。美國國際關係學者羅斯科夫
（David J. Rothkopf）就認為資訊時代國際政治中的權力已經有新的意
涵，即是「資訊化政治」（cyber Politik）的出現[6]。這表現在幾個層面，
以經濟上來說，透過網路科技與全球化營運，已使得國家經濟權力無法
獲得具體界定。例如許多跨國公司的經濟實力並不等同國家的經濟權
力，因為在許多時候基於全球化的生產營運策略，跨國公司會淡化其政
治認同。換言之，許多跨國公司是國際關係中享有經濟實力的非國家成
員。而就軍事安全而言，除了少數國家擁有大規模摧毀性武器，還有更
多非國家行為者具備摧毀一個國家資訊系統的能力，以至於構成國家安
全上的嚴重威脅。在政治方面，由於資訊化社會的發展，任何一個國家
的執政者都將面臨更多元的輿論壓力。任何國內單一事件都可能成為國
際共同關注的外交事件。簡單的來說，在資訊化時代，無論是國家或非
國家行為者，運用資訊科技都可以在經濟、軍事、政治力量上有所提升。
亦即是說資訊能力的展現已成為國際關係權力論的新要素。二十世紀九
〇年代以後出現的軟權力概念正是這一個變化的反應，至今仍在蓬勃發
展當中。

---

[6] David J. Rothkopf, 1998, "Cyberpolitik: the Changing Nature of Power in the Information Age", *Journal of International Affairs*, Vol.51, No.2, Spring 1998, pp.344-359.

（一）軟權力概念的提出

一九九〇年，奈伊（Joseph Nye, Jr.）發表兩篇文章，〈世界權力的變革〉（The Transformation of World Power）、〈軟權力〉（Soft Power），和一本專書《必要的領導——正在變化著的美國權力的性質》（*Bound to Lead: the Changing Nature of American Power*）[7]，是最早在學術界討論資訊科技發展對國際關係的影響，並系統地提出和闡述了軟權力概念，其基本內容是：

■冷戰後權力的變革與權力性質的變化趨勢

冷戰後各國面臨著更為複雜的世界，國際政治的變化主要表現在「世界權力的變革」和「權力性質的變化」。過去，對一個大國的考驗是其在戰爭中的實力，而今天實力的界定不再強調軍事力量和征服。技術、教育和經濟增長等因素在國際權力競逐中正變得日益重要[8]。在冷戰時期，東西方對抗的軸心是硬權力（軍事機器、核威懾力等），特別是大國使用軍事力量來平衡國際體系的實力地位，符合現實主義者所強調的硬權力的作用。而現在，隨著美蘇兩個超級大國全球軍事對抗的消失，後冷戰時代的來臨，經濟、文化因素在國際關係中的作用越來越突出。在世界變革的情況下，所有國家要學會通過新的權力源泉來實現其目標：即操作全球相互依存、管理國際體系結構和共享人類文化價值[9]。而這種新的權力源泉就叫做軟權力。基本上，軟權力的新形式在後冷戰時代凸顯其重要性，特別是在文化、教育、大眾媒介等方面，軟權力的性質是無法用傳統的地緣政治學來解釋和評估的[10]。

---

[7] Joseph Nye, Jr., 1990, "The Transformation of World Power", *Dialogue*, No.4, pp.23-25.; "Soft Power", *Foreign Policy*, 1990, pp.150-157.; *Bound to Lead: the Changing Nature of American Power*, 1990, Basic Book-Harper Collins Publishers, pp.12-46.

[8] Joseph Nye, Jr., "Soft Power", *op. cit.*, pp.153-155.

[9] Joseph Nye, Jr., "The Transformation of World Power", *op. cit.*, pp.26-27.

[10] Ibid, p.28.

■軟權力的要素

軟權力一般被界定為包括三方面的要素：即價值標準（西方的自由、民主和人權）；市場經濟（自由市場經濟體制及其運行體制）；西方文明（文化、宗教）等影響。奈伊在〈軟權力〉一文中指出，國際政治性質的變化使那些無形的權力更顯重要。國家的凝聚力、世界性文化和國際機構的重要性進一步增強。軟權力的重點在社會的相互溝通和文化思想的交互作用，強調社會聯繫、經濟相互依存和國際組織機制對國家的影響[11]。關於文化與權力的關係，中國大陸學者王滬寧曾作過精闢的分析。他強調文化不僅是一個國家政策的背景，而且是一種軟權力，可以影響國家的行為[12]。

■後冷戰時期權力的展現方式：從對抗走向合作

奈伊認為，今天的經濟和生態問題涉及許多互利成分，只能通過合作才能解決。因此，後冷戰時期權力的展現方式正由過去的對抗型權力向合作型權力轉折[13]。由此可知，軟權力是一種「合作型」權力，而硬權力是一種「對抗型」權力。對奈伊來說，「軟合作權力」（soft cooperative power）和「硬強制權力」（hard command power）並存，兩種權力同樣重要[14]。基本上，軟權力的來源主要有二：文化和經濟。以美國為例，一方面，美國的文化和民主為軟權力提供了低代價、高效益的源泉；另一方面，以跨國公司迅速發展為特徵的世界經濟也給軟權力注入無窮的源泉。因此，奈伊認為，美國比任何其他國家擁有更多傳統的硬權力資源，並擁有意識形態和制度上軟權力的資源，借此維持它在國際體系中相互依存新領域中的領導地位。

從國際關係理論中自由主義與現實主義兩大流派的角度來看，吾人

---

[11] Joseph Nye, Jr., "Soft Power", *op. cit.*, p.156.

[12] 王滬寧，1993，〈作為國家實力的文化：軟權力〉，《復旦學報》（社科版），第 3 期，頁 3-9。

[13] Joseph Nye, Jr., "Soft Power", *op. cit.*, p.157.

[14] Joseph Nye, Jr., "The Transformation of World Power", p.33.

認爲現實主義主張較趨近於硬權力的論述，而自由主義的主張較趨近於軟權力的論述。但是，軟權力應是硬權力的延伸和補充，不應過分強調兩者的分歧；兩者應可以互補。互補性是軟權力和硬權力最顯著的特徵，它們是一個問題相輔相成的兩方面[15]。因爲它們之間的區別在於其行爲性質和資源的程度不同。硬權力與支配行爲相關，即支配力－改變他人行爲能力－依賴於通過強迫或引誘的方式發揮作用；軟權力則與吸納行爲相關。即吸納力——左右他人願望的能力——依賴於一國文化與價值的吸引力，或者依賴於通過操縱政治議程的選擇，讓別人感到自身的目標不切實際而放棄表達個人願望的能力。在支配力與吸納力兩個極端之間，行爲的種類涵蓋許多層面：從強迫到經濟誘惑，到制訂政治議程，最後到純粹的吸引，這一軟、硬結合的權力觀更有助於反應和考察後冷戰國際關係的現實。

（二）「軟權力」概念的發展：資訊權力的提出

自九〇年代初美國社會預測學家托夫勒（Alvin Toffler）所著《權力的轉移》（*Power Shift*）一書的出版，掀起資訊對社會影響的討論熱潮之後，在資訊革命浪潮的衝擊之下，軟權力概念得到充分的發展。其研究重點轉爲資訊時代的軟權力的性質和特徵。儘管在一九九〇年奈伊曾提出過權力已超過「資本密集」階段，但他未能對這一變化進一步研究。這一情況在一九九六年以後有了明顯的改觀。

一九九六年，奈伊和歐文斯（William Owens）在《外交季刊》（*Foreign Affairs*）上發表題爲「美國的資訊優勢」（America's Information Edge）的文章，率先提出「資訊權力」（information power）的概念。之後，奈伊等人又繼續發表一些影響頗大的文章，推動軟權力理論概念的擴散和發展[16]。這方面的主要內容是：

---

[15] Ibid, p.34.
[16] 一九九六年以後關於「軟權力」的主要文章有：Joseph Nye, Jr. & William Owens,

1.資訊革命克服了傳統的成見，視資訊爲權力的觀念迅速傳播開來。同時，隨著資訊技術的發展，資訊權力逐步滲透到政治、經濟、文化、社會各個領域，在權力分析上的傳統束縛正在被衝擊[17]。到二十一世紀，資訊技術可能會成爲權力最重要的來源之一。

2.奈伊認爲，在資訊科技飛速發展的世界，資訊成爲國際關係的核心權力，資訊權力作爲軟權力的核心，正日益影響國際事務的變革。硬權力和軟權力將同時存在，但在資訊時代，軟權力的作用和影響會明顯增強[18]。

3.權力就其來源說可以分爲「資源權力」（resource power）和「行爲權力」（behavioral pPower）[19]，傳統的鑒別辦法是重資源權力，輕行爲權力。然而，資訊革命正影響著這一種權力結構。這裡的資訊主要指商務資訊、戰略資訊和文化資訊，使別人或別國同意或接受我方的價值取向和制度安排，以產生我方希望的行爲，軟權力就成功了。

4.在網路時代的條件下，軟權力強調的是吸引力（attraction）而不是強制力（coercion）。吸引力意指文化意識形態的無形力量。[20]軟權力應界定爲在資訊網路時代，一國通過自身的吸引力，而不是強制力在國際事務中實現預想目標的能力。

"America's Information Edge" *Foreign Affairs*, March-April 1996. pp.20-28.; Robert Keohane & Joseph Nye Jr., "Power and Interdependence in the Information Age " *Foreign Affairs*, September-October 1998. pp.75-83.; Joseph Nye Jr, "Hard Power, Soft Power". *The Boston Globe*, August , 1999. pp.65-72.

[17] Joseph Nye, Jr. & William Jr., Owens, "America's Information Edge", *op. cit.*, pp.20-21.

[18] Joseph Nye Jr., 1999, "The National Interest in the Information Age", *Foreign Affairs*, July-August, p.56.

[19] 所謂資源權力是指擁有資源與你所想要達到的結果的能力聯繫在一起，而行爲權力可分爲軟權力與硬權力，硬權力是指能夠讓別人去作其通過獎賞和威嚇都不會去作的事情的能力，不論是經濟上的紅蘿蔔，或是軍事上的大棒。而軟權力是一種獲得想要的結果的能力，它是一種通過吸引力而不是控制力達到目標的能力。

[20] Joseph Nye Jr., "Hard Power and Soft Power", *op. cit.*, pp.65-67.

5. 奈伊斷言，誰能領導資訊革命，擁有資訊權力的優勢，誰就宰制別人，並在未來世界格局中據主導地位。例如美國擁有強大的軍事力量和經濟實力，同時也占有資訊權力的優勢，表現爲在收集、處理、利用和傳播資訊方面的條件、能力和手段領先於世界其他國家。總的來說，奈伊認爲美國在資訊權力上的優勢展示在以下四個方面：(1)幫助共產主義國家實現民主轉型；(2)防止新的但較弱的民主國家出現解體；(3)預防和解決地區衝突；(4)對付國際恐怖、國際犯罪和環境污染，以及防止具有大規模毀滅力武器的擴散。

三、網路時代國際政治行爲主體的爭辯

　　網路正在使資訊科技與國際關係形成一種跨學科的互動，並進入國際關係領域成爲一個重要的組成部分，同時網路不僅僅是國際關係研究的一種新取向，而且還是一個新的研究對象。在國際關係的領域談到網路應用的相關文獻中，舉其要者來說，中國大陸學者王逸舟認爲科技的進步將會改變國際衝突的形式與強度、提高環境效率和增強綜合國力、推動各種文明間的衝突和融合、擴大先進與落後地帶的裂痕、制約各國（尤其是技術落後國家）的主權、改變決策者的議事日程、改變國際關係局勢。台灣學者彭慧鸞則認爲資訊科技已徹底改變人類社會的溝通模式，國際關係學者似乎也可以嘗試從政治溝通理論，探索資訊科技如何影響到外交決策系統的溝通流程。尤其資訊科技的進步使得政府有機會向更廣大的民眾傳播訊息，包括向其他國家人民傳遞訊息。透過廣播、電視、衛星和資訊網路，國界不再是傳播的障礙[21]。美國學界則較關注網

---

[21] 彭慧鸞，2000，〈資訊時代國際關係理論與實務之研究〉，《問題與研究》，第 39 卷 5 期，頁 1-15。

路應用在外交事務的分析，索羅門（Richard Solomon）認為網路已為政府的新支持者打開大門，這些人不受任何有形障礙限制，可以積極參與決策過程。威爾森（Ernest Wilson）與尼爾（Richard O'Neil）則認為資訊革新（information revolution）對外交事務有不可磨滅的影響。資訊革新後的外交工具包括資訊網路、數位收音機及視訊會議。資訊來源的通路增加後，政府的角色變弱，相對的，私部門的重要性卻增加。過去在外交事務領域，政府部門總是花費時間與其他國家研商解決問題，未來為了有效處理問題，政府似已面對許多重要性日增的非政府組織，而逐漸喪失過去享有的控制權。資訊科技允許個人亦能接觸及發出集體聲音。同時，資訊社會的步調比過去快速許多，外交決策的制訂，必須非常快速，反應的時間變短了。其他諸如葛羅斯曼（Lawrence K. Grossman）、巴瑞特（Neil Barrett）、基欽（Rob Kitchin）、塔高斯基（Andrew S. Targowski）、吉爾（Helder Gil）、凱克羅絲（Frances Cairncross）及喬登（Tim Jordan）等學者的研究成果，這些學者普遍肯定網路的功能，認為網路的普及使得資訊的傳遞更加無遠弗屆且迅速，此種特性改變了以往階級式的結構，並提高公眾參與國際事務的討論[22]。總結來說，關於網路與國際關係研究的論述上，主要存在以下三種觀點：

1.技術性（technicality）觀點：這是二十世紀八〇年代以來的一種主流觀點。指的是網路的發展是隨著計算機技術的演進發展而來，所

---

[22] Lawrence K. Grossman, 1995, *The Electronic Republic: Reshaping Democracy in the Information Age*, New York: Viking. Neil Barrett, 1997, *The State of the Cybernation: Cultural, Political, and Economic Implications of the Internet*, London: Kogan Page. Rob Kitchin, 1998, *Cyberspace: The World in the Wires*, New York: John Wiley & Sons. Andrew S. Targowski, 1998, *Global Information Infrastructure: The Birth, Vision, and Architecture*, London: Idea Group. Helder Gil, 1998, "Internetional Relations: Exploring the World on the World Wide Web," *Foreign Service Journal*, 75, November, pp.36-37. Frances Cairncross, 1997, *The Death of Distance: How the Communications Revolution Will Change Our Lives*, Boston: Harvard Business School Press. Tim Jordan, 1999, *Cyberpower: The Culture and Politics of Cyberspace and the Internet*, London: Routledge.

以計算機網路應用在數學及統計學的研究方法運用於國際政治領域提供了可能和便利，而且網路的運用也大大促進了博奕論在國際政治中的應用發展。例如卡西（Mauro Calise）與洛伊（Theodore J. Lowi）在其〈超政治：超文本、概念與理論建構〉（Hyperpolitics: Hypertext, Concepts and Theory-making）一文中，詳細研究了如何在網路環境中建構政治理論的方法與過程[23]。在超政治中，研究人員首先選擇政治科學中常用的概念，然後將它們與文本內容即參考資料相連接，再利用邏輯關係矩陣創建多維連接，從而建構政治理論。經過六年的探索，超政治的模型已經基本建成。作者正將其網絡化處理，使後續研究人員可以進一步研究自己的課題[24]。這可以說是技術性觀點的代表。

2. 傳導性（conductibility）觀點：到了二十世紀九〇年代，計算機網路已經發展成全球網路階段。網路成為國際政治資訊的載體，大大加速了國際政治的資訊傳導速度，對國際政治權力的運行提出高效率的要求，迫使國際政治的主體採用新的網路化手段。但也有部分學者認為網路只是改變了國際政治的媒介和手段，並沒有改變國際政治本質屬性及內容。

3. 實用性（practicality）觀點：二十世紀九〇年代以來至今，網路對國際關係已經發生質的變化。網路深深的嵌入國際政治權力的運作之中。網路對國際政治的影響已經不僅僅停留在形式的層面之上，而是從根本上改變了國際關係的研究實體和內容。這種觀點同時也代表了對國際關係未來發展的一種預測。

從傳導性與實用性觀點來看，網路在國際關係研究中始終是學界爭

---

[23] 超政治（Hyperpolitics）係指一個關鍵詞關係導航系統，從而可以通過相關語境的比較以及相關關鍵詞的系列表來對關鍵詞進行深度分析。

[24] Mauro Calise & Theodore J. Lowi, 2000, "Hyperpolitics: Hypertext, Concepts and Theory-making", *International Political Science Review,* vol.21, No.3, pp.283-310.

論的焦點，兩派互不相讓。新現實主義者往往注重傳導性觀點，認為網路的出現雖然給國際政治增添了許多新的內容，但是國家仍然是國際關係中的主要行為者，網路與傳統媒體一樣，只是國際政治的一種手段、一種方式。尤其在對民主的討論中，網路也往往被作為一種傳導媒介來分析的。不過新自由主義者關注的卻是實用性的觀點，認為網路不僅是一種傳播媒體，網路本身更是成為國際政治的內容，資訊優勢成為當前國際政治的主導力量。國際政治的行為者也從單一國家行為者向多元主體行為者轉折。美國學者羅森諾（James Rosenau）就認為二次大戰以來科技的蓬勃發展，讓非國家的組織如跨國公司或黑道組織擁有強大的科技能力，成為世界經濟中強勢的權力挑戰者。同時，他也提出從世界政治轉型的三項指標：個人與全球政治的連結能力、對於政治組織間（collectivities）權力分配的限制、組織對於個人權威關係的本質來看，世界政治因為科技突飛猛進，帶來個人能力提升，跨國性議題的大量出現，並促使多元世界（Muliti-Centric World）的形成[25]。例如許多非政府組織就是藉助網路的低成本聯繫和協調逐漸成為國際政治的主體力量之一[26]。在網路時代，參與國際政治的網路終端都可能成為國際政治的主體力量。但是新現實主義論者與新自由主義論者，也都承認國家仍是國際關係的基本單位，並認為國家是理性行為者。

---

[25] James Rosenau, 1990, *Turbulence in World Politics, Princeton*, NJ: Princeton University, pp.36-40.

[26] 一般來說非政府組織運用資訊網路有兩種型態，一是以議題為導向的非政府組織，依據其本身特性與擔當之任務領域作區分，譬如人權、原住民權利、和平、環境或貿易與發展等，每個領域均有數個非政府組織參與其中，這在許多非政府組織的網站中都可看到；二是以構建基礎設施與促進網路運作的非政府組織，這些組織扮演著馬車的角色，不管任何領域的非政府組織，他們都願意提供通訊、組織示威活動的教育訓練等事宜。較著名的是「先進通訊協會」（The Association Progressive Communications, APC），它是一個全球資訊網路，在世界上有許多成員，提供全世界的非政府組織電腦視訊與電子郵件系統，使之進行磋商、協調、發送新聞與資訊，並利用電子傳真與電子郵件等手法施壓政府。假使非政府組織有上線與上網之需求，先進通訊協會亦可提供裝備與人員訓練。參閱 http://www.apc.org/english/index.shtml.

早在一九九三年史考林克夫（Eugene Skolnikoff）從資訊擴散、政策工具的多元化與彈性化和科技發展的附帶產物等三項向度來看科技發展對國際關係的改變時便提出，資訊科技發展使國際關係格局變成開放或封閉社會、權力集中或分散、經濟結構集中或分散，和軍事權力集中或分散等四項結論。史考林克夫進而從宏觀理論的視野中認為資訊科技發展對國際關係的衝擊在於容易落入國際關係自由主義學派的理論假設，但是不必然否定國際關係現實主義學派中主權、國家和軍事議題的重要性。更重要的是，資訊科技不應該只是國際關係理論的外生（exogenous）因素，相反的鑑於資訊科技對社會選擇的高度敏感，資訊科技本身應該被當成動態的分析要素，來研究資訊科技發展和國際關係演進的雙向互動[27]。因此，吾人認為在目前關於網路與國際關係研究中，上述三種觀點都有不同程度的體現。網路與國際關係，兩者之間研究的關係也應該是這三種觀點的融合。

隨著資訊科技的昂揚發展，國際政治上非國家行為體在國際舞台上所產生的影響也與日劇增。例如，各種非政府組織在資訊革命的推動下，其國際地位大大提升，跨國公司的實力也因網路而不斷擴大規模與影響；甚至個人也可以透過網路在全球範圍內發表聲明。因此，在網路時代下關於國際政治主體的爭論也層出不窮，綜其論之，有以下五種觀點[28]：

一是傳統主體論（Traditional Subjectivism）：即認為傳統的主權國家合法政府仍是國際政治中的主體。在網路時代，一國政府仍在財力、人力等方面較社會組織和個人有絕對優勢，而這些因素也比較容易轉換為資訊科技競爭，這樣政府仍能保持在國際政治活動中的主導作用。但主權國家和政府在網路時代自身也必須做一些調整，即從傳統地緣政治的地理疆域主權觀轉向重視資訊疆界和資訊主權，以保持國家利益。

---

[27] Eugene Skolnikoff, 1993, *The Elusive Transformation: Science, Technology, and the Evolution of International Politics, Princeton*, NJ: Princeton University, pp.55-62.

[28] 蔡翠紅，2004，《信息網絡與國際政治》，北京：學林出版社，頁214-217。

二是新自由主體論（Neo-liberalism Subjectivism）：即認爲非政府組織借助網路的低成本效應，成爲國際政治中的主要力量。在網路化時代，參與國際政治的網路終端成爲國際政治的主體力量，然而從數量與分布廣度來說，包括民間團體以及國際組織在內的非政府組織終端遠遠大於政府終端，其對國際政治的參與範圍也比政府終端要廣，參與程度也深。

三是經濟優勢主體論（Economical Superiority Subjectivism）：即認爲跨國公司在國際政治中的地位日益重要，因爲跨國公司不僅在傳統資本上擁有優勢，在資訊資本上擁有更大優勢，由於跨國公司以追逐最先進技術來提高生產效率並以利益原則淡化其在意識型態與政治方面的目標意圖，因此間接地也操縱控制著部分國家的政府功能，這就使得跨國公司成爲國際政治領域一支隱蔽性的力量。

四是三主體平行論（Three-subjects Parallelism）：即認爲網路化使得通過網路參與國際政治的各種力量的終端具有地位上的平等性，而且隨著網路技術的普及公開，這種地位平等性朝實力平等性方向轉折。所以也有學者呼籲傳統國家、非政府組織和跨國公司成爲平行的國際政治主體。

五是個人主體論（Individual Subjectivism）：即認爲網路使得個人不僅能夠參與國內政治，也能夠參與國際政治。擁有網路技術優勢和政治參與意識的個人，在網路化時代的國際政治中也可以發揮巨大作用。雖然就目前普遍的來說，個人對國際政治的參與意識還不是很強，但隨著網路的發展和民主化浪潮的高漲，個人將可能成爲政府、非政府組織、跨國公司之後的國際政治的第四主體。

四、網路對國際關係的影響

從本質上講，網路仍是一種資訊交流的媒介；它是人們取得聯繫、

實施交流的手段和工具，也是人們採集資訊、傳遞信息、積累知識的工具和載體。網路的特點，與其他一些交流手段或媒介大有不同（參閱**表4-1**）。由於網路正不斷地拓展新的活動空間，在這個數位化空間裡，人們利用網路這種新的溝通方法相互聯繫，逐漸形成新的行為方式、思想意識和社會規範，進而使得全球政治、經濟和生活的方面也隨之產生了巨大的變革。具體來說，網路對傳統意義上的政府權威、民族意識、地域分界和國家主權，勢必產生強大的衝擊，也相應地將對國際關係和世界格局產生影響。在網路發展全球化的潮流影響下，以往的資本主義生產消費模式有了轉變，知識力量取代了工業力量；知識經濟取代了工業經濟，資本與貨幣透過資訊網路空間來流通，市場的實體化限制被取消，不需要再依賴實體的國家為依託，而可以直接透過虛擬的網路空間來進行交易。這代表過去我們所認知的空間觀念需要再重構，國際政治學上

表 4-1　資訊網路與其它交流手段的比較

交流形式	交流內容	傳遞速度	受眾人數	反饋狀況	空間受限情況	信息量	信息存貯情況	可否積累知識
直接交流	聲音形象	即時	個別少數	即時反饋	受限	小	不存貯	否
書籍	文字圖片	慢	較多	很少反饋	受一定限制	較小	存貯	可
報紙雜誌	文字圖片	較快	較多	少量反饋	受一定限制	較小	存貯	可
電話	聲音	即時	個別	即時反饋	受限較少	小	可以存貯	否
廣播	聲音	即時	很多	少量反饋	受限很少	較小	可以存貯	否
電視	聲音圖像	即時	很多	少量反饋	受限很少	大	可以存貯	否
網路	文字聲音圖像軟件	即時	很多	即時大量反饋	受限很少	大	存貯	快速積累

資料來源：王軍，2000，〈淺析國際互聯網的特點及其對國際社會的影響〉，《外交學院學報》，第2期，頁93-94。

的地緣政治觀念需要再加以重新詮釋，在網路發展的影響下，地緣政治的空間觀念已不再是由實體的空間觀念爲出發點，而是取決於在不同向度的考量下一個國家所在的「位置」，但這個位置與所在的地理環境與環境大小沒有一定的關連性。所以一個國家可以同時具備多種身分，可以同時是核心與邊陲，不同的時空、不同面向下，沒有絕對的核心與邊陲觀念。

換言之，華勒斯坦（Immanuel Wallerstein）的世界體系理論隨著網路全球化的發展而被擴充。核心（Core）—邊陲（Periphery）—半邊陲（Semi-Periphery）的連結關係仍然存在，只是由傳統的三維向度轉爲多維向度；一個地理位置上的蕞爾小國可以是區域或科技核心，一個幅員廣闊的國家卻也有可能處於資訊落後的相對邊陲的位置[29]。因此，伴隨著網路全球化時代的來臨，擁有資訊科技的優勢不僅是世界各國競向角逐的重點，更可在國際政治舞台上發揮影響力。

網路的發展以及它不同於以往傳統媒體的特質，在國際關係領域中帶來巨大的影響。網路爲人們提供一個衝破傳統地域界限的活動空間，人們也在這個無限延伸的空間中形成新的生活方式、社會規範和思想意識。從網路的發展並從國際關係的角度來觀察，有下列五項特質值得提出說明：

1.相互關連性（Correlativity）：國際體系效應的強化（International System Responses Enhanced）。在資訊主導的時代，個人、機構、社區、國家都被網路相互聯接起來，整個世界變成了一個虛擬的國際共同體，任何一個國家都是這個國際共同體的一個組成部分。與傳統媒體相比，網路時代的資訊交流不再受地理時空的限制。因此，國際體系更加以一種整體主義的面貌出現。由於網路的無遠弗屆特性，南斯拉夫發生的戰亂可以使美國的外交政策制

29 李英明，2003，《重構兩岸與世界圖像》，台北：生智出版社，頁105。

訂者相應做出反應，重要的數據、情報資訊有了網路的幫助，頃刻之間可以在不同部門之間，甚至可以在位於地球兩端的相關人員得到流通。政策制訂者能夠接收更多資訊，以幫助他們應對冷戰後不斷變化的世界。

2. 傳播雙向性（Two-way Transmission）：國際行為體交往空間的擴大（The Space For Communication Among International Actors Expanded）。在網路世界中，任何一個網路使用者都可以是訊息的製造者，網路傳播的雙向性賦予使用者一種左右接收資訊的力量，以及一定的對資訊使用結果的控制。就一國外交政策而言，網路的雙向交互性不僅使公眾的意見可以左右決策者的傾向，而且網路上沒有國界的各種虛擬社群可以製造輿論甚至給外交決策者形成一定的壓力，或迫使決策者採取一定的應對措施。他們可以通過網路收集資訊也通過網路宣傳他們的觀點，進行政策倡議。這些政策倡議內容幾乎無所不包，從經濟到社會、人權、環保政策，應有盡有。

3. 無中介性（Non-Mediatized）：國際政治決策直接化（International Political Policy Making Becomes Straightforward）。比爾蓋茲（Bill Gates）在其《未來之路》一書中提到資訊時代的特性時，特別提到中間階層將會隨資訊網路的普及而漸漸消失。無可諱言，網路的產生使許多中間媒介組織面臨存續危機，原因是以前充當各國之間傳遞訊息的外交使者的作用已產生變化，從以往的傳遞訊息向協調與談判、溝通轉折。這使得外交階層結構也產生明顯變化。例如美國的決策者可以直接對發生在中國、日本或其他國家的事件作出指示與決定。也許與其等駐紮外交官解決某一當地問題，還不如由政府方面直接與對方協商解決來的容易。又如在軍事方面，依靠適時分析處理大量數據的計算機技術，高級指揮官便可以同時指揮和協調數量龐大軍隊，中間層次的作用大大的降低。

4.加速性與擴大性（Accelerative and Expansionary）：國際單一事件影響力膨脹（Impacts of Single International Occurrence Increase）。隨著數字化程序速度不斷提高，網路的加速性特徵也越來越明顯。曾經需要數天或數小時才能瞭解到的國際資訊，現在幾乎在同一時間就會傳遍全球。外交決策者可以藉由網路的加快資訊收集的步驟，用來消化、分析並進行決策的時間也相應減少。同時，隨著數字化處理的日漸便利，加上網路的資訊複製與傳播的便利，一個小失誤便可以放大成數億美元的影響。一個看似微不足道的新聞可以波及全球，並影響國際形勢。

5.非集中性與非對稱性（Decentralized and Dissymmetry）：國際體系行為體的多元與權力分散（Diversified International System Actors and Dispersed Power）。就傳統國際政治的觀點來說，外交集中於少數權力菁英手中。而如今在網路發展時代，權力菁英已無法全面控制外交，任何一個網路上的社群、組織都可以對外交施加影響。曾一度由國家或國家控制的報紙、電視、廣播等不再是新聞的唯一來源。在網路上，人人都可以是新聞發布者，過去資訊被壟斷、控制的情形已被網路的非集中性取代。而非對稱性是指在網路時代小規模行為者和大規模行為者可以同樣參加競爭，甚至個人也可以完全參與到全球競爭，並通過先進技術獲得全球最大規模的機構才能獲取的資訊。個人行為者、非政府組織、國際組織、恐怖集團等所持的目標、能力和行動都對一國的政策制定舉足輕重。它們的影響力無所不在，並逐漸分化單純政府與政府之間的狹窄外交，形成一個網絡式的全球外交環境。

綜上所述，一個不爭的事實是網路已經成為國際體系各種行為體的主要輿論宣傳工具之一。因此，網路不僅是經濟全球化和建立世界新秩序的手段，也可能成為顛覆新秩序的有力武器。誠如美國蘭德公司

（RAND）分析師阿爾吉拉（John Arquilla）所強調，網路發展已超越層級式組織。影響力正從傳統層級式政府手中，移轉到願意採用具延展性網絡架構的非國家行為身上[30]。另外值得注意的是，一些恐怖組織或是許多國際非政府組織（INGO）也成為網路的積極使用者，來換取更多的國際同情和支援[31]；或作為通信聯絡的主要工具，許多個人開辦的網站已經擁有數額巨大的用戶，影響力難以估量。

其次，政府對資訊的控制力隨著網路的發展呈下降趨勢。在網路成為現實之前，世界各國的人們想要瞭解國外的資訊，幾乎都只能經由本國的傳統媒體，諸如電視、廣播、報紙、雜誌等等。這些媒體有權決定哪些資訊應予以傳播，哪些資訊不予傳播，哪些資訊在人為改造後傳播給公眾。即使是在號稱新聞輿論自由的國家，資訊在媒體上的傳播也是受到國家的嚴格管制和監視的。這種「資訊篩檢程式」的社會職能使得普通民眾平常所接受的，實際上是有導向的、受過篩選的資訊，但網路的出現改變了這一切。在網路世界中，用戶可以得到各種各樣的資訊，既有經過加工處理編輯刪改的，也有來自第一線，沒有經過以特定意識形態為背景的技術處理的，當然還有各種虛假資訊[32]。目前除了個別國家

---

[30] John Arquilla & David Ronfeldt, 1997, "A New Epoch-and Spectrum-of Conflict", in John Arquilla and David Ronfeldt, eds., *In Athena's Camp: Preparing for Conflict in the Information Age*, Santa Monica, Calif.: Rand, pp.5-9.

[31] 非政府組織的典型代表如墨西哥的 Zapatistas 運動。起初該組織只是一個少數民族團體，集中在墨西哥南部的 Chiapas 州。他們一開始主要是針對政府對其土地與資源的剝削進行一些抗議示威遊行。但是後來墨西哥政府決定將他們居住區對外資開放，並參加北美自由貿易協定（NAFTA）。該組織憤怒之下組織 Zapatistas 民族解放軍（Zapatistas National Liberation Army, ELZN）。起義一開始，他們就將許多書面的資料放在資訊網路上，並設置網路即時新聞。這在全球引起極大迴響，許多專門支持 Zapatistas 的無數國際會議因此召開。墨西哥政府鑑於國際輿論的壓力，最終同意與 Zapatistas 達成協議。許多政治學家認為 Zapatistas 的力量正是在於它與世界其它社會運動形成全球網絡的現實。而藉由這個實例也恰可說明非國家行為體完全可以藉由資訊網路對抗主權國家權威。參見 http://www.ezln.org/san_andres/index.html。

[32] 以美國發動伊拉克戰爭為例，當時全球許多著名新聞媒體報導與中東地區媒體報導就有相當多是經過編輯處理或是直接經由是第一線的報導。

外，世界上的絕大多數國家都爭先進入網路化組織[33]，隨著網路使用者們獲取資訊能力的增強，這一新發展使傳統意義上的政府受到極大的挑戰。

網路以其虛擬化的特性，將世界各地的不同利益的人群重新劃分，並將他們不分地域、最大限度地聯接在一起。網路使用者甚至可以組成自己的「虛擬政黨」（Virtual Party）或「虛擬集團」（Virtual Group），原先還有人計劃在網上建立「虛擬國家」（Virtual Sate）和「虛擬政府」（Virtual Government）[34]。現在，這種「虛擬國家」已經出現在各種名目繁多的線上遊戲當中，每天有數以萬計的網路使用者通過一個個線上遊戲，生活在自己的「國家」中，過起了「雙重身分」的生活，甚至可以在網路中舉行的婚禮，接受同時來自全世界的上萬名網友的參與祝福。

在網路社會，任何獨立的人在網路上都是對等的主體，他們不分地界，不分時區，生活方式和思想觀念不受其母國機制的制約，他們使用著品牌各異，性能差不多的電腦和上網設備，運用著由美國微軟公司開發的作業系統，甚至操持著以英語爲主流的語言彼此交流，最後必然會形成相似的生活習慣和趨同的價值觀念。長此下去，他們對本國民族文化的歸屬感會淡化，國家的界限隨之模糊，國家權力被削弱成爲不可避免。例如，在對電子商務的徵稅和立法等問題上，儘管各國有不同的利

---

[33] 基本上，網路化組織有三種特色：第一，通信與協調未受限於正式律定之水平或垂直的關係，而是依據任務隨時改變。同樣的組織關係經常屬於非正式性的，乃根據組織需要而改變親疏關係。第二，內部網路通常由組織與外界個人的連結加以補強，而連結的範圍跨越了國界。第三，內部與外部的連結並非經由官僚體系命令而形成，而是依據分享的價值與規範，以及相互的信任。參閱 Monge, Peter, & Janet Fulk, 1999, "Communication Technology for Global Network Organizations", in Gerardine Desanctis & Janet Fulk (eds.), *Shaping Organizational Form: Communication Connection, and Community*, Thousand Oaks, Calif.: Sage,.pp.23-26.

[34] 虛擬國家或虛擬政黨，並不是沒有存在，根據筆者在網路上的瀏覽，有一個號稱 Micronations 的網站，網站內列有約一百個國家，從虛擬的國家、政黨、城鎮、到分區獨立的行政區皆詳細羅列。典型的案例要數虛擬南斯拉夫國（Cyber Yugoslavia），其第一部憲法中規定任何世界上同情南斯拉夫遭遇的人士，原則上都可申請成為這個虛擬國度的公民，持有虛擬南斯拉夫國的護照並且無須改變他們原有國籍。參閱 http://members.tripod.com/rittergeist/。

益，不同的打算，但是電子商務的規則卻只有在全球範圍內才能解決，這就需要各國通過磋商，實現利益的再分配。

　　網路的普及可以使一個國家的政府，隨時置於大眾和其他國家政府、非政府組織的監督之下，它的內政與外交的透明度越來越高，受到的牽制和約束也隨之增大。同時，由於目前電腦和網路設備只有極少數國家和地區才能生產，操作軟體更是被以微軟爲首的大公司所壟斷，所以大部分國家在網路技術的軟硬體上，對於技術壟斷國存在著嚴重的路徑依賴（Path Dependence），在制定網路運行規則上更是位卑言輕，處處受制於人，從而造成國家主權的弱化。因此，一個新的名詞「資訊主權」（Information Sovereignty）已經產生，而且在新的世紀，一個國家只有維護好本國的資訊主權，才能談得上維護好國家的主權[35]。換言之，國家主權的概念已經悄悄地發生了轉折，資訊主權應當包含其中，國家主權的外延進一步豐富和擴大了，不僅囊括了太空、陸地和海洋，甚至包括了虛擬空間。網路也使各國間相互滲透和依存增強，一國的國內政策，很快會波及開來，影響到其他國家，所以在網路時代下，國家主權的部分弱化已在許多國家成爲事實。此外，網路的發展更是使原本就具有超國家性質的跨國公司如虎添翼，有利於它與其他非政府組織一起成爲和民族國家並行的國際主體。因此可以這麼說，在網路時代下，全球意識超越主權和民族意識的進程也明顯加快。

五、結論

　　網路作爲一種軟權力，對於國際政治所造成影響已是不爭事實，然而資訊網路對傳統國際關係理論所造成的衝擊卻是顯而易見的。本文嘗

---

[35] 關於資訊時代的主權轉換，請參閱李英明，2004，《國際關係理論的啟蒙與反思》，台北：揚智出版社，頁 94-97。

試分析了國際關係理論中軟權力理論的特徵，羅列了網路作為一種軟權力對國際關係圖像所產生的影響。網路全球化的發展趨勢下，無可諱言的，網路不僅強化個人的影響力，也能強化非政府組織能力甚至提升其國際政治的影響力。但是從國際衝突與合作來看，網路像是雙面刃，一方面資訊科技有助於傳統戰力的提升，波灣戰爭即是明證；甚至是對抗專制霸權的一項利器。但另一方面，網路恐怖主義（Cyber-terrorism）的興起與發展，也是當前國家安全的一大隱憂。

基本上，網路是人類社會一種嶄新的傳播媒體，但它又不只是一種傳播媒體，而是一種意義重大，影響深遠的載體，它不僅影響人類社會的許多方面，更徹底改變人類社會的面貌，尤其對於從事國際關係領域的研究人員來說，有許多緊迫性的問題值得我們研究和思索[36]。二十世紀九〇年代中期的網路的爆炸性發展，不僅使得國家行為體之間更加相互依存，更促使許多國際性非政府組織的產生。民族國家在國際政治舞台上的壟斷地位受到來自超國家機構，如聯合國、國際貨幣基金組織、世界貿易組織、跨國公司等及地區性組織、地方政府、非政府組織、民間團體、私營部門甚至個人的挑戰。最明顯的例子是一個「公眾市民（Public Citizen）非政府組織」，在一九九七年至一九九八年間，針對「經濟合作暨發展組織」（Organisation For Economic Co-operation and Development, OECD）國家的多邊投資協議，它鼓勵全球範圍的反對意見，並最終使該多邊協議流產。該協議的目的是生成類似貿易與世界貿易組織的關係的國際公路條例。公眾市民組織取得該協議的初稿，然後將其張貼在網路上。在短短數月內，七十個國家六百個不同的組織就加入了反對該多邊協議的行列，幾乎整個網路空間參與的團體或個人都提出反對意見。最

---

[36] 例如資訊網路空間如何影響當前以地方為基礎的政治體系？在多大範圍內，民族國家（以及其它以領地為單位的概念）因為無國界的資訊網路空間而受到挑戰？資訊網路改變了多少傳統空間關係，這些改變所造成的結果為何？參閱 Martin Dodge and Rob Kitchin 著，江淑琳譯，2005，《網際空間的圖像》，台北：韋伯文化，頁370-374。

終致使該多邊協議宣告流產。當然，協議的最終流產也存在其它原因，如不同國家之間的異議等因素[37]。

網路使得傳統的地緣政治學的地理與距離概念發生重大變化，地理環境與距離的遠近不再是國際活動的障礙。奈伊就認為網路應用使得國際性活動的組織成本顯著降低，因為網路有助於跨國界的協調活動；低成本的互動有助於新的虛擬社區的發展；人們想像自己是一個單一小組的成員，而無視他們互相之間的空間距離是多麼遙遠。不同地理區域的個人與團體都可以共享資訊、共聚資源、進行大眾宣傳、遊說地方政府和國家。因此，國際政治越來越複雜，出現了多重權威與多重效忠對象[38]。

進入網路時代的國際情勢，變的比以前更加清晰，網路在全球廣泛被應用，已使資訊網路成為影響國際政治的新變項。具體來說，資訊的自由流通在全球網際網路發展中，已是擋不住的趨勢，因此，任何一個國家想對網路上的政治異議與民主言論進行完全的封鎖，勢必將會遇到更多的困難與不可行。隨著資訊科技的日新月異與其所造成的全球化發展，具有一定資訊科技能力與條件的個人、單位或組織都可能串成一個以網路為系統的無國界的虛擬空間，而更多的資本、文化、知識將在這個虛擬空間中流動穿梭；並且促成不同面貌的國內與國際政治的運作。國與國之間所競逐的實力類似於一個三維棋盤，在棋盤的上層是軍事實力，基本上是單極的，美國占有絕對優勢；在棋盤的中部是經濟實力，是多極的，美國不是單一大國；在棋盤的底部是跨國關係範疇，包括多種多樣的行為體，實力非常分散，這就使得國際體系趨於單極或單一化的說法變的可議。進一步來說，以網路為載體，國家在全球網路操作中不再是唯一的行為體，同時也不再是唯一的分析單位。此外，由於網路所呈現的是有系統但無固定的形式或形狀，將來國與國之間的關係形式

---

[37] 有關公眾市民組織（Public Citizen）詳細資料，請參閱 http://www.citizen.org/。
[38] Robert Keohane & Joseph Nye Jr., "Power and Interdependence in the Information Age", *op. cit.*, p.77.

與內容，甚至也不只是跨越國界如此簡單的論述。進入二十一世紀，資訊實力將成為國際政治格局中各國角力的焦點，而由資訊實力所衍生而來的資訊主權、網路主權概念，對於過去傳統既定的國際關係的本體論、知識論所造成衝擊與變革挑戰，值得我們更加關注或是重新建構。不過目前就網路的發展而言，在經濟掛帥、政治主導與科技領軍的多重因素制約下，呈現出一種「發展」與「管制」的拉扯局面，這也是不爭的事實。截至目前為止，觀察家仍在努力估計這個新變項到底有多少影響力，甚至對網路怎樣改變國際政治格局的運作，也都在持續建構研究當中。不過總的來說，網路確實對我們在從事國際關係研究時，提供一個新的視野、角度或方法。

參考書目

■中文部分

李英明，2003，《重構兩岸與世界圖像》，台北：生智出版社。

李英明，2004，《國際關係理論的啓蒙與反思》，台北：揚智出版社。

蔡翠紅，2004，《信息網絡與國際政治》，北京：學林出版社。

Bill Gates 著，王美音譯，1996。《擁抱未來》(*The Road Ahead*)，台北：遠流出版社。

Martin Dodge & Rob Kitchin 著，江淑琳，2005，《網際空間的圖像》(*Mapping cyberspace*)，台北：韋伯文化。

Manuel Castells 著，夏鑄九譯，2000，《網絡社會之崛起》(*The Rise Of The Network Society*)，台北：唐山出版社。

王滬寧，1993，〈作爲國家實力的文化：軟權力〉，《復旦學報》(社科版)，第3期，頁3-9。

王軍，2000，〈淺析國際互聯網的特點及其對國際社會的影響〉，《外交

學院學報》，第 2 期，頁 93-96。

彭慧鸞，2000，〈資訊時代國際關係理論與實務之研究〉，《問題與研究》，
第 39 卷第 5 期，頁 1-15。

■外文部分

Arquilla, John & David Ronfeldt, 1997, "A New Epoch-and Spectrum-of Conflict", in Arquilla John & Ronfeldt David (eds.), *In Athena's Camp: Preparing for Conflict in the Information Age*, Santa Monica, Calif.: Rand, pp.136-138.

Barrett, Neil., 1997, *The State of the Cybernation: Cultural, Political, and Economic Implications of the Internet*, London: Kogan Page.

Cairncross, Frances, 1997, *The Death of Distance: How the Communications Revolution Will Change Our Lives*, Boston: Harvard Business School Press.

Calise, Mauro & Lowi, Theodore J., 2000, "Hyperpolitics: Hypertext, Concepts and Theory-making", *International Political Science Review,* v.21, No.3, pp.283-310.

Dodge, Martin & Rob Kitchin, 2005, *Map of Network Space,* trans Shu Lin Jiang, Taipei: Weber Publication.

Gil, Helder, 1998, "Internetional Relations: Exploring the World on the World Wide Web", *Foreign Service Journal*, v.75, pp.36-37.

Grossman, Lawrence K., 1995, *The Electronic Republic: Reshaping Democracy in the Information Age*, New York: Viking.

Huntington, Samuel P., 1996, *The Clash of Civilizations and the Remaking of World Order*, New York: Simon & Schuster.

Jordan, Tim., 1999, *Cyberpower: The Culture and Politics of Cyberspace and the Internet*, London: Routledge.

Kitchin, Rob., 1998, *Cyberspace: The World in the Wires*, New York: John

Wiley & Sons.

Monge, Peter & Janet Fulk, 1999, "Communication Technology for Global Network Organizations", in Gerardine Desanctis & Janet Fulk (eds.), *Shaping Organizational Form: Communication Connection, and Community*, Thousand Oaks, Calif.: Sage, pp.58-61.

Nye, Joseph S. Jr., 1990, *Bound to Lead: the Changing Nature of American Power*, Basic Book-Harper Collins Publishers.

Nye, Joseph S. Jr., 2004, *Soft Power: The Means to Success in World Politics*, New York: Public Affairs.

Nye, Joseph S. Jr., 1990, "The Transformation of World Power", *Dialogue*, No.4, pp.23-25.

Nye, Joseph S. Jr., 1990, "Soft Power", *Foreign Policy*, Fall 1990, pp.153-155.

Nye, Joseph S. Jr. & Owens William, 1996, "America's Information Edge", *Foreign Affairs*, March-April, pp.20-21.

Robert O. Keohane & Joseph S. Nye, Jr., 19980. "Power and Interdependence in the Information Age", *Foreign Affairs*, v.77, no.5 September-October, pp.75-85.

Rosenau, James, 1990, *Turbulence in World Politics, Princeton*, NJ: Princeton University.

Rothkopf, David J, 1998, "Cyberpolitik: the Changing Nature of power in the Information Age", *Journal of International Affairs*, v.51, No.2, Spring, pp.344-359.

Schiller Dan, 1999, Digtal Capitalism, *Networking the Global Market System*, Cambridge, Mass.: MIT Press.

Skolnikoff, Eugene, 1993, *The Elusive Transformation: Science, Technology, and the Evolution of International Politics, Princeton*, NJ: Princeton

University.

Targowski, Andrew S., 1998, *Global Information Infrastructure: The Birth, Vision, and Architecture*, London: Idea Group.

網際網路與模擬國際談判

姜家雄

國立政治大學外交學系副教授

一、前言

電子通訊工具創造了全球的通訊；電腦運算技術和網際網路正衝擊、重塑個人和各個產業的工作型態[1]。

在一九九〇年代中期，資訊傳播科技（information and communication technology）蓬勃發展，個人電腦較過去更加普及，網際網路成為資訊儲存與傳遞的新工具。藉由網際網路進行談判在今日的資訊時代，更是無所不在，從公司間的視訊會議到拍賣網站的議價，網際網路改變了傳統的談判模式。新的資訊傳播科技也為國際關係教學與研究帶來新的挑戰與機會。歷經七十多年的發展，國際談判的模擬（simulation）已經制度化，而將網際網路與模擬國際談判結合，應是一項極富新意的嘗試。網際網路可以克服地理條件的限制，模擬談判並不需要實地（on the spot）、面對面（face to face）進行。模擬談判的參加者不必限制在同一地點，談判的場景可以延伸到能利用電腦及網際網路連線的世界任何角落。

電腦科技作為國際談判教學的工具，實行多年已獲得印證。利用電腦與網際網路進行模擬，散佈世界各地的參與者可以透過先進的傳播通訊科技，進行虛擬的國際談判。本文探討的主題是網際網路在模擬國際談判的應用，首先針對模擬與國際關係教學做簡要的回顧，其次，介紹政治大學外交系參與馬里蘭大學（University of Maryland）「國際溝通與談判模擬」（International Communication and Negotiation Simulations, ICONS）計畫的網際網路模擬國際談判，再討論政大外交系參與模擬的經驗成果，最後，評估網際網路模擬技術應用於國際談判教學的優點與限制。

---

[1], Carol. A Twigg, 1994, "The Need for a National Learning Infrastructure", *Educom Review*, 29, no.5, pp.4-6.

二、模擬與國際談判

　　模擬在國際關係領域的應用，已有長久的歷史。學者認為模擬的應用價值，涉及實驗性、預測性、教育性，成果十分豐碩。模擬可以說是一種實驗性的工具，研究者可以藉由模擬，檢視政策的制定與執行。模擬也可以幫助決策者，針對不同情境預測各種可能事件的結果。模擬另一個價值則是做為一種教學工具，幫助學生瞭解國際關係的運作，並且試圖解決真實世界的各種問題[2]。

　　模擬應用於國際關係領域最早是起源於戰爭的沙盤推演，軍隊利用沙盤推演以訓練軍官在戰場上的決策，以及戰術的應用，並從而制訂周延的作戰計畫[3]。而第一個將模擬應用於國際關係教學的活動，是美國哈佛大學的「模擬聯合國」（Model United Nations）計畫。此一計畫前身是一九二六年在哈佛大學舉行的「模擬國際聯盟」（Model League of Nations），至今已有七十八年的歷史，超過六萬名來自世界各地的學生參加過哈佛大學的「模擬聯合國」計畫[4]。影響所及，世界各地的高中或大學學生，也紛紛以聯合國為對象，定期進行各種國際會議的模擬。但這些模擬仍是實地、面對面，並非利用網際網路科技，進行遠距的模擬談判[5]。

　　除了模擬聯合國，另外有許多模擬區域性國際組織的計畫，例如「模擬非洲團結組織」（Model Organization of African Unity）、「模擬美洲國家

---

[2] Brigid A. Starkey & Elizabeth L. Blake, 2001, "Simulation in International Relations Education", *Simulation and Gaming*, 32, no.4, pp.537-538.

[3] David B. Lee, 1990, "War Gaming: Thinking for the Future", *Airpower Journal*, 4, no.2, p.12.

[4] Daniel McIntosh, 2001, "The Use of the Model United Nations in an International Relations Classroom", *International Studies Perspectives*, 2, no.2, p.270.

[5] Model U.N. website, http://cyberschoolbus.un.org/modelun/index.asp

組織」（Model Organization of American States）、「模擬歐洲聯盟」（Model European Union）、「模擬阿拉伯聯盟」（Model Arab League）等。此外有其他模擬計畫，針對國際關係的各種面向與議題，進行模擬，例如 Inter-Nation Simulation（INS）、GLOBUS、Diplomacy、Nations、Global Problems 等活動，以及密西根大學（University of Michigan）的「互動溝通與模擬」（Interactive Communication and Simulations）計畫[6]與馬里蘭大學的「國際溝通與談判模擬」（ICONS）計畫。模擬國際組織或國際談判，蔚為風潮，更多的大學國際關係教學課程，將模擬納入國際關係的基本課目，諸如「模擬一九九〇年的中東危機」（The 1990 Middle Crisis: A Role-Playing Simulation）以及「模擬美國干涉秘魯的可能」（Potential U.S. Intervention in Peru: A Simulation）[7]。這些形形色色的模擬活動開創國際關係教學的新面向，內容包括模擬國際社會行為者的行為，與國際社會的各種議題討論。Diplomacy 計畫是著重於模擬國家間的聯盟行為，Nations 和 Global Problems 兩個計畫則是強調國家間非零合的合作關係，例如國際貿易係或是國際援助，甚至也將國際非政府組織納入模擬。就大學的模擬計畫而言、密西根大學的「互動溝通與模擬」在一九七三年成立，至今成果相當豐碩，而一九八〇年開始的馬里蘭大學「國際溝通與談判模擬」（ICONS）也是不遑多讓。

模擬的應用大約在一九五〇年後，開始有了較大的轉變，主要是因為理論與科技的結合。近二十年來，隨著資訊傳播科技的突飛猛進，模擬的設計與應用日漸成熟，模擬在國際關係教學的應用更趨普及，而模擬的內容較以往複雜多樣，這都是拜科技進步之賜。政治科學與實證理論將模擬視為建構理論的工具，透過模擬，研究者可以利用複雜的模型

---

[6] http://ics.soe.umich.edu/.

[7] Brigid A. Starkey & Elizabeth L. Blake, 2001, "Simulation in International Relations Education", *Simulation and Gaming*, 32, no.4, p.539.

觀察行爲者的行爲[8]。尤其是，模擬的應用給予學生一個親身體驗的學習機會，應用課堂所學的理論與技巧，激發對設定情境的創新意見[9]。模擬參加者必須在模擬中克服諸多的困難，以達到預定目標。馬里蘭大學政府與政治系的「國際溝通與談判模擬」（ICONS）的主持人 Jonathan Wilkenfeld 認爲，模擬計畫可以幫助學生藉由模擬真實國際社會決策者的角色，瞭解許多國際議題的複雜性[10]。總而言之，模擬計畫設定了某些固定的前提，並適當的依課程的需要，模擬特殊或是真實國際社會的情境，提供學生參與決策的機會。學生可以將課堂所學的理論或技巧學以致用，不僅瞭解國際社會決策者的行爲模式，同時也瞭解國際問題的複雜性。

模擬應用在國際關談判技巧的訓練，可追溯至一九七〇年代，美國外交人員訓練中心（U.S. Foreign Service Institute, FSI）首次進行爲期一天的談判模擬試驗[11]。之後，便有許多非營利組織和大學著手進行模擬談判的研究，並將之視爲一項重要的訓練工具。其中以哈佛大學談判（Harvard Negotiation）計畫[12]以及多軌外交中心（Institute for Multi-track Diplomacy）[13]最爲顯著，模擬在談判的應用獲得高度肯定。

許多模擬計畫將的焦點是國際談判及衝突解決。成功的談判可以促成衝突的解決，此即外交工作的真諦。模擬談判過程中行爲者的互動，讓模擬談判參與者「做中學」（learn by doing），將獲得的心得與經驗，在下一輪的談判中加以修正、調整。談判的技巧和經驗也在談判的過程中

---

[8] Paul E. Johnson, 1999, "Simulation Modeling in Political Science", *American Behavioral Scientist*, 42, no.10, p.1511.

[9] Gilbert Winham, 1991, "Simulation for Teaching and Analysis", in *International Negotiation,* ed. V. Kremenyuk, San Francisco: Jossey-Bass, pp.409-423.

[10] Brigid A. Starkey & Elizabeth L. Blake, 2001, "Simulation in International Relations Education", *Simulation and Gaming*, 32, no.4, pp.537-538.

[11] Gilbert Winham, 1999, "Simulation for Teaching and Analysis", in *International Negotiation,* ed. V. Kremenyuk, San Francisco: Jossey-Bass, pp.409-423.

[12] http://www.pon.harvard.edu.

[13] http://www.imtd.org/.

逐漸累積，在其他領域或是未來的談判場合，都可以再次發揮。由是之故，將模擬用於國際關係的教學，有其相當正面的效益。在模擬談判過程中，模擬談判的參與者能夠瞭解國際爭議的複雜性，檢視制訂政策或達成決議時必須考慮的各個層面。學生可以從模擬談判中學到包括決策過程所涉及的策略、議價、會議、決策和簡報等技巧[14]。相對而言，傳統課堂的教學，學生是很難持續確實掌握國際現勢的脈動。

三、馬里蘭大學 ICONS 計畫

運用模擬的方式從事國際關係教學，由來已久，不論在政府部門、學術界或是非營利組織，模擬都獲得重視。而模擬的方式和內容，也都五花八門。直到利用電腦網路技術之前，模擬都受限於單一地點，無法跨越地理障礙。到了一九九〇年代，由於電腦技術的精進，特別是網際網路的發明，個人電腦設備日益普及。模擬開始利用網際網路作為平台（internet-based），讓分隔遙遠的人們透過資訊傳播科技，相互傳遞訊息與進行談判。

馬里蘭大學的ICONS計畫是一項利用電腦及網際網路技術開發的模擬國際談判計畫。ICONS 的目標是希望藉由詳細設計的模擬情境與過程，讓參與者瞭解國際政治的複雜性與微妙之處，模擬的國際議題也和實際情況相符合。ICONS 早期的運作方式是全由人與人直接進行的一種混和形式（hybrid form）的討論模式。完全由人直接進行的模擬談判，忠實反映國際政治的複雜性和真實性，模擬過程因而不會受到電腦程式的限制，行為者在真實情況下作出決定[15]。因此，ICONS 與其他將電腦設

---

[14] Judith Torney-Purta, 1998, "Evaluating Programs Designed to Teach International Content and Negotiation Skills", *International Negotiation*, 3, no.1, pp.77-97.

[15] Elizabeth L. Blake & Rosamaria S. Morales, "Maintaining Pedagogy While Implementing New Technology: The ICONS Project", www.acm.org/pubs/articles/

定為核心角色的「人和機器間的模擬」（man-machine simulation），是相當不同的。人比機器善於處理現實世界中的不確定性、和眾多繁雜的價值判斷。ICONS 計畫是將電腦視為一個傳遞訊息的工具或平台，而非一個運算工具。由於沒有利用人工智慧，模擬結果仍取決於國際社會的現實狀況，決策和談判的結果是人為決定。

最早實行網路模擬談判的是加州大學聖塔芭芭拉校區（University of California, Santa Barbara）Robert C. Noel 教授的 POLIS 模擬計畫，Noel 教授希望藉由實驗暸解談判的重要元素是否會因為新興資訊科技的運用而遭到扭曲[16]。該項模擬計畫在一九七三年首度以中東地區的核武擴散為情境（scenario）進行了一次分散式（distributed）的模擬，參加的模擬國家的人員都是在加州境內大學修讀國際關係課程的大學生。結果顯示模擬過程相當生動逼真，影響談判的重要因素也都可以保留，並不因為新資訊科技的使用而遭到扭曲。POLIS 系統的幾項特色也成為日後 ICONS 電腦模擬談判的基礎，包括：(1)可以讓二十個分處不同地點的模擬團隊，參與模擬；(2)可以針對不同需要，彈性地設定不同模擬情境；(3)可以從事大量資料傳輸、分類、儲存以及回復的能力；(4)可以在模擬過程中進行監控和管制。

在一九八〇年成立的馬里蘭大學 ICONS 計畫，是以 Robert C. Noel 教授的 POLIS 計畫為基礎，ICONS 計畫最初是以全球議題計畫（Program in Global Issue）之名成立，計畫的主持人是由馬里蘭大學政府與政治系的教授 Jonathan Wilkenfeld 以及日耳曼及斯拉夫語系的教授 Richard Brecht 兩人共同擔任。ICONS 成立之初即獲得美國教育部（U. S. Department of Education）、IBM 電腦公司、馬里蘭州政府以及美國和平研究中心（U.S. Institute of Peace）的資金贊助。

---

proceedings/userservices/ 337043/p15-blake/p15-blake.pdf.

[16] Jonathan Wilkenfeld, 1993, "Computer-Assisted International Studies", *Teaching Political Science*, 10, no.4, pp.171-176.

最初幾年，ICONS 模擬計畫只有大學生參與，一九八五年 ICONS 推動了一次類似「夏令營」計畫，讓高中學生有機會參與模擬。高中學生於一九八八年開始正式參加 ICONS 計畫，進行國際談判的模擬。而近年來，ICONS 計畫也提供專業人士的模擬談判訓練。另外值得一提的是，一九九〇年代，在美國教育部的支持下，ICONS 也將非研讀國際關係的研究生納入參與對象。其中的「非洲與美洲國家教室科技計畫」（Africa-Americas Classroom Technology Project）將模擬的區域，延伸到非洲及拉丁美洲國家，吸引許多其他國家學生參與模擬。來自非北美國家的學生可以藉由扮演其他族裔的國家，培養自信，同時也強化其英文溝通技巧[17]。藉由和其他國家學生進行模擬談判，參與者接觸不同的外國觀點，對於開拓學生的國際視野有相當幫助[18]。由於這次試驗的鼓舞，ICONS 計畫便開始了區域研究的模擬，包括一九九三年進行歐盟的模擬，一九九六年中東國家的模擬，一九九七年非洲、拉丁美洲、亞洲地區國家的模擬，甚至在美國和平研究中心的支持下，ICONS 在康乃狄克州及加州設立區域中心（Regional Centers），ICONS 的模擬國際議題，也從全球性深入到區域性議題。

歷經二十多年的發展，ICONS 計畫的軟體界面也進行多次的修改，至今也發展到了可以憑直覺操作和「使用者友善」（user-friendly）的境界。參與者不需要接受特殊的訓練和教育，就可以參加模擬。全球資訊網（world-wide web）的發展在一九九五年達到較為成熟的地步，ICONS 的參加者可以結合網際網路，進行模擬談判。時至今日，寬頻上網普及，網際網路連線快速，讓 ICONS 的模擬計畫，可以更順利的進行，無須顧慮資訊設備的問題。ICONS 的模擬談判計畫吸引世界各地的大學與高中

---

[17] Joyce P. Kaufman, 1994, "Technology as Equalizer? Using Computer Technology to Empower Secondary and Post-Secondary Student", Paper presented at the 11th Annual International Conference on Technology and Education, London, England.

[18] Brigid Starkey, "Project ICONS: Interactive Learning for Global Education", http://www.oit.umd.edu/ITforUM/2001/Spring/icons/print.html.

學生參與模擬，最多曾經有二十五個大學或高中同時參與模擬，模擬的國家超過二十個以上。從一九九○年以來，全球有超過三十七個國家，近一六二所大學和一二九所高中的學生，曾經參與過 ICONS 的計畫[19]。以下就目前 ICONS 設定的流程與學生的任務加以說明：

(一)ICONS 的進行流程

ICONS 模擬計畫的活動期間有長有短，並沒有固定的期限。但是不論期間長短，模擬變數都是固定不變的。一九八○年代 ICONS 成立之初，設定的目標即是希望透過模擬讓學生瞭解到全球議題和國家間的互賴，同時將模擬的議題集中在衝突解決。在一九八九年前，ICONS 將模擬的議題鎖定在強權的權力政治。模擬的事件包括北大西洋公約組織（NATO）、中東衝突、美蘇高峰會以及阿富汗問題……等等。隨著冷戰的結束，諸如人權、環境保護議題以及國際非政府組織（NGO）的角色，逐漸獲得國際重視，ICONS 模擬的議題也有顯著的變化。ICONS 計畫力求忠實反應國際社會相關議題的發展，近年設定的模擬情境，多強調國家間雖有歧異和不協調，但問題都可以藉由國家間的溝通、合作來解決。

不過 ICONS 的模擬談判計畫，也一直不脫傳統外交運作的範疇，堅守國家為中心的外交互動模式。學生在模擬過程，會瞭解與驗證特定理論，演練談判的技巧，學習正式的外交辭令，瞭解國際社會複雜的問題。此外，ICONS 計畫利用網際網路提供參與者跨國度、跨文化的溝通，參與者可以親身體驗國際社會存在的族群、國家的文化差異[20]。

ICONS 計畫的模擬談判過程分為四個階段，分別是：概念界定（conceptual）、角色設定（role-design）、程序編排（process）、談判進行（procedure）。

---

[19] 以上關於 ICONS 的發展歷程，資料取自馬里蘭大學 ICONS 官方網站 http://www. icons. umd.edu/about/history.htm。

[20] Brigid Starkey, "Project ICONS: Interactive Learning for Global Education", http://www.oit.umd.edu/ITforUM/2001/Spring/icons/print.html.

■概念界定

ICONS 預先擬定每次模擬談判的各項國際議題，例如：人權、國際債務與發展、國際安全、聯合國維持和平行動、國際恐怖主義、國際貿易、第三世界發展問題、世界衛生、武器管制、毒品氾濫、難民以及移民……等，並且預先設定情境，針對議題，引導參與模擬學生談判前的準備工作。

■角色設定

參與模擬談判的學校先選擇預定扮演的國家。可供選擇模擬的國家分佈世界五大洲，以忠實反應國際社會的實況，每次的參與模擬國際談判的國家數目通常有十至二十個。

■程序編排

由於情境的設定僅僅是簡單描述預定討論議題的基本輪廓，並提出某些概念性的問題，給予學生議題瞭解的方向。真正重要的前置準備工作，是學生團隊必須對其所扮演的國家立場與政策，進行資料蒐集。學生團隊必須蒐集該國在特定議題中的基本或特殊立場，依照國家的情況和國際社會的行為，當作進行模擬談判的準則。學生在此一階段的準備工作，需要耗費相當的心力與時間，而得到知識的增長，也是相對的豐碩。

■談判進行

參加 ICONS 模擬談判的大學生，分別以兩種方式進行溝通，忠實反應國際會議召開之前國家之間的互動。首先，模擬的國家必須在規定的期間內以電子郵件進行意見交換與討論。參與者利用 ICONS 模擬的介面，及類似電子郵件的方式交換訊息（message exchange）。訊息傳送是在模擬談判會議進行前一至兩週就開始，一直到線上模擬談判會議結束後的一週，總共長達五週的時間，模擬的隊伍必須不斷進行訊息傳送與接收。另外，ICONS 的另一個談判架構就是線上模擬談判會議（on-line conference），在一個類似聊天室網頁的介面，所有參與模擬國家代表對

指定的議題，進行直接、即時的意見交換，模擬國家在國際會談判桌上的面對面談判。經過爲期三週合計十二小時的線上談判，各國就各自提案爭取連署與支持，最後模擬國家會對提案進行投票。一般而言，提案表決的結果並不會視爲模擬談判成功與否的重要依據。

整個模擬國際談判是由 ICONS 指派的 SimCon（simulation control）擔任監督與會議主席的工作，負責行政業務並提供參與學校學生團隊的技術協助。SimCon 要確保訊息傳遞及線上談判的過程順利，參與者的言論是否適當，是否遵守規範包括外交禮儀與以英文進行討論。線上談判會議結束後，各個參與模擬學校的指導老師會帶領學生，在課堂上進行模擬的成果總結與檢討。檢討的重點是學生參與模擬談判的表現，與其他國家討論時遭遇的困難，以及因應的策略，做爲日後參加類似談判或議題討論的參考。模擬談判可以幫助學生，在未來更加複雜或精細的真實談判場合更可以得心應手[21]。參加 ICONS 模擬國際談判的學生大多表示，即使過程相當疲累，可是參與過程相當有趣且獲益良多[22]。

(二)參與學生的任務

參與 ICONS 模擬計畫，學生扮演國家決策者，爲了翔實成功的達成模擬國際談判的效果，參與者要執行三項重大工作[23]。

■研究（research）

確實瞭解與掌握模擬國家的立場與政策，每個國家團隊必須撰寫所模擬國家的政策立場書（position paper）。每一個模擬國家的學生團隊，必須在線上模擬談判會議之前，對其本身所要扮演的國家的基本立場以及政策、傾向，加以掌握。同時，每一個團隊都必須撰寫模擬國家的立

---

[21] Paul E. Johnson, 1999, "Simulation Modeling in Political Science", *American Behavioral Scientist*, 42, no.10, p.1511.

[22] Vernon J. Vavrina, 1992, "From Poughkeepsie to Peoria to the Persian Gulf: A novice's ICONS Odyssey", *PS: Political Science & Politics*, 25, no.4, pp.700-702.

[23] http://www.icons.umd.edu/pls/staff/about.

場書，將該國對於特定議題的立場以及國家政策。蒐集相關資料，建檔整理成冊，作爲模擬談判進行的依據。儘管模擬計畫鼓勵學生提出有創意的新解決方案，但學生的在模擬過程中的行爲，必須符合所扮演國家在國際社會的實際角色，例如：國家的財力，或國家的政策。ICONS 的官方網站也爲模擬國家建置線上圖書資料庫與連結，方便參與模擬的學生檢索資料。對於扮演國家的研究，是談判的重要前置工作，學生對於資料的搜尋都相當積極，因此在此一階段參與學生的知識獲益也最爲可觀。

■模擬（simulation）

　　包括訊息傳遞與線上談判會議。在國家立場書撰寫完畢後，模擬國家間進行約爲期一週的訊息傳遞。操作方式與一般電子郵件相似，不論是發送或是接收的訊息都會自動編號存入資料庫，資料庫並且有分類搜尋的功能，方便學生隨時查詢模擬過程中傳遞接送過的訊息。對於訊息傳遞與線上談判會議，指導老師以及 SimCon 都要求學生使用正式的外交用語，以求達到貼近真實的模擬。其次，總計十二回合每回合一小時的線上模擬談判會議是重頭戲。由於是即時的談判，在類似聊天室的架構，訊息在電腦螢幕上快速的出現，對於英語非母語的學生，造成不少的壓力。線上談判會議以及訊息傳遞的過程，往往反映了國際現實，亦即國家之間的缺乏互信，明爭暗鬥、爾虞我詐。因此，所謂「談判技巧」的應用與學習，便是在此一階段獲得驗收。除了訊息傳遞以及線上談判會議，各個模擬的國家可以提案，並對各國進行遊說，以期在最後的投票表決中可以勝出。

■報告（debriefing）

　　在線上模擬談判會議結束幾天之內，參與國家對所有提案進行投票。參與的學生都會推銷自己的提案（proposal），尋求多數國家支持。往往在最後關頭，團隊所提出的提案是否獲得足夠的支持，牽動著學生的情緒，然而，團隊參與模擬的成功與否並非取決於此，過程要比結果

更為重要。參與模擬談判的經驗、學生的學習成效、團隊的運作順暢、國家立場書的中肯實際、回應訊息的效率、議題討論的參與等等,才是關鍵。參與 ICONS 的最後一項工作是課堂簡報,對模擬談判參與的總檢討,學生或指導老師都發現從模擬談判中獲益良多,卻也有些許遺憾之處,這些參與的心得及體驗。

四、政治大學外交系參與 ICONS

國立政治大學外交系於二○○○年首次參與 ICONS 計畫,希望利用「網路談判」活動,讓「外交實務」及「英語演說與辯論」兩班必修課課程的學生有機會體驗結合理論與實務的教學。雖然美國大學生參與 ICONS 的歷史已超過二十年,但對於政大外交系的師生而言,參與 ICONS 卻是一項全新的經驗。即使談判過程是虛擬的,但其中不乏實際國際談判會出現的政治現實及角力,讓主修外交的學生,切身體驗外交實務中可能面臨的各種問題與挑戰,也有機會將平日習得之國際關係理論實際應用於模擬談判。

自二○○○年首次參與 ICONS 計畫,參與 ICONS 模擬線上談判的活動已經成為外交系同學的基本訓練課程。外交系同學有機會能夠以網際網路,與世界各國的大學生模擬國際談判,外交系師生對此活動非常重視,對於同學的表現亦寄予重望。外交系特別商請研究所的學長擔任教學助理,希望在國際關係的專業知識,或者在外國語文,都能給予大學部同學實質的協助。連續四年四度參與 ICONS,外交系學生每年都組成兩支模擬國家隊伍,分別扮演兩個各有特色的國家,讓同學充分參與也能良性競爭。

（一）南韓與新加坡

外交系同學第一年（二〇〇〇年）參與 ICONS 活動，代表的國家是南韓與新加坡，參與人數約六十人，由研究所康嘉棋與廖宗山兩位學長擔任助理。雖然是外交系首次的參與，許多參與模擬的同學也同時準備研究所考試，但同學的表現卻超出預期甚多，首次參與的政大外交系在眾多的參與的模擬談判國家表現突出，不僅同學費心準備的結果獲得驕傲的成績，更給予未來參與模擬國際談判的學弟妹莫大激勵。

（二）南韓與澳洲

第二年（二〇〇一年）由於一些曾參與第一年 ICONS 活動的同學再度加入，外交系同學對於在第二次參與 ICONS 的更具信心。選修「外交實務」必修課程的同學涵蓋大三、大四兩個年級，特別將具有參加經驗的大四同學編入澳洲組，南韓則交由初次參與的大三同學組成，因為人數的增加，由傅國華、邱亞屏、林雍凱與平思寧四位研究所同學擔任助理。許多第二次參與的同學不僅能夠很快地熟悉 ICONS 的準備過程，也因為有參加模擬談判的經驗，許多同不僅自我要求甚高，在傳遞訊息或線上談判會議，能夠引導會議談判的議題導向，掌握各國的立場，甚至以合縱連橫的手法，在最後的表決，所有提案都獲得通過。而第一次參加的大三同學表現亦不遜色，在經驗傳承下能夠迅速進入狀況，兩國進而相互合作，掌握一些議題的主導權。

（三）英國與菲律賓

第三年（二〇〇二年）參與 ICONS，外交系同學對於 ICONS 活動已駕輕就熟，充滿期待與自信。不過由於 ICONS 排定的議題與談判議程每年都會做些許的變動，同學們仍戰戰兢兢，不敢放鬆。外交系同學模擬的國家也有調整，刻意挑選英國與菲律賓兩個截然不同的國家，讓同學從角色扮演中學習瞭解兩國外交政策的差異。本次 ICONS 由甫從歐洲交

換學生一年回國的陳慶昌與傅以蒨擔任英國組的助理，協助同學成功模擬英國的角色，另外由邱亞屏與平思寧輔導菲律賓組。雖然菲律賓弱勢的國際地位曾讓同學有所抱怨，但全心全力的投入後，每位菲律賓組的同學均改頭換面，頗有菲律賓的氣勢，這也是在 ICONS 活動中，外交系同學學得的寶貴跨文化經驗。

（四）巴基斯坦與西班牙

第四年（二〇〇三年）參加 ICONS，外交系學生模擬的國家是巴基斯坦與西班牙，這兩個國家在政治、經濟、文化等各方面均大異其趣，尤其在美伊戰爭後，各個國家對於反恐戰爭的立場都值得探討，選擇代表一個西方國家與一個非西方國家，有助於同學熟悉國際社會對恐怖主義的反應與對策。

五、網際網路模擬國際談判的評估

利用網際網路模擬國際談判的 ICONS 計畫，已有二十多年的歷史。顯然先進資訊科技的應用，為原本僅有靜態解說的國際談判教學，利用近乎寓教於樂的方式，讓國際談判的學習更為生動有趣，參與者獲得更豐碩的成果。結合網際網路的模擬國際談判，益處自是眾多。整體而言，國際關係學者大多正面肯定網際網路的模擬國際談判，也積極推廣。Paul E. Johnson 認為電腦模擬已被證實對於無政府國際社會，創造合作的探討，有莫大助益[24]。Daniel Druckman 也認為模擬對於衝突解決技巧的研究，有其價值[25]。Jonathan Wilkenfeld 的觀點亦同，認為模擬的進行可以

---

[24] Paul E. Johnson, 1999, "Simulation Modeling in Political Science", *American Behavioral Scientist*, 42, no.10, pp.1525-1526.

[25] Daniel Druckman, 1994, "Tools for Discovery: Experimenting with Simulations", *Simulation & Gaming*, 25, no.4, pp.446-455.

填補我們的知識和真實參與其中經驗的不足的差距[26]。但儘管如此，網際網路模擬國際談判也有其限制，特就技術、教學兩個層面，進行扼要的討論與分析。

(一)技術層面

網際網路對於模擬國際談判是一項重大技術的突破，對國際國際談判帶來一些創新與進步：

1. 最顯而易見的就是網際網路的模擬談判，突破地理的限制，讓模擬的參加者更為多元。對於著重呈現國際關係現勢的模擬國際談判，議題討論過程可以更貼近真實。而寬頻網路的持續發展與普及，也許不遠的將來可以同時進行「面對面」的即時視訊會議。事實上，結合影音的網際網路模擬談判，目前並沒有技術問題，但是此類「面對面」的談判，牽涉到參與者的條件，諸如專業知識、外語能力、或是團隊合作……等問題，若條件欠缺，模擬國際談判的成效會打折扣。

2. 因為電腦技術的應用，模擬過程中的所有討論和對話的文字檔案，都會由系統自動存檔，可以重複參考使用。資料的累積與傳承有助模擬國際談判的成長，對談判過程改進和檢討，也有幫助[27]。

3. 網際網路的使用可以讓參與者發揮團隊精神、分工合作，比起面對面的模擬，較為從容不迫，能夠增加學習效果。特別是對模擬國際談判的初學者而言，透過網際網路的模擬談判，較容易學習談判的技巧，等技巧純熟時，再進行面對面的模擬談判，另一方面，網際

---

[26] Jonathan Wilkenfeld, 2000, "Simulation and Experimentation in Foreign Policy Analysis: Some Personal Observations on Problems on Problems and Prospects", Paper Presented at the Annual Meeting of the International Studies Association, Los Angeles, September 11, 2000.

[27] Robert B. Mckersie & Nils Olaya Fonstad, 1997, "Teaching Negotiation Theory and Skills Over the Internet", *Negotiation Journal*, 13, no.4, pp.365-368.

網路訊息傳遞非常快速，對參與者仍有相當程度的與壓力[28]。

當然，透過網際網路進行國際談判的模擬，也存在一些限制，例如：

1. 羅斯克蘭斯（Richard Rosecrance）曾說過：「資訊科技與知識的普及，與國際資金的快速流動，甚至比土地更為珍貴，國家的功能自是必須再重新定義。」[29]因此，ICONS 在對於國際情勢的模擬也必須要隨時修正與調整。ICONS 的談判成員目前仍是國家為主，未來可以加強國際社會非國家行為者的參與；其次是加強電子通訊的方式以及動員效度，亦即有效率地利用資訊科技協助模擬的進行。而晚近非官方性質的第二軌（track two）國際談判也大幅成長，ICONS 必須要關注此類談判，才能確實反應國際現實。

2. 由於全球時差分佈，各地參與者線上談判的時間會不同，對於部分參與者有時會造成某種程度的困擾。這不單單是在線上談判的時間不一致，有時傳送訊息的過程也會有所延宕。晝夜顛倒、時差不同，這顯然是技術難以克服的限制。

3. 在面對面的談判，對於某些問題的回應可以利用簡單的話語、肢體動作或是表情，來表達訊息。然而，在無法看見對手身影的網際網路模擬中，若他方對訊息沒有回應，往往容易做出負面的或錯誤的解讀，例如：認為對方並無興趣、或是對方不支持。此外，因為網際網路無法展現真實談判中的發言順序，因此模擬過程中可以說是各說各話、七嘴八舌，不容易聚焦，討論很難達成結論。狀況不明，時間急迫，學生往往無法認真回應訊息，就必須依賴預先準備的制式罐頭訊息回應[30]。

---

[28] Robert B. Mckersie & Nils Olaya Fonstad, 1997, "Teaching Negotiation Theory and Skills Over the Internet", *Negotiation Journal*, 13, no. 4, pp.365-368.

[29] Richard N. Rosecrance, 2000, *The Rise of the Virtual State: Wealth and Power in the Coming Century,* New York: Basic Book, p.5.

[30] Robert B. Mckersie & Nils Olaya Fonstad, 1997, "Teaching Negotiation Theory and

4.網際網路的模擬談判，與實際外交的面對面談判之間，仍有重要差異。實際外交談判，在談判桌上各自立場表述、意見交換後，真正的協議往往是在會議中的休息時間、用餐後，甚至是洗手間，或關室密談下達成。卸下正式談判桌上的拘謹，雙方在對話、舉手投足間，都會傳遞出更多的訊息，溝通更為流暢，談判也較有具體結果。其次，網際網路的資訊交換，不論以電子郵件的形式，或是即時線上談判會議，都不若直接的面對面談判迅速。譬如電子郵件傳送接收甚至又花費數個小時，這和正式談判的面對面討論或電話交談，都有相當的差異[31]。

(二)教學層面

網際網路與模擬國際談判的匯流，對於國際關係與國際談判的教學有正面的影響：

1.工欲善其事、必先利其器，網際網路提供很友善的資料蒐集工具。模擬談判參與者必須蒐集相關資料，以便忠實扮演模擬國家的角色。而資料不一定是來自書本或期刊雜誌，有許多最新資料往往只能利用網際網路取得，包括政府機關、國際組織的檔案資料庫或報告、新聞媒體報導……等。網際網路資料即使不是第一手，資訊必定是即時、新穎，比起傳統的資料來源，網際網路提供更豐富多元的資訊，這對參與模擬談判的學生而言，是相當有幫助的。

2.網際網路讓模擬國際談判也具備超國界特性，參與者能從其他模擬談判參與者得到不同的觀點，增進跨文化的溝通。網際網路模擬國際談判因此能夠刺激學生跳脫刻板思維，確實瞭解其他國家的立

Skills Over the Internet", *Negotiation Journal*, 13, no.4, pp.365-368.

[31] Leigh Thompson & Janice Nadler, 2002, "Negotiating via Internet Technology: Theory and Application", *Journal of Social Issues*, 58, no.1, p.112.

場，嘗試「另類」解決方式，不論是設身處地或是知己知彼，都有助於談判的效率。透過網際網路，ICONS 計畫的所有提案都可以上網公告，張貼在公佈欄，供參與模擬的各國代表參閱，以決定是否支持。所有提案都會遭到嚴格的檢驗與批評，也讓其他參與者有機會學習效法，對於學生草擬提案或是思考問題有很大助益，這些收穫是在課堂中無法獲得的[32]。

3. 參與學生事後的總結報告，往往著重檢討團隊談判策略、內部溝通協調、領導統御、與其他團隊的合縱連橫等問題，顯然參與 ICONS 的「挫折」帶給學生莫大的反思。比起單純坐在教室內聆聽老師解說談判理論或實例，網際網路的模擬國際談判給予學生的學習成果是更為豐碩的[33]。

4. 經過 ICONS 的洗禮，學生英語能力顯著的提升。資料檢索與蒐集，增進學生專門術語詞彙，為了成功模擬，學生必須審慎地使用談判語言，包括專門的外交辭令。模擬談判也驗證學生平日所累積的外語能力。芬蘭赫爾辛基經濟學院（Helsinki School of Economics）參加 ICONS 的研究報告，提及即使學生英文能力不錯，但要在短時間快速地用「外交英文」表達，仍是不容易。無可置疑，網際網路模擬談判，是相當珍貴的訓練與挑戰，有助於國際談判人才的培育[34]。

5. 人際溝通、團隊合作、語言表達、推理思辯等影響個人發展的條件，在 ICONS 計畫，學生能力都得到必要的考驗與磨練。絕大多數參

---

[32] Brigid A. Starkey & Elizabeth L. Blake, 2001, "Simulation in International Relations Education", *Simulation and Gaming*, 32, no.4, p.544.

[33] Kathleen Rottier, "Project ICONS is Powerful!", http://www.tcet.unt.edu/pubs/work1/work115.pdf.

[34] Maija Tammelin, 1993, "How Dose A Computer-Mediated Negotiation Simulation Function in an ESP Classroom. Project ICONS", Papers Presented in CALICO '93 Assessment Symposium Proceedings. Williamburg, Virginia, March 13, 1993, http://www.hkkk.fi/ ~tammelin/calico.html

加 ICONS 計畫的學生，主動積極，踴躍參與，在模擬談判中力求有所表現，是一般課堂學習所少見。救外交系學生在 ICONS 的表現而論，模擬可說是激發學習動機與提升學習成效的一個絕佳方法，展現主動學習（active learning）的優點[35]。

6. 根據 James Stice 的研究，比較閱讀、視、聽及參與的等方式的學習效果，一般學生吸收內容的比例分別是：閱讀是 10%；聽覺是 20%；視覺是 30%。而當學生透過實際參與模擬後，吸收效果可以大大增進。傳遞給他人的資訊中，學生可以記憶 70%；自己所親身參與，則可以吸收 90%[36]。無可否認，模擬讓學生身體力行是保持學習成果，培養談判技巧與能力的重要的方式。

另一方面，依據政治大學外交系同學參與 ICONS 活動的四年經驗，網際網路模擬國際談判在教學方面也呈現一些缺陷。首先，由於團隊的角色扮演必須忠實地反映模擬國家的特性和立場，但國家的國力與地位不同，模擬「弱國」的學生就常有無力感、充滿挫折，無法發揮所長。不過扮演角色的限制，也不失為一種挑戰，學生可以切身體認殘酷的國際現實，激勵學生在逆境中求生存的鬥志[37]。其次，學生的外語能力與專業知識是關鍵，但努力的程度是影響參與者表現的重大變數，學生投入的心力越多，模擬國際談判的收穫也越大。雖如是說，如何兼顧 ICONS 與其他課業，是一大煎熬，參與者分身乏術、力有未逮的感受是相當普遍。而任何團隊運作，都可能有搭便車或坐享其成者，ICONS 活動也不例外，難免有少數學生稍嫌消極不夠投入。最後，網際網路模擬談判的參與者身分得到隱藏，談判者的膚色、性別、國籍、種族等重要資訊無

---

[35] Joyce P Kaufman, "Project ICONS: Applications of Computer Technology for Teaching and Learning", http://hkkk.fi/~tammelin/mit.html.

[36] James Stice, 1987, "Using Kolb's Learning Cycle to Improve Student Learning", *Engineering Education*, 77, no.5, pp.291-296.

[37] Bruce Stanley, "Project ICONS: Simulating International Political Economy via the Internet", http://www.economics.ltsn.ac.uk.cheer/ch102/ch102p08.htm.

從得知，雖然增加談判的趣味性，但因而無法確切瞭解這些因素對於國際談判的可能影響。

六、結論

網際網路在模擬國際談判的應用已在短暫的時間內，有了顯著的成效，而未來的發展也可預期。受限於險峻的外交處境，中華民國參與官方國際活動的空間壓縮，但類似模擬聯合國與 ICONS 的模擬活動，不僅有助於國際事務人才的養成，也不失為一個草根性（grass root）的另類參與機會。結合網際網路的模擬國際談判，對於國際談判的教學與訓練，已有立竿見影的效益。由政治大學外交系學生自二〇〇〇年來定期參與 ICONS 計畫的經驗來看，網際網路是一個無法忽視的教學工具與資源，與網際網路結合的模擬國際談判的價值也值得肯定。

參考書目

■外文部分

Bates, Tony, "Teaching, Learning, and the Impact of Multimedia Technologies", http://www.educause.edu/pub/er/erm00/articles005/erm0053.pdf.

Blake, Elizabeth L. & Rosamaria S. Morales, "Maintaining Pedagogy While Implementing New Technology: The ICONS Project", www.acm.org/pubs/articles/proceedings/userservices/37043/p15-blake/p15-blake.pdf.

Crookall, David, 1990, *Simulation, Gaming, and Language Learning*, New York: Newbury House.

Cunningham, Craig A., 2001, "The Digital Divide: Improving Our Nation's Schools Through Computers and Connectivity", *Brookings Review*, 19, no.1, pp.41-43.

Druckman, Daniel, 1994, "Tools for Discovery: Experimenting with Simulations", *Simulation & Gaming*, 25, no.4, pp.446-455.

Johnson, Paul E., 1994, *Designing and Evaluating Games and Simulations: A Process Approach*, Houston: Gulf.

Johnson, Paul E., 1999, "Simulation Modeling in Political Science", *American Behavioral Scientist*, 42, no.10, pp.1509-1530.

Kaufman, Joyce P., "Project ICONS: Applications of Computer Technology for Teaching and Learning", http://hkkk.fi/~tammelin/mit.html.

Kaufman, Joyce P., 1994, "Technology as Equalizer? Using Computer Technology to Empower Secondary and Post-Secondary Student", Paper presented at the 11th Annual International Conference on Technology and Education, London, England.

Lee, David B., 1990, "War Gaming: Thinking for the Future", *Airpower Journal*, 4, no.2, pp.40-52.

McIntosh, Daniel, 2001, "The Uses and Limits of the Model United Nations in an International Relations Classroom", *International Studies Perspectives*, 2, no.3, pp.269-280.

Mckersie, Robert B. & Nils Olaya Fonstad, 1997, "Teaching Negotiation Theory and Skills Over the Internet", *Negotiation Journal*, 13, no.4, pp.363-368.

Rosecrance, Richard N., 2000, *The Rise of the Virtual State: Wealth and Power in the Coming Century*, New York: Basic Book.

Rottier, Kathleen, "Project ICONS is Powerful!", http://www.tcet.unt.edu/pubs/work1/work115.pdf

Stanley, Bruce, "Project ICONS: Simulating International Political Economy via the Internet", http://www.economics.ltsn.ac.uk.cheer/ch102/ch102p08.htm.

Starkey, Brigid A., "Project ICONS: Interactive Learning for Global Education", http://www.oit.umd.edu/ITforUM/2001/Spring/icons/print.Html.

Starkey, Brigid A. & Elizabeth L. Blake, 2001, "Simulation in International Relations Education", *Simulation and Gaming*, 32, no.4, pp.537-551

Stice, James, 1987, "Using Kolb's Learning Cycle to Improve Student Learning", *Engineering Education*, 77, no.5, pp.291-296.

Tammelin, Maija, 1993, "How Dose A Computer-Mediated Negotiation Simulation Function in an ESP Classroom, Project ICONS", Papers Presented in CALICO '93 Assessment Symposium Proceedings. Williamsburg, Virginia. March 13, 1993, http://www.hkkk.fi/~tammelin/calico.html.

Thompson, Leigh & Janice Nadler, 2002, "Negotiating via Internet Technology: Theory and Application", *Journal f Social Issues*, 58, no.1, pp.109-124.

Torney-Purta, Judith, 1998, "Evaluating Programs Designed to Teach International Content and Negotiation Skills", *International Negotiation*, 3, no.1, pp.77-97.

Twigg, Carol. A., 1994, "The Need for a National Learning Infrastructure", *Educom Review*, 29, no.5, pp.4-6.

Vavrina, Vernon J., 1992, "From Poughkeepsie to Peoria to the Persian Gulf: A novice's ICONS Odyssey", *PS: Political Science & Politics*, 25, no. 4, pp.700-702.

Wilkenfeld, Jonathan, 1983, "Computer-Assisted International Studies", *Teaching Political Science*, 10, no.4, pp.171-176.

Wilkenfeld, Jonathan, 2000, "Simulation and Experimentation in Foreign Policy Analysis: Some Personal Observations on Problems on Problems and Prospects", Paper Presented at the Annual Meeting of the International Studies Association, Los Angeles, September 11, 2000.

Winham, Gilbert, 1991, "Simulation for Teaching and Analysis", In *International Negotiation: Analysis, Approaches, Issues,* ed., Viktor A. Kremenyuk, San Francisco: Jossey-Bass.

■網站部分

http://ics.soe.umich.edu/

http://www.icons.umd.edu/pls/

第三篇

電子化政府

電子化政府的政策行銷

張世賢

國立臺北大學公共行政暨政策系教授

一、前言

本文探討「電子化政府的政策行銷」，電子化政府（Electronic Government，簡稱 E-Government）指利用資訊傳播科技（information and communication technology，簡稱 ICT）以進行公共行政與公眾互動的政府（Tauner, 2002: 25）。資訊傳播科技項目甚多，且日新月異，不斷增加且更新，例如：傳真（fax）、電子郵件（e-mail）、手機（cellphone）、電腦網際網路（internet）、全球資訊網（WWW）……等等，如**表一**，必須有其公共關鍵基礎建設科技（Public Key Infrastructure technologies，簡稱 PKI）（Caffrey, 1999: 10）或「國家資訊基礎建設」（NII）為基礎，以遂行電子化政府的運作。

本文所指的政策行銷（public policy marketing）是公部門利用「行銷」的觀念與活動，促使公共政策獲得公眾的接受與支持。「行銷」的觀念具有：(1)供給與需求：政府或公部門提供，民眾（或公眾、或公民）需求；(2)交換：政府（或公部門）與民眾在行銷過程中，各獲得其所要的價值；(3)堅強意志力：行銷人員（或部門）主動積極貫徹行銷目的（Bauurma, 2001: 287-289）。行銷活動則包括行銷進行過程中各種行動與策略。

本文採用文獻研究法，蒐集最新資料，探討電子化政府的政策行銷，包括：(1)電子化政府的背景；(2)其強調政策行銷；(3)其政策行銷特性；(4)政策行銷與企業行銷的差異；(5)其行銷的步驟；(6)其行銷的策略，最後提出電子化政府的能力因電子化政策行銷而提升；民眾的生活亦因而更能滿足。

新技術項目	內　　容
人工智慧	專家系統的使用，可以幫助使用標準化資訊來作指導性決策。
服務民眾電腦	散佈於市區各地，以供民眾查詢之用。
電子資料交換	不用文件交換，而是不同節點之間將資料轉換為標準化電子訊息。
地理資訊系統	電子地圖資料。
影像處理	使用掃描器輸入，然後利用工作流程軟體，重新填補資料。
互動式寬頻網路	可以最快的速度將所需資料作轉換。
公共收費亭	類似自動提款機，使民眾可就近獲得公共服務與資訊。
目標取向的資料庫	利用新規畫技術與微波建設，可改善申請流程與效率。
智慧卡	不必使用繁複的線上互動來確認身分，就能處理許多市民之事。
影像會議室	改善與民眾、企業之間的交流。
聲音辨識系統	利用電話自動記下聲音，以電腦進行比對。
無線通訊	增加電腦資訊使用地理上的便利性。
群體工具	公眾決策支援系統，以分析時事與民眾主流意見。
網內交流	簡化複雜的多媒體資料的傳送。
網際網路	政府資料庫公開給民眾，促進電子民主。

資料來源：Roche, 1997；黃仁德、姜樹翰，2001: 163。

二、電子化政府的背景

政府必然成為電子化政府，因為知識經濟的時代已來臨，全球化的趨勢，以及永續發展的要求，政府必須利用資訊傳播科技（ICT），以成為電子化政府。「用之則發達」。電子化政府又加速了資訊傳播科技的進步；而其進步又強化了電子化政府，成為加速循環。

(一)知識經濟時代的來臨

從創造財富（creating wealth）的觀點言，人類早期從農業創造財富，

歷經約八千年，十八世紀末產生第一次的工業革命，世界邁入了蒸氣機時代，一百年後，爆發了第二次工業革命，世界邁入了電氣化時代，現在又進入了以知識為動力的第三次工業革命（Thurow, 1999: 3-5）。其演化軌跡係逐漸由有形資產轉變到無形資產之競爭，隨著電子產品與網絡資訊之發達，政府的政策制定過程已產生劃時代的變化。美國麻省理工學院經濟學院教授萊斯特‧梭羅（Lester C. Thurow）在所著《創造財富：知識經濟時代中的個人、公司、國家的新準則》及管理學大師彼得‧杜拉克（Peter Drucker）所著之《後資本主義社會》中均指出「知識經濟時代」的來臨，意指經濟的推動力不再是有形的資產（如機器、設備等），而是諸如專利、技術及知識等的無形資產。

一九九六年「經濟合作開發組織」（OECD）發表「知識經濟報告」，認為以知識為本之經濟即將改變全球經濟發展型態，「知識」已成為經濟成長及國家提升競爭力之最主要驅動力。隨著資訊通訊科技的快速發展與高度應用，世界各國的產值、就業及投資，將明顯轉向知識密集型產業。為順應此一潮流，我國行政院於民國八十九年八月三十日第 2696 次院會通過「知識經濟發展方案」，責成行政院經建會於十一月四、五日舉辦「全國知識經濟發展會議」，廣邀產官學界人士參與，以提供建言。在以「知識」為中心之競爭時代及知識將大規模影響經濟活動之際，政府必然成為電子化政府。

(二)全球化的趨勢

二十世紀，國家經濟取代區域經濟，各國政府順勢掌握公共政策決策大權，連帶控制國家經濟體系。但到了知識經濟時代，全球經濟取代國家經濟，國際體系凌駕在國家之上。各國政府無法再全面掌控本國經濟體系。例如國家沒辦法完全掌控本國的金融市場，受到全球金融市場的左右。全球資本在世界各地來去自如，大量流通，侵蝕了國家的經濟主權（Hamel, 2000: 5）對於非法移民與難民亦然，沒有人相信政府能夠

阻絕非法移民與難民，數百萬人進出國界，隨其來去自如，國家幾乎等於不存在（Thurow, 1999: 10）。立基於創新能力的第三次工業革命，梭羅（Lester C. Thurow）認為，可以說是由資訊科技與網際網路所推動。特別是網際網路的運用，讓許多產業都面對前所未有的衝擊。甚至於在全球化的概念底下，國家對於經濟活動的控制能力，已經大為降低。現在已經沒有人會認為，自己是為新加坡、日本或美國工作，取而代之的觀念是，我們是為全球經濟工作，只是居住在日本、新加坡或美國（中國時報，2000年3月29日，4版）。二〇〇二年元旦我國正式成為「世界貿易組織」（WTO）成員，亦即加入了經濟聯合國，各種經貿活動必須遵循全球化的各項規定。

在全球化趨勢下，電腦資訊更是日益精進，各國已難以限制國際間資訊的快速穿透，比航空運輸還快，例如全球資訊網（WWW），使用者只要藉著單一介面，就可以直接觀看、收聽來自不同地方，包括不同形式的資訊；全球資訊網不僅能夠傳送文字資料，亦能傳送彩色圖片、聲音、動畫、影像等內容，無所不在的網際網絡，使國家疆界變得毫無意義（Hamel, 2000: 5）。政府制定公共政策，每日便受到國際電腦資訊的衝擊，而無法阻擋或限制。例如有些國家並未禁止色情刊物，而這些資訊可以透過電子管道傳送到其他國家，和各國國民自發地捍衛道德行動相比，各國政府毫無對策可言（Thurow, 1999: 10）。

政府為提供民眾各種服務，將政府改造成為電子政府，以有利於各種全球化服務的提供。例如：我國行政程序法自二〇〇一年元旦施行，如利用電腦網絡上網，更容易滿足人民知的權利。在行政程序法第四十六條規定公開「閱覽卷宗及資料」的規定有：(1)各機關視需要研訂受理申請閱覽之內部作業程序；(2)各機關視需要提供影印設備，訂定收費計算方法，收取費用印製給收據並辦理入帳手續；(3)研討閱覽卷宗須知；(4)釐清內部分工事項；(5)機關內部之簽呈、擬稿及會辦意見不提供閱覽，並注意其他得拒絕閱覽之情形。並且有十八個條文規定「公告」事

項，或刊載在政府公報或新聞紙上。這些公開的資訊，電子化政府均可以利用全球資訊網公開上網，讓民眾獲得這些資訊，滿足知的權利。

(三)永續發展的要求

一九九二年六月，聯合國的環境與發展署在巴西里約召開「地球高峰會」，通過了「里約環境與發展宣言」、「二十一世紀議程」（Agenda 21）等重要文件，並簽署了「氣候變化綱要公約」及「生物多樣性公約」，全面展現人類對於「永續發展」的新思維及努力方向。其中，「二十一世紀議程」則呼籲各國制訂並實施永續發展策略，並同時加強國際合作以共謀全球人類的福祉。

我國於一九九八年十二月由行政院各部會署及學術單位、環保團體共同撰擬「二十一世紀議程——中華民國永續發展策略綱領」，至二〇〇〇年四月期間，歷經多次學者、專家座談，並參酌全國性重要會議，如全國能源會議、國土及水資源會議、農業會議、社會福利會議之重要結論、以及教育改革行動方案及科技白皮書等重要文件修訂完稿。它的願景是：

1. 永續的生態：台灣幅員雖不大，但事生物資源及種類卻相當豐富。全民經由教育及環保意識之提昇，在惜用資源以追求必要的滿足物質生活過程中，應充分體認與其他生物共存、共榮的倫理，由俾令台灣生物多樣性所建構的功能網將更趨完善，人人皆可因而享受到大地生生不息的哺育。

2. 適意的環境：在居住環境方面，生活圈內舉凡：公園、停車場、教育藝文場所、醫療保健體育場及無障礙空間等公共設施期盼能逐趨完備；在自然環境方面，因污染防治得宜，且生態保育措施充分發揮功效，台灣終能恢復「福爾摩沙-美麗之島」的原有面貌。

3. 安全的社會：「安全無懼」、「生活無虞」、「福利無缺」、「健康無憂」、

「文化無際」應是安全和諧社會的寫照。當就業安全制度建立後只要勤勞，人人皆有所用；當福利制度完備後，鰥、寡、孤、獨、廢、疾者，人人皆有所養。當醫療體系健全，文化措施豐富，那麼全體國民之心理健康皆將精進，進而全民能凝聚共識，珍惜所有，並共同維護社會秩序與安寧，享有無虞無懼的日常生活。

4. 開放的經濟：在加入世貿組織後，我國的經濟發展更應追求產業之開放良性競爭；加強科技研發、創新，建立綠色生產技術，形成高科技製造業產業體系，成為東亞的智慧型科技島。另一方面，市場交易應力求公平，政府和民間企業皆能提供以「顧客為導向」的服務，消費者權益得以受到充分保障。此外，網際網路因無遠弗屆，金融、保險、電信、運輸、法律服務、會計服務等事業均當全面國際化，從而提升效率，增進國家競爭力。

它的基本原則是：

1. 世代公平原則：當代國人有責任維護、確保足夠的資源，供未來世代子孫享用，以求生生不息、永續發展。
2. 環境承載原則：社會及經濟之發展應不超過環境承載力。
3. 平衡考量原則：環境保護與經濟發展應平衡考量。
4. 優先預防原則：可能對環境造成重大的、不可避免的破壞時，為使破壞減至最低，應事先進行環境影響評估並採取有效之預防措施。
5. 社會公義原則：環境資源、社會及經濟分配應符合公平及正義原則。
6. 公開參與原則：永續發展的決策，應彙集社會各層面之期望和意見，經過充分的溝通，在透明化的原則之下，凝聚各方智慧，共同制定。
7. 成本內化原則：以「污染者有責解決污染問題」、「受益者付費」為基礎，使用經濟工具，透過市場機能，實現企業與社會其外部成本內部化，合理反應生產成本的目的。

8. 重視科技原則：要以科學精神和方法為基礎，擬定永續發展的相關對策並評估政策風險；透過科技創新，增強兼顧環境保護和經濟發展雙重目標的動力。

9. 系統整合原則：制定永續發展方案，應整體考量生態系統之生生不息；推動永續發展政策，也要整合政府及民間部門，使各盡其責、克竟全功。

10. 國際參與原則：善盡國際社會一份子的責任，以先進國家的經驗為借鏡；有關環保法規之制定，應依循國際規範，對其他開發中國家提供外援，永續發展應列入重點項目。

政府為了要滿足永續發展的要求，必然必須利用資訊傳播科技，以增加政府的能力，兼顧社會倫理、經濟發展與生態環境的均衡發展。

三、電子化政府強調政策行銷

電子化政府利用資訊傳播科技（ICT），使得公共行政與公眾之間互動的交易成本下降，促使政府的政策宣導與行銷不必支付大量成本（黃仁德、姜樹翰，2001: 179），電子化政府更有意願要利用既有的資訊傳播科技進行政策行銷，展現政府服務民眾的意志力、自主性與職能性。

(一)政府意志力的展現

政府要有「為民服務，解決民瘼」的決心與意志力（will）。意志力如何形成？靠政府領導人的魅力？還是有賴於民意？在資訊社會裡，由於有良好的資訊傳播科技基礎，民眾易於獲得內外情勢的資訊，易於發現公共問題的發生，可以對於公共問題建立議程，對於不同的公共問題排列解決的先後次序，慎思熟慮地參與解決方案的討論，分享各種不同意見，並加以分析與評論，形成共識，產生方案的選定，並同時眾志成

城，展現解決問題的決心與意志力。這種過程就是「電子化民主」（e-democracy）（Trauner, 2002:27）的過程。而其政府就是「電子化政府」（e-government）。亦即在民主的過程中，加上資訊傳播科技（ICT）的運用，作為自治治理（self-governance）的公共槓桿（public leverage）作用，而使得政府的意志力充分展現。而其基礎是資訊科技，大眾易於使用資訊科技，是平等的、充分的、理性的。於是眾志成城、民氣可用，在解決問題，達成公共目標上，化不可能為可能（demanding impossible）。而此時，電子化政府亦對其政策強調進行政策行銷，強力解決問題，滿足民眾需求。

（二）政府的自主性

電子化政府在力求國家發展，提升國家競爭力下，在制定公共政策的政治過程中，居於「縮紐」地位，利用資訊傳播科技的力量，居中協調各社會勢力團體，形成政策共識。

■凸顯電子化政府的自主性

政府的自主性是指政府（government）或國家機關（the state）依其意願與能力來制定其政策或訂定出國家目標，而不只是反映出社會階級的利益和需求，再來擬訂國家的發展目標（Skocpol, 1979）。政府之自主性程度要依其社會勢力結構狀態以及政府能力建構（capacity-building）情況而定。有些國家的政府有絕對的自主性，也就是說政府完全獨立於社會及社會各勢力團體或階級的實體外。有些國家的政府則只有相對的自主性，這種實際情形被馬克思學派所主張之「相對自主性」（relative autonomy）的論調所認同；對此一相對自主性之觀點，馬克思學派認為政府或國家機關之本質是由社會階級所塑造出來的，政府或國家機關不能脫離，也不可避免地將成為支配統治階級的工具。而本文所指的政府或國家機關之相對自主性，係指政府或國家機關能獨立於各社會勢力團體支配之影響的程度。馬克思學派的觀點在民主國家不能適用，因為民

主國家沒有明顯階級之分，只有經由選舉，執政黨與反對黨的輪流執政。

　　電子化政府的自主性在此並不指其完全不受各勢力團體影響，而是強調電子化政府亦可以較為執著並積極主動地制定國家發展方針，並以其資訊傳播科技的優勢，動員政府資源，促其實現；而不是在政治互動過程中，一點都不能掌握自己的方向，「隨波逐流」，或「載沉載浮」。

■強化電子化政府的自主性

　　政府自主性的範圍與程度，關係到政府能超越那些具有影響力之社會勢力團體的實質利益，提高其制定政策之理性度（rationalization）。自主性實際上表現政府和社會間的互動關係，政府既不能完全獨立於政治互動過程之外；政府在公共政策制定的政治過程之中，與市場機制、各社會勢力團體競逐影響力；政府要有自己的觀點、立場，以別於各社會勢力團體本位主義的觀點與立場。

　　電子化政府自主性的程度（即其制定和執行公共政策的能力）是源自於政府在政治過程互動中的地位，以及在世界體系結構中的地位。電子化政府可以扮演消極的和積極的角色。

　　在消極角色方面，就是電子化政府和國內社會勢力團體關係，以及與外國政府關係兩方面，將限制電子化政府的行動。電子化政府的自主性程度仍然受到三方面因素的制約：一是受到既存社會結構的限制，即是受到社會各勢力團體的直接或間接干預影響；二是電子化政府的正當化（合法化），需經由民意的反應而定，即電子化民主（e-democracy）；三是受到本國政府在世界體系結構中的地位而定。

　　在積極角色方面，電子化政府的干預行動表現出其積極角色，特別是對國家發展之主動角色而言，即使電子化政府的權力受到其內部結構特徵及國家機關與其周遭結構的關係之影響，電子化政府也能在某種程度上，運用電子化政策行銷，改變其與國內各社會勢力團體的關係，以及改善它在世界體系結構中的地位。一個強而有力的電子化政府藉由政治與經濟的干預，猶如一隻掌控的手（a upper hand）對塑造社會結構是

相當重要的。一個強而有力的電子化政府也嘗試著與國際約束力來抗爭，並重新塑造其在國際經濟體系結構中之貿易、金融與投資的依賴地位。電子化政府藉由資訊傳播科技的優勢，增強其勢力時，另一方面也象徵著各社會勢力團體的衰減。因此，電子化政府有能力來尋求或推動國家發展或提升國家在國際上的競爭力；強調政策行銷，以提升其政策能力，並重塑其在國際的地位，其政策並非單純只是社會壓力和國際強權干預的產物。

(三)提升電子化政府的職能性

政府的職能性（capacity）係指政府影響社會各勢力團體，汲取社會資源、提升政策能力，以及遂行國家目標的能力。政府可以改變私部門的行為、調整社會結構、以及促進國家發展。換言之，政府職能性是指關於政府能夠抗拒社會勢力團體之壓力，遂行其政策「效能」的程度與範圍而言。

政府職能的重要性在政府從事於生產活動，以及創造出更多的稅收資源。政府職能的程度可以界定出該政府實施其政策和營造利潤的能力，而且政府累積資本的能力，也反應出其貨幣控制、財政平衡、金融調節、外貿政策和外資流動的控制層面上，同時政府職能的程度也決定其政策工具（policy instrument），對國家收支平衡發生影響力。政府職能的顯現是一個推展資本累積的重要因素。然而，增加政府表現獨立行為的能力，也深受到相對政府自主性程度高低的影響。

政府職能性和政府自主性之間，有著高度的相關性。通常，政府的自主程度愈高，其政府之職能程度也會因之而提高。有了較高程度之自主性，政府便可以容易地發揮其職能，實行政策。反之，政府有較高的職能程度，必能較容易排除各社會勢力團體的束縛，因而有較高的自主性。由此可知，政府有較高的自主性，是以其有較高職能程度為必要條件，卻非充要條件。一般說來，對於電子化政府而言，高度之政府職能

程度的出現，初時皆需要有較高程度的各種資訊傳播科技的基礎建設，以強調政策制定與行銷，而提高其政府職能。接著，高度的政府職能便能改善其國家地位，促進國家發展，提升其國際地位。

四、電子化政府政策行銷的特性

知識經濟時代比以前的時代，是更為多元、民主、複雜、變動、競爭激烈的時代，政策制定會被社會大眾肯定與接受，不是來自政府的權威，而是來自市場的行銷。政策行銷與企業（商品或服務）行銷有很大的差異，如**表二**。因此更須仰賴知識管理中的網際網絡進行。其優勢：數量多、速度快，可即時回應、多樣性市場區隔、動態性可立即調整說服方式、減短行銷通路等（張世賢，2001：194）。

電子化政府政策行銷的特性為：

（一）政策願景

電子化政府要將政策願景，經由資訊傳播科技（ICT）展現出來。雖然企業亦有其企業願景，但是政府的政策願景是整體的、宏觀的、長久的，可大可久。而企業只是個別的、微觀的、零星的，經常要在變化多端的企經環境變化中，甚至夾縫中，追求企業的利潤，以求生存發展，因此企業行銷重點在鞏固自己的品牌。

而傳統政府因缺乏資訊傳播科技（ICT）做為行銷平台，因而其行銷效果較小，民眾感受政府的政策願景亦較小。電子化政府的政策行銷，其效力甚廣、甚速、甚大，因此其電子化行銷，必須謀定而動，即真正周密慎重確定其政策願景。

表二　政策行銷與企業行銷的比較

比較項	政策行銷	企業(商品、服務)行銷
管理知識	民眾需求調查	市場調查
	需求電腦分析	銷售分析
	智庫	行銷機構
行銷特性	政策願景	品牌形象
	政府機關形象	公司形象
	聽證會	市場測試
	展開行銷活動	廣告與配銷通路
	建立政策網絡	建立行銷網絡
	建立政策社群	市場區隔
	傳輸政策論證	指明產品優點
	實際遊說	實際解說
	利用電腦動畫消除爭議	引起購買慾望
	滿足公共問題的解決	滿足個人慾望
	民眾支持率	市場佔有率
	克服執行困難	重複銷售

(二)政府形象

　　政府有公權力，並由此衍生公信力、執行力、貫徹力，因此在政策行銷上要顧及政府形象，「堂堂正正」、「正大光明」、「正字招牌」，與企業行銷不同。企業行銷只是為自己的企業個別形象而已。

　　而傳統政府因缺乏有力的政策行銷工具，建立政府自己特定的形象亦較難，在古代需「經歷代之經營」，而在現代亦要經兩三次的大選，連續執政，才較有可能建立自己執政黨的形象。但是電子化政府則較快、較全面、較多管道，可以建立自己的形象。

(三)政策網絡

　　電子化政府將一群對某項公共政策有利害關係的機關、機構、團體、個人，經由網際網絡的連結而形成政策網絡（policy network）。政策網絡是政策制定過程中參與者的結構關係、互賴與動態連結，在許多分立但互相依賴的組織，透過資源與利益的相互依賴，而協調其行為的互動關係。對某項政策制定有興趣者，與擁有政策規畫、決策與執行所需資源者互相交換資源，形成連結而構成網絡。各種的連結在強度、正常化、標準化與互動頻率上的不同，因而形成不同的政策網絡治理結構。

　　由於現代社會的特點為多元化、複雜化、動態化、部門化、與政策的成長，導致於公共政策政府負載過重。因此，政策網絡在電子化政府是新興起的一種特殊的溝通傳播協調形態，其表現是各個機關（中央與地方）、機構、團體、以及個人各自擁有不同的專業與有限的能力與資源，形成公共與私人部門在公共政策制定上是功能的相互依賴，綿密互動，政府逐漸依賴協作（co-operation），並結合層級體系以外，政策參與者的資源動員。

　　政策網絡是一種相當穩定與動態前進的關係網。在網絡範圍內，可以動員與匯集廣泛分布的成員及其資源，使得集體的行動得以協調，邁向政策的共同決定。網絡成員包括該政策領域所有參與政策規劃與執行的行動者。網絡內的關係是公共與私人之間的非正式關係，具有相互依賴的利益。他們努力尋求以集中的、但並不是層級節制的方式，集體行動地解決問題。此為傳統政府和企業界所無。企業界頂多只有電子行銷網絡而已。

(四)政策社群

　　政策網絡所涵蓋的成員構成政策社群（policy community）。這些成員，亦即該政策的參與者，彼此相識很深、互動綿密，有如俱樂部的會

員，影響該政策的規劃與執行。政策社群的決策奠基於協調的合作，並且共識高，意見頗為一致。成員雖未必每一項決策都滿意，但仍願意接受，以保持政策社群內的關係。在政策網絡裡，成員的資訊系統相互連結、相互流通、相互分享知識，形成對於該政策問題的共識，而制定政策。電子化政府在政策制定越依賴政策網絡連結政策社群，動員政策資源，形成共識，快速制定妥適的政策，並加以電子化行銷。此為傳統政府和企業界所無。企業界頂多只有電子商務市場區隔而已。

(五)政策論證

一般言，公共政策均相當錯綜複雜，其利弊得失，必須經充分論證的過程，方能為需求者所辨識而接受。公共政策各有不同的政策論證，並有不同的論證基礎，與舉證重點。政策方案本身便須具備針對不同政策問題性質、需求者論證的需求，而有不同的論證方式，並且論證嚴謹而獲致對方採納。衛達夫斯基（Aaron Wildavsky）認為政策分析在政策方案本身要具有技巧（craft），以表現需求者能夠接納的藝術（art），其情形正如一幅畫，是否為藝術品，要出買價多少，由買者認定，畫家自吹自擂說如何好只能給買者做參考，要不要購買這幅畫，以及買多少，還是由買者決定；儘管有時畫家自抬身價，買者不買，還是賣不出去，只落得「曲高和寡」的慨歎！在這種情況下，衛達夫斯基認為：政策分析家或畫家要盡其在我。這是自己能掌握的。將自己表現讓人家能夠接納的技巧，施展出來。在施展的過程中，每一個部分，在繪畫上指每一筆繪，即自然地在表露或證明其為藝術，可被接納的過程；而成為決策者或買畫者心領神會、靈犀相通，所接納肯定（1979: 1-30）。

電子化政府的政策行銷更能利用各種資訊傳播科技的優勢，針對不同的對象，展現不同的政策論證，投其所好，爭取支持或配合。此為傳統政府的政策行銷所做不到的，亦與企業行銷只在指明產品或服務的優點有所不同。

（六）彈性因應

電子化政府在政策行銷上比傳統政府和企業有較多樣的資訊傳播科技資源，並且其對象是整體民眾，因此在政策行銷較足以彈性因應，例如可以經由個別的、集體的遊說，並利用電腦動畫展現資訊消除爭議，以滿足公共問題的解決，爭取民眾的支持，並隨時回饋（Pieters, 1991: 59-76），改善行銷策略，以克服執行的困難。而企業行銷在市場區隔下，進行解說產品或服務項目，引起購買慾，滿足消費者個人慾望，以爭取市場佔有率，重複銷售。

五、電子化政府政策行銷與電子商務企業行銷的比較

企業界亦在電子化，亦可進行電子化行銷。電子化政府的政策行銷與電子商務的企業行銷有何不同？

一是公民導向與顧客導向的區別，如**表三**。

二是新公共服務與企業管理的不同，如**表四**。

表三　電子化政府政策行銷與電子商務企業行銷導向的比較

比較項	電子化政府政策行銷	電子商務企業行銷
行銷導向	公民導向	顧客導向
個人權力的來源	法定權	購買權
受惠資格類型	全體成員	特定對象
責任類型	公民責任與政治責任	無特定責任
行銷對象的身分	集體身分	個別身分
行銷機構與對象的關係	概括涵蓋	市場區隔，直接關係
行銷的溝通	言語上的意見主張	行動上的退出遷移
行銷的政策目標	公共利益、公共安全	企業利益兼顧企業社會責任
行銷的績效標準	法律的保障與效率	顧客滿意與企業發展

比較項	電子化政府	電子商務
行銷管理	新公共服務	企業管理
理論基礎	民主理論、多元化的知識途徑、正義與公平	經濟學、邏輯實證論
行銷基本假定	多元理性概念（包括政治理性、經濟理性、組織理性）	經濟理性、人人自利行為
公共利益	相互分享價值之互動結果	由個別利益之匯集與表徵
行銷對象	公民	顧客
政府角色	服務（針對公民與社群團體之間的利益予以協商調和、形塑共同價值）	領航（扮演釋放市場力量之催化劑）
行銷機制	整合之機制（政府、非營利組織與私人機構）	誘因機制
行銷之責任	多元面向，須同時兼顧法律、社群價值、政治規範、專業標準，以及公民利益	市場導向、匯集個別之自我利益，是否達成廣大顧客之期望
行銷裁量幅度	依據法定規範及權責相稱的原則，予以必要之裁量	採取寬廣的裁量範圍，以達成企業化目標
行銷的組織結構	合作協力之結構，採兼顧組織內外意見之領導型態	分權化之組織，保有機構之內部控制
行銷之精神	公共服務，奉獻社會之期望	企業精神

資料來源：參考 R. Denhardt & J. Denhardt, 2000:554。

列表比較，非常清楚，無須詳細說明。

六、電子化政府政策行銷的步驟

政府機關將政策依 7P 行銷架構進行：(1)民眾需求調查（probe）；(2)民眾需求偏好區隔（partition）；(3)確定行銷民眾之次序（prioritize）；(4)依據行銷對象釐訂行銷定位（position）；(5)承諾（promise）政策績效；

(6)說服（persuade）民眾接受政策內容；(7)著力（power）促成行銷，著力方式依政策問題而定（Adcock, 2000: 152）。其過程均利用電子行銷（e-market）工作進行，有民眾政策需求狀況資料庫、民眾電子郵件地址、網路看板、公共論壇、記者及焦點群體（focus group）電子郵件地址，依民眾不同需求偏好進行不同行銷，隨時接受民眾上網查詢、提供意見，並以互動方式回答，或進行說服（Collin, 2000）。知識經濟時代越需利用政策電子行銷。

(一)民眾需求調查

電子化政府應主動調查民眾對某項政策有何需求，並且設立該政策網站，讓民眾可以自由輸入意見。然後，政府再加以分析。

(二)民眾需求偏好的區隔

電子化政府應主動調查不同性質的民眾，有不同的政策需求，加以區隔。對不同需求的民眾，應有不同的政策行銷策略。

(三)政策行銷優先次序的排定

事有輕重緩急，先後次序之分，因此電子化政府進行電子化行銷時，應排列優先次序，基礎性的、關鍵性的、嚴重性的政策方案應先行行銷。

(四)行銷的定位

政策行銷應有定位，將各政策行銷的關係，其上下位、核心、週邊關係加以定位，使其秩序井然，有方向、有重點，才能「整體作戰」，「後續作為」，全盤規劃，循序漸進，而有效能，有競爭力。

(五)承諾政策績效

政策行銷是一種交易（exchange）行為。電子化政府提供政策內容，交換民眾之支持與配合。因此，電子化政府要承諾政策績效，以獲取民眾之信任。而承諾必須以資訊傳播科技（ICT）充分呈現出來，讓民眾易

於接受。

（六）說服民眾接受政策內容

電子化政府說服民眾要提供充分的資訊，以及各種政策方案的「如—即」（if...then）的解說，利用電腦動畫，文圖並茂，說服民眾。此時民眾即「電子化學習」（e-learning），學習效果又快，又充分。電子化政府的電子化行銷，是真正「以理服人」，摒除情緒、意氣之爭。

（七）著力促成行銷

電子化政府進行電子化政策行銷要著力，動員各種不同資訊傳播科技，說服技巧，充分準備圖表統計資料，在和顏悅色的解說中，是非曲直，民眾一看即完全明瞭，接受、或支持、或配合政策的行銷。如有爭論，行銷人員必須立即回饋，反覆修正，以達成最有利，最有效果的政策行銷。

七、電子化政府政策行銷的策略

電子化政府政策行銷的策略是什麼？要基於需求者與供給者之間的差距（gap）進行之。亦即：

1.公民需要與政府具體服務之間的差距。
2.公民需求與政府具體服務之間的差距。
3.公民期待與政府具體服務之間的差距。

而政府具體服務之提供，一定先有政府人員（亦即提供者）對於對方（公民）的需要、需求、期望加以察覺，而所察覺得到的內容，與對方實際的內容可能會有差距。於是形成：

1.「公民需要」與「政府人員對公民需要之察覺」之間的差距。

2.「公民需求」與「政府人員對公民需求之察覺」之間的差距。

3.「公民期望」與「政府人員對公民期望之察覺」之間的差距。

而政府政策所規定政府應有那些具體服務，亦會因政府人員在傳送的過程中，因所察覺到對方（公民）的需要、需求、期望而有差距，於是形成：

1.「政府具體之服務」與「政府人員對人民需要之察覺」之間的差距。

2.「政府具體之服務」與「政府人員對人民需求之察覺」之間的差距。

3.「政府具體之服務」與「政府人員對人民期望之察覺」之間的差距。

而需求者（公民）本身內部，從滿足的觀點分析，需求者內心先有期望，再化成主觀上的需求，再表現出具體的需要。亦即期望、需求、需要。其間亦可能會有差距，即：

1.期望──→需求。兩者之間的差距。

2.需求──→需要。兩者之間的差距。

並且從供給者本身內部言，「政府具體服務」與「服務之傳送」之間亦有差距。另外，公民對政府所提供實際上的服務，亦會有所批評或評論，與「服務之傳送」，以及「公民期望」亦有差距。以上一共形成十一種差距，如圖一。

針對上述十一種差距，進行政策行銷的策略，本文採用最多種且最著名的策略（參考 Zeithanl et. al., 1990: 21-22），不再加以歸納、合併、簡化，爲：

1.政策行銷應具體性（Tangibility）：政策內容所提供財物、設備、裝備；服務人員溝通之外表狀況。

2.政策行銷應表現可靠性（reliability）：政策所承諾之事項能可靠及

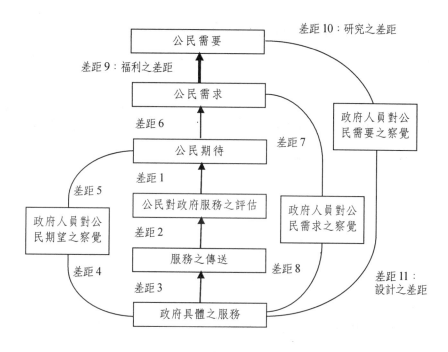

圖一　政策行銷所在圖

資料來料：修正自 Hooley, 1993.

正確地執行。

3. 政策行銷應符合回應性（responsiveness）：政策表現意願幫助民眾，
   且迅速服務。

4. 政策行銷應展現政策能力（competence）：政策表現具有執行服務
   的必須智能。

5. 政策行銷態度上應禮貌（courtesy）：政策及政策的執行表現禮貌、
   尊重、體貼、友善。

6. 政策行銷應顯示可信任（credibility）：政策執行人員表現值得信
   任、真誠、誠實。

7. 政策行銷應讓人感受到安全（security）：免於危險、危機、疑慮。

8. 政策行銷應具可及性（access）：獲取政策內容極為容易。

9.政策行銷應易於溝通（communication）：民眾瞭解政策內容。

10.政策行銷應先瞭解（understanding）民眾：政府人員儘力瞭解民眾。

政策行銷的策略在運用上應比一般企業行銷，多注意到政府的威信（公信力）、公務人員的身分（公忠體國），以及對人民的信賴保護。

八、結論

電子化政府是現代政府在知識經濟時代、全球化，以及講求永續發展政策下，必然的趨勢。電子化政府已有日新月異的內容（黃仁德、美樹翰，2001：161-178；Trauner, 2002: 6-25），政府的能力必然大大提升甚多，例如利用單一窗口（single-window access, one stop government）、電子表格（e-form）、電子化民主（e-democracy）、電子服務傳送系統（Electronic Service Delivery, ESD）等，增大了政府爲民服務，解決問題的強烈意願與意志力，並增強電子化政府自主性、主導力和職能。對於政策行銷，亦必然利用資訊傳播科技（ICT），進行電子化行銷，並予貫徹政策。

以美國爲例，美國政府已進行了：(1)國家資訊基礎建設（National Information Infrastructure: Agenda for Action, 1993）；(2)美國電子化政府計畫（Electronic Government Programme Access America, 1997）；(3)政府無紙化法（Government Paperwork Elimination Act, 1998）；(4)電子化政府備忘錄（Memorandum on E-Government, 1999）；(5)政府資訊獲取科技（Transforming Access to Government through Information Technology, PITAC, 2000）；(6)美國政府大門（The US Government Portal,〈www.first.gov〉, 2000）；(7)電子化政府：美國續階革命（E-Government:

The Next American Revolution, 2001）；(8)新開始藍圖（Blueprint for New Beginnings, 2001）等等。我國亦應加速政府電子化，並進行政策行銷，以公民為對象，而不是只以顧客為對象，展現新公共服務，以提升國家生產力、發展力、競爭力。

參考書目

■中文部分

張世賢，2001，〈知識經濟時代政策制定型態的探討〉，頁 183-203，2001 社會與國家發展學術研討會，台北：國立臺灣大學國家發展研究所。

黃仁德、姜樹幹，2001，〈網路與電子化政府〉，頁 149-182，2001 國家發展學術研討會：知識經濟社會與國家發展，台北：國立臺灣大學國家發展研究所。

■外文部分

Adcock, D., 2000, *Marketing Strategies for Competitive Advantage*. New York: John Wiley & Sons.

Bauurma, H., 2001, "Public Policy Marketing: Marketing Exchange in the Public Sector", *European Journal of Marketing*, 35(11-12): 1287-1300.

Burton, S., 1999, "Marketing for Public Organizations: New Ways, New Methods", *Public Management*, 1(3): 375-85.

Chapman, D. & Cowdell, T., 1998, *New Public Sector Marketing*. London: Financial Times / Pitnam.

Collin, S., 2000, *E-Marketing*. New York: John Wiley & Sons.

Denhardt, Robert B. & Denhardt, Janet Vinzant, 2000, "The New Public Service: Serving Rather than Steering", *Public Administration Review*, 60(6): 549-559.

Hamel, G., 2000, *Leading the Revolution*. Cambridge, Mass: Harvard Business School Press.

Hooley, G., 1993, "Market Led Quality Management", *Journal of Marketing Management*, 9: 315-335.

Jennings, Edward T. & Ewalt, Jo Ann G., 1998, "Interorganizational Coordination, Administrative Consolidation, and Policy Performance", *Public Administration Review*, 58(5):417-28.

Jordan: T., 1998, Cyberpower: *The Culture and Politics of Cyberspace and the Internet*. New York: Routledge.

Kotler, P. & Andreasen, A. R., 1991, *Strategic Marketing for Nonprofit Organization*. Englewood Cliffs, NJ: Prentice-Hall.

O'Toole, Lawrence J., 1997, "Treating Networks Seriously: Practical and Research-Based Agenda in Public Administration", *Public Administration Review*, 57(1): 45-52.

Pieters, R. G. M., 1991, "Changing Garbage Disposal Patterns of Consumers: Motivation, Ability, and Performance", *Journal of Public Policy and Markeging*, 10(2): 59-76.

Provan, Keith G. & Milward, H. Brinton, 2001, "Do Networks Really Work? A Framework for Evaluating Public Sector Organizational Networks", *Public Administration Review*, 61(4): 414-423.

Roche, E. M., 1997, "Cyberpolis: The Cybernetic City Faces the Global Economy", in M. E. Crahan & A. V. Bush (eds.), *The City and the World*: The New York's Global Future. New York: Foreign Relation Book.

Schultz, Don E. & Kitchen, Philip J., 2000, *Communicating Globally: An Integrated Marketing Approach*. London: Macmillan.

Simon, L. D., 2000, *Net Policy. Com: Public Agenda for a Digital World*. Baltimore, ML: The Johns Hopkins University Press.

Skocpol, T., 1979, *State and Social Revolution: A Comparative Analysis of France, Russia and China*. Cambridge: Cambridge University Press.

Thurow, L., 1999, *Creating Wealth: The New Rule for Individuals, Companies and Countries in a Knowledge-Based Economy*. London: Nicholas Brealey.

Trauner, G., 2002, *E-Government: Information and Communication Technology in Public Administration*. Brussels: IIAS.

Zeithaml, V. A., Parasuraman, A. & Berry, L. L., 1990, *Delivering Quality Service: Balancing Customer Perceptions and Expectations*. New York: The Free Press.

■網站部分

Http://www.ica-it.org/

Http://www.ica-it.org/conf32/index.html

Http://www.ica-it.org/conf33/index.htm

Http://www.ica-it.org/conf34/index.htm

Http://www.ica-it.org/conf35/index-35.html

Http://www.vwrecht.uni-linz.ac.at/

公文電子化對地方政府行政流程之影響
——社會科技系統途徑

蔣麗君

成功大學政治學系助理教授

一、前言

　　近年來，網際網路（the Internet）與電子通信的普及應用，對政府的組織運作、企業的營運管理及個人的日常生活，都帶來相當的衝擊與深遠的影響。歐美國家如英、美等政府，為了因應網路應用的特性－「個人化」、「數位化」、「即時化」與「全球化」－相繼進行政府、企業與日常生活的網路化，以符合網路時代的來臨。我國行政院在民國八十六年十一月制訂「電子化／網路化政府中程計畫」，中央政府各部會與地方政府開始推動實施電子化政府，以利與世界潮流接軌。

　　「地方政府」乃是政府結構體系中的基本機構，亦是政府為民提供公共服務的第一線單位。地方政府服務的品質、行政效能與效率之良窳，均會直接影響人民對政府的施政滿意度與國家競爭力的優劣（鄧憲卿，1997：37）。與中央政府相較，地方政府地方因其能直接與民眾接觸，故其在政策規劃與執行上較能反映地方民眾需求，與考量地方的人文環境特色。再則，由於時代變遷與民主發展，人民對地方政府的期望與要求較過去高且多樣化。對地方政府所提供的公共服務要求不但範圍廣泛，且注重行政效率與服務品質的提昇。因此，地方政府為因應民眾要求，必須應用新的行政措施提高行政效率，並提昇公共服務品質。

　　隨著資訊科技的發達，網際網路通訊設備的蓬勃發展，此趨勢提供地方政府改變傳統的行政流程方式，亦即透過公文電子化來簡化行政流程，提供行政人員更有效率的處理行政業務之新途徑。Borins（2002：204）在"On the Frontiers of Electronic Governance"（電子治理之領域）一文中指出，地方政府引進資訊科技後可以改善行政溝通與效率，使地方政府發揮以下幾項功能：

1.建立地方政府與各級政府、民眾間的溝通管道。

2.對於區域整體事物，地方政府更有能力參與並表達意見。

3.地分政府各項運作將更具有彈性與變化空間，從而能取代過去基於
　固定契約與固定價格的方式。

4.各項施政成果可以開放各界共同監督並提供意見。

5.有效提升管理者接觸外界的能力。

　　目前學者提出有關政府因應行政電子化的論述及研究，大部分專注於政府網路的評估、行政電子化之績效以及使用者滿意度等。學者朱斌妤與楊俊宏（1998）研究我國地方政府 WWW 網站之內涵與演變；學者李仲彬與黃朝盟（2001）評估二十一縣市政府 WWW 網站內容；學者項靖與翁芳怡（2000）調查我國政府網路民意論壇版面使用者之滿意度；學者陳祥與許嘉文（2003）分析比較各國電子化政府入口網站的功能。相關學者研究鮮少針對地方政府電子化公文與行政流程之關係進行研究，故本研究主要在探析行政電子化之後，地方政府的公文電子化對行政流程改變與公務人員之影響。

　　本研究理論採「社會科技系統途徑」（social technical system approach），此理論是修正過去泰勒（Frederick W. Taylor）所提出「科學管理」（scientific management）理論中對於工作流程與工作人員關係的觀點。在科學管理理論中，泰勒認為以機械化與標準化之方式，採不具彈性之行政流程以利管理工人，即可提高組織生產力。但是，泰勒在理論中卻忽略組織中成員的互動與環境的關係，僅將組織員工視為工作流程運作中的一個小齒輪。而「社會科技系統」途徑提供另一思考途徑，此理論強調行政業務處理是許多次級系統結合而成，而非科學管理強調的單一工作系統。因此，組織目標的達成是由工作團隊完成，與科學管理強調由個人完成工作之觀點有所差異。現今，透過網際網路使獲得資訊的方式更便利且快速，組織目標之達成不僅依靠個人專業，亦須透過便

利的行政流程來整合相關資訊與分享資訊，才能達到組織目標。在資訊科技引進組織之後，最重要的行政流程革新之一即是「公文電子化」。因此，本研究目的即是在於瞭解地方政府將資訊科技引入地方行政體系之後，資訊科技、組織內部行政流程與組織成員之關聯性。

　　本研究以「質性研究」為主，以「高雄市政府秘書處第二科」為主要研究範圍。由於「秘書處第二科」是高雄市政府總收發公文之主要單位，負責使用電子公文系統轉發市政府內外部門公文業務，故此單位應用資訊科技於行政流程處理行政業務相當繁多。再則，在行政流程電子化過程，相關行政執行方式變遷將直接影響行政人員，故行政人員的經驗與感受將是瞭解公文電子化對行政流程影響之最佳資料來源。故本研究採用「紮根理論」研究方法，以秘書處第二科主要發送電子公文系統與對外說明高雄市電子化公文進度的重要負責人員為主要訪問對象，以利驗證「社會科技系統途徑」所解釋行政流程與公務人員在使用資訊科技時所面臨的問題，在實際公文電子化過程中，對政府組織成員與行政流程之影響，並提出相關建議。

二、文獻回顧

　　資訊科技的便捷性使地方政府引進它來協助行政革新與公共服務完成，而其應用改變傳統的行政流程，對行政人員與行政業務處理造成相當大的衝擊與影響。目前已有學者針對資訊科技、行政流程與行政人員三者之關係提出相關文獻探討。

(一)「資訊科技」之意義

　　「資訊科技」（information technology，簡稱 IT）之定義，因學術領域不同而有些許差異。學者謝清佳與吳琮璠（2003：25）在《資訊管理

理論與實務》一書中提出，資訊科技是用於處理資訊，資訊科技存在的方式有書面的文字或圖形、聲音、影像以及動畫之相關產品。除具體的文字與圖形呈現之外，在「技術上」定義，Kenneth C. Laudon 與 Jane P. Laudon（2002: 9）認為「資訊科技」包含相互關聯的一組收集（或擷取）、處理、儲存以及散布資之單元，以解決組織中經營決策、協調與控制上的問題。此外，資訊科技也具備分析問題、檢視複雜目標與開創新產品的功能，包含組織內及四周重要的人、地和事物相關資訊。對人而言，透過科技資訊（information）和資料（data）可以被整理成具有意義且有用的格式（Laudon & Laudon, 2002: 9）。Sinclair（1997: 127）則認為資訊科技包含電腦、資料記錄、電視、錄影和通訊等所有方面的技術。學者吳秀光與廖洲棚（2003，162-163）提出資訊科技能夠在政治、經濟與社會相關研究中受到重視，是因其具有下列三種特色：

1. 距離：資訊科技能超越空間距離，讓相隔兩地的機關或機關對民眾間能夠如同面對面般地交換資訊。
2. 時間：資訊科技能超越時間限制，讓不同地區或不同資訊存取時間的機關或民眾，都能得到妥善且正確的資訊服務。
3. 記憶：資訊科技能超越傳統組織的記憶能力，讓數位化的資訊在系統的保存下，將人為或自然的干擾所造成組織記憶喪失的風險降至最低。

綜合上述，「資訊科技」定義即是使用電腦的運算功能，將資訊轉變成對人而言是有意義的資料，使人能依此作決策或改變作業流程。政府組織引進資訊科技，主因是期望透過資訊科技之輔助，使公務人員在處理業務時更方便，以建立一個更具效率的行政流程。

（二）資訊科技與行政電子化之關係

「公文」是政府意念表達的工具，各項資訊與知識都涵蓋在公文中，

但由於資訊的分散，往往無法從資料中得到整合與完整的訊息（盧鄂生，2001：35），資訊科技引用至地方政府，公文經過電子化後，公務人員可使用電腦的運算功能，將資訊轉變成對人而言是有意義的資料，有利於決策與公共服務等事項。學者林嘉誠（2003：14-15）在〈電子化政府的網路服務與文化〉一文中，提出資訊科技應用在政府治理時具有幾項優勢，其中包括簡化行政流程、提升決策品質、靈活政府組織、積極回應民情、加速作業以及延長服務時間等。地方政府引進資訊科技，主因是期望透過資訊科技之輔助，使公務人員在處理行政業務時更便利與快速，以建立一個更具效率的行政流程。在資訊科技時代，時間是最珍貴的資產，而公文電子化的推行，可達到即時處理公文，故可控制與減少公文量之推廣，因此行政流程結合資訊科技是提高處理公共行政業務品質與效率的關鍵（邱鎮台，2001：15）。

地方政府將所有行政業務電腦化，並透過網際網路傳遞行政資訊，建立組織之公文電子化。「公文電子化」（electronic document processing）即指，結合電腦與通訊（computer and information communication）科技的成果，提升網路的應用價值；採用協定的標準資料格式，透過加值網路（value added network，簡稱 VAN）電腦間相互傳遞資料。對機關內部而言，執行公文電子化須結合機關內部各項事務與業務，才能達到互通與共享的利益；以機關對其他機關溝通而言，透過公文電子交換，可加速與其他機關的溝通，確實提升行政品質（許凌雲，1991：25）。我國自民國八十二年所公布之「公文程式條例」部分條文修正案，為後續推動公文電子交換作業奠定法治基礎（宋餘俠，2001：44-45）。所謂「公文電子交換作業」，是指透過網際網路，以電子方式傳遞機關內或機關間公文的一種作業，其處理行政流程為「發文方」依文書製作所產生之公文轉換為 XML 格式，由其前置軟體將此格式予以安全認證處理，並確認「發文方」身分無誤後，將電子公文傳送出去。經電子認證之公文傳到「收文方」後，「收文方」在確認傳送無誤時，即由其前置軟體解開電子公文

及列印並循收文程序辦理或轉入機關內部公文管理作業系統（行政院，2004）。

由於歐美國家近年來積極推動資訊化與網路化，資訊科技的運用已成為政府再造的主要動力之一。在公文的管理上，即可運用各項最新的科技，呈現出新的行政業務運作流程。但公文電子化並非僅是文書單位的工作，機關內的單位應全力配合，以協助建立公文電子交換的公信力（宋餘俠，2000：61），唯有地方政府內的機關打破組織疆界與捨棄本位主義，共同推動公文電子交換，透過公文呈現形態與溝通方式的轉換，才可建構出一個具回應式的地方政府。

（三）資訊科技與行政人員之關係

網路世界快速的發展與需求，促使政府提供多元化的網路服務。Ho（2002:435）在《地方政府再造與電子化政府創新》（*Reinventing Local Government and the E-Government Initiative*）一書中提到，資訊科技的發展是促進地方政府改變與民眾關係的重要角色，資訊科技可提供公務人員與民眾直接的溝通與提供大量的公共資訊給民眾。引進新的工具來輔助地方政府公務人員處理行政業務，是地方政府提升行政品質的方式之一，故瞭解公務人員使用資訊科技的實際遇到的困難，可提供地方政府在引用資訊科技時須注意的面向。

由於資訊科技的使用，造成公務人員處理業務程序改變，因此影響到公務人員執行公務的現狀，有些公務人員無法適應新技術之應用，使得資訊科技在地方政府公部門中窒礙難行。學者史美強與李敘均（1999：50-52）在〈資訊科技與公共組織結構變革之探討〉一文中提出，資訊科技難以在公共組織中推行的原因，是由於公務人員在諸多的保障下，任何影響到本身利益的改革必定引起反彈及抵制的聲浪，且因為組織成員對資訊科技陌生而造成恐懼，使資深管理者深怕因此動搖其權威及未來的升遷。學者朱斌妤與楊俊宏（2000：138-140）在進行台北、高雄戶政

事務所之實證分析時，除了探討行政電腦化之功效外，同時比較兩市對於市民對於服務品質的滿意度，研究發現民眾滿意度與生產力衡量結果發生落差，原因在於行政機關若一味只追求效率，而忽略組織士氣及行政人員的態度等問題，民眾對地方政府施政滿意度將因此大打折扣。因此，地方政府在追求行政效率時，必須也要關心行政流程改變對公務人員在心理與業務上的衝擊。

　　資訊科技在地方政府中能否推行順利，端視地方政府中的公務人員對於資訊科技的態度與知識，因為真正落實使用資訊科技的是公務人員；因此，公務人員對於資訊科技的態度與知識更形重要。Scavo與Shi（2000:170）在〈政府再造典範中資訊科技之角色〉（The Role of Information Technology in the Reinventing Government Paradigm）一文中，提出資訊科技在政府改造中所扮演的角色，在於要使政府改造成功須依賴資訊科技的應用，也就是說，資訊科技可幫助政府基層公務人員在工作更加方便，以達到服務民眾的效率較過去更有效率。行政流程電子化後，站在服務第一線的公務人員對於電腦知識操作的熟悉度，將影響地方政府行政業務的進行。Frissen與Snellen（1990:58）在探討資訊科技與地方政府服務的關係時，提出了前線工作人員需受有策略的資訊訓練，若沒有適當的訓練則前線工作人員處理民眾需求時不但無法給予立即的答覆，且會增加前線工作人員的工作壓力與責任。學者盧建旭與李懷寧（2003：99）在〈公務人員運用網路能力之研究-以金門縣為例〉文章中，以人口屬性對於網路使用經驗、網路能力之關連性，研究金門縣公務人員使用網路能力時，提出幾點建議期幫助公務人員提升運用網路的能力，包括訂定獎勵辦法公務人員主動學習、推動機關內部之事務均運用網路電子表單、主管機關重視與支持、網路教育訓練、提供良好的網路工作環境、充裕的資訊經費，以及配合中央政策來推動可供網路申辦之地方事務。

　　總之，公務人員在面對行政業務電子化時，地方政府給予資訊科技

的訓練是非常重要的。當公務人員個人擁有業務上需要的電腦資訊知識與技術，將有助於累積實行行政業務電子化所需的動能。

三、研究理論與架構

本研究以「社會科技系統」途徑（social technical system，簡稱 STS）為主研究理論，試圖修正泰勒「科學管理」理論對於工作流程與人性的看法，來說明行政流程與資訊科技之關係。

(一)科學管理學派

一九一一年泰勒發表其名著《科學管理原理》（*Principles of Scientific Management*），因而贏得「科學管理之父」（the father of scientific management）之尊稱。在書中泰勒說明四項科學管理方法（1911: 36-37）：

1. 對於個人工作的每一要素，均應發展一套科學，以代替原有的經驗法則。
2. 應以科學的方法徵選工人，然後給予訓練、教導與發展，以代替往昔由工人自己選擇工作及自我訓練的方式。
3. 應誠心與工人合作，來確保工作能做得符合已發展出來的科學原理。
4. 對於任何工作，管理階層與工人幾乎均有相等的分工和相等的責任，凡宜由管理階層承擔的部分，應由管理階層承擔。而在過去則幾乎全由工人承擔，且責任亦大部分由工人負擔。

泰勒認為科技（technology）、工作（work）與組織（organization）三者應形成互動關係、相互緊密的結合。每一位員工均需透過專業化的分工，以避免職權與責任劃分不清，進而彼此協調合作，提高個別的生

產效率與增進組織的整體利益。另外，泰勒認為員工需要一套制度來規範行為，以維持員工穩定的行為，來提高組織績效。

資訊科技的沿用進入官僚體系，有如在傳統公共行政管理時代，官僚體制重視科技管理。當韋伯（Max Weber）發現官僚體制的發展，導致體制中的成員淪為體制中的「小齒輪」，缺乏自主性與自我時（Andrew Heywood, 2002: 560-561），泰勒卻視為至寶，將其運用在研究中並讚許不已。

(二)社會科技系統途徑

泰勒重視簡化、標準化與專業化的概念，不只符合其所屬時代的組織理念，亦符合目前資訊科技時代的官僚組織內涵。但是，Herndon（1997: 122）認為，若科技應用在科學管理的工作流程中，員工受到組織監視，同時沒有接受適當的科技訓練，在此情況下，易造成員工厭倦工作、喪失工作的動機與疏離人群。故對組織的管理欠缺考慮組織成員的心態，以及缺乏認知科技僅是工具而非工作的主體，是泰勒理論中的重要缺點。因此，Cherns（1976: 783）根據泰勒的「科學管理」理論，提出「社會科技系統」途徑修改泰勒「科學管理」理論的缺點，以利解釋數位時代的科技系統組織。Cherns（1976: 785-791）認為社會科技系統所設計的組織應包含九個原則：

1.適合性：組織的流程要符合其組織目標。

2.較少的工作原則：太多的原則會造成做決定時太過於僵化。

3.建立技術標準：允許員工檢查本身的工作與從錯誤中學習。

4.多功能：藉著結合不同的技術（如電腦），來達到組織多元的目標。

5.組織邊界：組織疆界是開放的，由不同的單位共同合作以完成目標。

6.資訊流通：多元的資訊系統流通，可以提供工作團隊做決策。

7.一致性管理：組織中的管理原則應全面一致，且管理者的行為應遵

照所規定的原則。

8.人的價值：員工可以從工作中學習，並擁有一些可以自我決策的空間。

9.不斷的改進：組織設計是不斷調整的過程，隨著環境的變化，不斷的評量與檢討以利適應新的環境。

Cherns 所提出的傳統社會科技系統理論試圖在技術與工作團隊間得到一個平衡。依 Cherns 觀點，因應資訊科技應用於組織中可歸納出三項關鍵要素：行政流程適當性、人員資訊專業適用性與權責分明的管理系統。但是，Pava（1983: 50）對 Cherns 的論點提出質疑，認為管理者與員工所受的教育訓練是屬於高度專業化，因此組織成員無法同時擁有多項的專業技術。所以，在面臨複雜的問題時，缺乏多項工作原則會造成員工決策時的不確定性。

因此，為修正 Cherns 之觀點， Herndon（1997: 123）進一步對社會科技系統途徑提出修正理論，主要的目的在於創造一個以工作團隊為基礎的工作環境。Herndon 認為工作流程設計、人員工作的滿足感與科技的適用性皆需系統化，並依此說明組織必須關心組織中工作流程與人際關係的相互依賴關係，而不是只重視組織的目標。Herndon 所強調的概念是有系統的行政流程，也就是重視組織中資訊科技、組織成員與成員工作滿足感三者間互動關係。換言之，依 Cherns 與 Herndon 觀點，因應資訊科技應用於組織中出具三項關鍵要素：行政流程適當性、人員資訊專業適用性與權責分明的工作團隊之實用性三者之關連性。

社會科技系統強調資訊科技應用於組織時，需注意其對行政流程之「適當性」、「適用性」與「實用性」。換言之，行政業務流程需要多元的技術結合，經由綜合個人擁有的技術能力來達成組織目標，而非泰勒認為工人的技術是單一機械化的動作，以標準化的動作提高組織產能。此外，社會科技系統注重的是人際關係的相互依賴關係，也就是說，

組織成員需要工作的滿足感，而非泰勒認爲員工需要一套制度來規範行爲，以維持員工穩定的行爲，將員工視爲沒有感情的個體。更重要是，人與組織是屬團隊生命共同體，而非獨立於組織外，或低於組織之重要性，兩者間應是相輔相成。

(三)研究架構

依 Cherns 觀點，因應資訊科技應用於組織中須具三項關鍵要素：行政流程之「適當性」、人員資訊專業之「適用性」與權責分明的管理系統。Herndon 補充 Cherns 社會科技系統途徑的論述，強調組織中有系統的行政流程適當性之重要性，認爲資訊科技之「實用性」在行政流程中對組織成員工作的成就感與成員熟悉資訊科技程度具有關聯性。因此，依兩者觀點資訊科技應用於行政過程時需注意其適當性、適用性與實用性，依此三項特性建立本研究架構（圖一），以利瞭解在地方政府中，公務人員應用資訊科技處理行政業務之後，行政人員與公文電子化之關係。

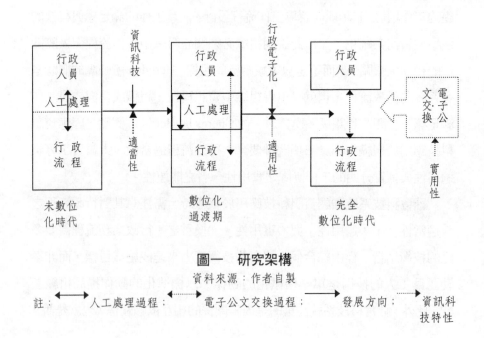

圖一　研究架構

資料來源：作者自製

註：←→人工處理過程：←→電子公文交換過程：→發展方向：⋯⋯資訊科技特性

在行政流程尚未數位化的時代，行政流程完全依賴組織內成員，即是人工處理公文，包括以人工方式或郵寄方式傳遞公文。在地方政府引進資訊科技後，組織內進行辦公室電腦化、自動化與資訊化，故行政人員可以藉由資訊科技處理行政流程。因此，如 Cherns 所重視資訊科技在行政流程的適當性，以促進組織行政流程順暢與提升行政效率為主。但是，由於組織內人員部分仍未全面具有資訊科技知識與技術，因此，雖然在行政流程人工處理公文較過去減少，但是人員卻須同時處理電子公文部分與人工公文部分，反而造成行政流程的複雜性。故在過渡期間，依 Cherns 與 Herndon 觀點，資訊科技應用於行政流程時需重視其功能、資訊流通與組織成員資訊素養之整合，故需提昇人員的重要性，亦即是資訊科技於在組織中之適用性，因此人員的資訊訓練顯得特別重要。至完全數位化時代，政府完善地培訓人員資訊能力之後，讓所有組織成員具有基本資訊素養，有能力適應與使用資訊設備進行電子公文交換時，數位化行政流程才能順暢，人員才能從工作中減少挫折感，得到工作成就感。故依 Cherns 與 Herndon 觀點須重視資訊科技在公文電子化過程中之實用性，以利結合人與科技。

(四)研究指標

依據 Cherns 與 Herndon 所提出社會科技系統途徑的理論，強調組織中有系統的行政流程之重要性，同時認為在行政流程中組織成員之工作上資訊科技程度具有關聯性。依此，本研究提出兩項理論重要指標：「整合性工作流程」與「人員工作資訊素養」，瞭解資訊科技對行政流程與行政人員之影響（見**表一**）。

依「整合性工作流程」層面，資訊科技系統強調組織內部或組織間工作流程應具適當性與整合性。在本研究中以組織內的行政流程為主，瞭解組織內資訊交換必須依賴一套電子系統，幫助組織能快速交換資訊，以提高行政品質；業務順利的推動亦依賴組織成員熟練行政業務所

表一　社會科技系統理論指標與研究指標

理 論 指 標	研 究 指 標
整合性工作流程	1.單位間資訊交換系統適當性。 2.行政資源之整合。
人員工作資訊素養	1.組織工作分置符合成員資訊能力。 2.組織人員資訊知識與技術之實用性。

資料來源：作者整理。

需的資訊技術，故在引用資訊科技的組織中，行政人員須擁有電腦的基礎技術與知識是一項重要因素。依「人員工作資訊素養」層面，公務人員若對自己行政業務所需的電腦技能不能適應，會使其在處理業務時不能得心應手，因而影響公務人員的工作成就感。因此，組織主管應鼓勵公務人員學習電腦技能，必須注重人員對數位化行政流程的適應能力；另外，組織引進資訊科技改變傳統的行政流程，因此人員的配置也會隨之變動，而人員的配置之公平性與適用性關係著組織內成員對工作成就感之需求；若是部分人員工作分配不公平合理，則將影響個人工作的成就感。

故依上述，本研究指標歸納為：依「整合性工作流程」指標分為(1)單位間資訊交換系統適當性；(2)行政資源之整合。依「人員工作資訊素養」指標分為：(1)組織工作分置符合成員資訊能力；(2)組織人員資訊知識與技術之實用性。此四項指標將應用於高雄市秘書處第二科個案研究，以利瞭解社會科技系統研究途徑所解釋現象是否屬實。

四、研究設計

本研究採「紮根理論」研究方法，以負責處理電子化公文相關行政人員為訪談對象，以期深入瞭解公務人員在電子化公文實施過程所面臨

的問題，來探討資訊科技對地方政府行政流程與行政人員之影響因素。

(一)研究範圍

　　行政院研考會為瞭解公文電子交換及文書減量執行情形與績效，訂定「九十一年行政機關推動電子公文績效考評計畫」，針對所屬一級機關、台灣省政府、台北市政府、高雄市政府等機關之電子公文績效進行考核，依規定高雄市政府列為第一組考評對象，並推薦民政局、地政處、三民區公所等三個機關參加第三組之考評（為部會、省市政府所屬機關自由評比）。經行政院複評結果，高雄市政府榮獲第一組甲小組考評績優機關，民政局及三民區公所榮獲第三組考評績優機關，在獲獎的二十九個機關中，高雄市政府有三個單位績效甚優。由此可見，高雄市政府在電子化政府推動方面的發展是受到相當肯定的。其中以秘書處之實施電子化之成果值得注意。秘書處是處理高雄市政府公文總收文與發文，亦是推動公文處理現代化與電子化之主要單位（高雄市政府秘書處，2004）。因此，高雄市政府秘書處擔負府內所有單位之行政電子化與電子公文交換之重責，故此單位不容忽視。

　　高雄市秘書處組織內規劃推動「公文電子交換作業」，以利加速公文處理速度，使政府施政能即時滿足民眾需求，配合社會進步的脈動。故本研究以高雄市政府秘書處為研究對象，瞭解公務人員在使用資訊科技時所面臨的問題，以及資訊科技對地方政府行政流程的影響。

(二)研究背景－高雄市政府推動公文電子交換作業歷程

　　行政院於民國八十九年七月一日起規定所屬一級機關，除「密件」及「附件」無法製成電子檔外，其餘均應依「機關公文電子交換作業辦法」規定開始實施公文電子交換作業，高雄市實施初期一個月（即民國八十九年七月一日至七月三十一日）是採電子公文及紙本公文雙軌作業，八月一日起改為僅以電子公文為主的單軌作業。高雄市政府二十七

表二　高雄市政府推動電子公文交換作業歷程

時　間	實施項目
83 年 9 月	成立公文推動小組。
85 年 9 月	建置公文管理、公文製作系統。
88 年 10 月	建置高雄市政府公文交換及認證中心。
89 年 7 月	高雄市政府與中央部會實施公文電子交換。
89 年 11 月	高雄市政府榮獲八十九年行政院所屬機關公文電子交換評獎特優。
89 年 12 月	高雄市政府一級機關間公文電子交換。
90 年 1 月	電子公布欄及附件交換。
90 年 1 月	高雄市政府一、二級機關全面電子交換。
90 年 12 月	建置檔案影像管理系統。
90 年 12 月	高雄市政府各級學校全面加入公文電子交換。
91 年 6 月	整合檔案目錄建檔。
91 年 10 月	高雄市政府榮獲九十一年行政機關推動電子公文績效考評優等。
93 年	推動公文直式橫書（未來）。
93 年	推動 G2B2C 交換新機制（未來）。

資料來源：高雄市政府秘書處第二科 2004 網址：http://www.kcg.gov.tw/~secret/b2.htm
　　　　　（瀏覽日期：2004 年 11 月 1 日）。

個一級機關，凡發府函給中央機關或台北市政府等，均需以電子交換方式辦理。對於中央機關及台北市政府發文，完全依規定採單軌作業，而高雄市政府所屬機關學校由於系統穩定度及未全面實施，故目前仍暫維持雙軌作業（見**表二**）。

　　在推動電子化政府後，高雄市政府成立「公文電子交換服務中心」，以處理交換記錄儲存、正副本分送與怠慢處理，換言之，當機關收到公文不予開啓或未予處理時，爲避免延誤時效，公文電子交換服務中心將有稽催的動作，以提醒負責機構即時處理收受公文。因此，行政單位間的公文流通因透過電子化公文系統分送，公文處理的速度與往昔相較變的快速許多。

三、研究方法－「紮根理論」研究方法

■「紮根理論研究方法」之意義

「紮根理論」（Grounded Theory）研究方法，源起 Barney Glaser 與 Anselm Strauss 兩位社會學者，於一九六七年所着《紮根理論的發現》（*The Discovery of Grounded Theory*）一書，主張「紮根理論」不是一種理論，而是一項研究方法（林本炫，2003：171）。「紮根理論」研究方法強調研究者須走入事情發生實際環境，瞭解事情真正發生原由，建立行動基礎之關連性，將現象與人類行動相結合，因為人的行為才是問題回應的主動角色。此方式有助於將資料與理論建構相結合，即是透過有系統的搜集與分析資料的研究過程，從資料衍生出理論。收集資料數量不拘，直到研究者認為資料足夠既可，故此研究方式相當具有彈性（flexibility）與開放性（openness）（Strauss & Corbin, 1998: 5）。因此，「紮根理論」研究方法強調「發現的邏輯」在三方面：(1)觀察和資料蒐集；(2)資料的分析技術；(3)抽樣的原則和方法（林本炫，2003：174）。故可採用深度訪談法或焦點團體訪問法，其訪問數量不拘，強調從實際資料建立相關理論，故有助於驗證「社會科技系統」所解釋行政流程之實際現象。

依「紮根理論」研究方法，本研究首先瞭解實際行政業務流程過程，再進行高雄市秘書處第二科人員深度訪問。高雄市秘書處共分為四科，第二科掌理高雄市總收文、發文業務與公文處理現代化、電子化之主要單位，換言之，高雄市電子公文的發送是第二科的主要工作。本研究以第二科公務人員進行訪談，並以主要業務為公文收發與推動秘書處公文電子化共兩位公務人員，為本研究訪談受訪對象。由於影響行政流程推動的順利與否與行政人員息息相關，因此，以秘書處第二科主要發送電子公文系統的重要負責人員為主要訪問對象，對兩位受訪者進行深度訪談。此兩位受訪者是主要負責電子公文的人員與對外說明秘書處電子化公文之推動歷程與成果，其中一位屬於主管級行政人員，透過訪問以期

深入瞭解公務人員在使用資訊科技時所面臨的問題。

■訪談問題

本研究依社會科技系統途徑設計研究指標分為兩大項：一是依「整合性工作流程」分為：(1)單位間資訊交換系統適當性；(2)行政資源之整合。二是依「人員工作資訊素養」指標分為：(1)組織工作分置符合成員資訊能力；(2)組織人員資訊知識與技術之實用性。依此研究指標設計訪談問題，以利檢測「電子化公文對行政流程與行政人員的影響」。本研究訪談問題如下：

1.整合性工作流程：探討推動公文電子化後公文處理的現況。

   (1)請問推行公文電子化之後，您認為是否有助於單位間公文的整合與交換？

   (2)請問推行公文電子化之後，您認為收發公文的行政流程是否比以前更方便且有系統？

   (3)請問您本身現有的資訊科技知識與技術，是否足以應付行政電子化之後的行政工作之需求？

   (4)為因應行政電子化之工作，組織所提供的資訊科技訓練，您認為是否符合工作的需要？

2.人員工作資訊素養：探討在公文電子化後，公務人員資訊科技術與知識是否能勝任新的工作？

   (1)請問您是否能夠將自我的資訊知識與技能，運用到自己所負責的行政業務中？

   (2)請問您在執行電子公文交換時，是否能夠順利處理電子作業流程？

   (3)請問您認為公文電子化之後，您的工作負擔是否比以前減輕？

   (4)請問公文電子化之後，您認為是否應該重新分配行政人員的權責，以配合新的行政流程方式？

五、公文電子化對高雄市政府秘書處公文處理流程之影響

依照社會科技系統途徑觀點，地方政府組織不只是一個開放式系統，亦是一個具彈性的組織。所以，資訊科技運用於組織後，在行政流程方面，應較過去快速、便捷、透明化。本研究以高雄市政府秘書處為個案分析，在採用電子化公文系統後，資訊科技對行政流程與行政人員之影響，其事實是否驗證社會科技系統理論所推論觀點。依紮根理論研究方法，本研究已做文獻探討，再做深度訪談蒐集行政實務經驗進行分析，以利瞭解公文電子化對流程與人員之影響。

(一)推行公文電子化前，秘書處之行政流程

高雄市政府秘書處為處理市政府公文總收文、發文之主要單位，在過去尚未有公文電子化系統前，秘書處於收到公文後，會依照市政府各部會的職能分送公文，故須依賴許多人員來發送公文至其他各行政單位。而地方政府與中央政府之間公文的交換，通常都用「郵寄」方式，所以，需要耗費二至三天的時間，寄至高雄市政府後又須經由秘書處人工分文，因此，公文由中央傳送到經辦單位經常須花費許多時間（如圖二）。

在尚未使用電子公文時，例如民眾申請辦理大陸學籍認定時，公文會先送至秘書處，由於此業務由教育局負責，故再由人工轉送教育局辦理。但是，因為公文數量龐大且人力有限，有時公文並不能立即轉送至應該負責處理的行政單位，故常有「公文旅行」之弊端發生。

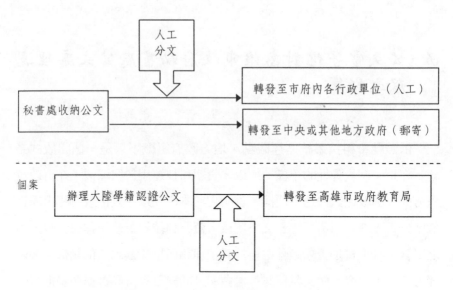

圖二　公文電子化前秘書處之行政流程

資料來源：作者自製

註：　──➤　人工公文處理過程

(二)推行公文電子化後，秘書處之行政流程

　　民國八十九年高雄市政府開始實施「機關公文電子交換作業辦法」後，秘書處第二科由於資訊科技的應用，電子公文處理行政流程已與過去傳統行政流程不同。秘書處第二科收到電子公文後，若是不必承辦的公文則歸檔存查；其他需要行政單位處理的公文，如果是電子公文則將附件隨文發出，轉發至應處理之行政單位，若是沒有來文的發文則以創稿方式，以電子公文方式轉發至應處理的行政單位（如**圖三**）。

　　以爆竹煙火業為例，鑑於違章爆竹煙火業造成之損傷極高，甚且常殃及無辜，因此，內政部、勞委會及經濟部於民國九十二年十一月二十六日共同修正「獎勵民眾檢舉違章爆竹煙火業實施要點」，鼓勵民眾檢舉違章爆竹煙火業（包含違規製造、儲存或販售爆竹煙火者），以協助地方政府維護勞工及公共安全。當高雄市政府秘書處收到中央電子公文時，

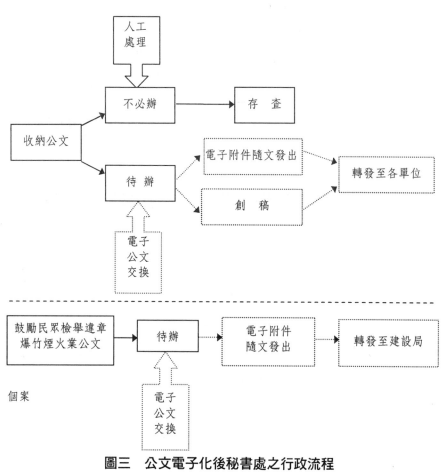

圖三　公文電子化後秘書處之行政流程

資料來源：作者自製

註：────▶人工處理過程；┄┄┄▶電子公文交換過程。

因為此業務屬高雄市建設局業務，故秘書處再以電子公文將公文轉發至建設局。過去中央與地方公文的傳送需要花費許多郵寄時間與費用，電子公文推動後，中央公文送至地方應辦單位之時間較過去縮減許多。

　　由於秘書處公文交換在實際運作上仍採「雙軌作業」，亦即公文除必須以電子公文方式分送外，檔案股另外還須做檔案管理，將紙本公文掃描存成電子檔後，再將紙本裝訂保存裝訂成冊，以供日後有需要可以調閱，故檔案股的工作較過去複雜且繁重（如**圖四**）。

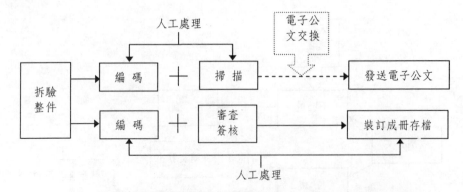

圖四　目前高雄市政府秘書室公文交換行政流程—雙軌作業

資料來源：作者自製

註：——➤人工處理過程　……➤電子公文交換過程

（三）研究結果分析

　　本研究依社會科技系統理論指標，依「整合性工作流程」指標分為：(1)單位間資訊交換系統適當性；(2)行政資源之整合。依「人員工作資訊素養」指標分為：(1)組織工作分置符合成員資訊能力；(2)組織人員資訊知識與技術之實用性，以利分析高雄市政府秘書處第二科，是否符合社會科技系統所強調的整合性工作流程與人員的需求，以期瞭解資訊科技對行政流程與行政人員的影響。秘書處第二科行政人員對自己單位之電子公文作業，與本身負責的業務相關意見，可分為正反兩面，分析如下（見**表三**）。

■整合性工作流程方面

　　下列依本研究指標，分別說明公文電子化對整合性工作流程之影響：

・單位間資訊交換系統適當性

　　公文電子化實施後，秘書處分送各單位公文皆以電子網路來交換，也就是當公文送至秘書處時，承辦行政人員可依照公文的性質，分發至各行政單位，在收文與發文之間的行政流程，行政人員依照電子公文一系列有系統的步驟，即可完成公文的分送。另外，在分送公文至應處理

表三　秘書處第二科行政人員之意見

指標面向	研究指標	訪談意見	
		正面意見	反面意見
整合性工作流程	單位間資訊交換系統適當性	1.公文處理有系統性的步驟，公文的交換不須由人力完成。 2.公文有稽催動作，行政單位會較確實的處理公文，不會有過去積壓公文弊病。	因為公文系統仍是雙軌作業，因此行政負擔較過去傳統行政流程更為加重。
	行政資源之整合	1.公文電子化之後有助於資料存取與單位間整合。 2.行政人員須擁有電腦技術，才能完成現行的電子公文行政業務之整合。	在雙軌作業下，仍須人工處理公文的紙張保存歸檔，因此並未全面系統化。故部分行政資源無法全透過電子化整合。
人員工作資訊素養	組織人員資訊知識與技術之實用性	1.提供學習電腦技能的訓練課程。 2.公務人員具綜合的電腦技能。	1.學習電腦技能增加公務人員工作負擔。 2.公務人員應分級接受電腦技能訓練。
	組織工作分置符合成員資訊能力	行政人員沒有大幅度的裁員或更動職位。	1.行政人員工作負擔不公。 2.主管不重視公務人員工作負擔在電子化公文之改變。
其他意見	經濟效益	1.節省許多行政時間與財政成本。 2.電子公文調閱方便。 3.不占辦公室空間。	無

資料來源：作者自製

註：基於受訪問者保密原則，故不公開受訪者名單。

之行政單位時，僅需透過網際網路傳送即可，不需要經由其他人工的傳送，故行政流程比傳統行政處理方式更有系統，所以單位間資訊交換系統可說相當適當性。最後，由於公文電子交換服務中心會有稽催的動作，行政單位會較確實的處理公文，故可以減少過去積壓公文的弊病。此結

果符合研究指標，單位間電子公文交換若系統化與標準化，可以減少弊端，同時亦有助於行政資源之整合。但是，由於內部人員公文處理仍是雙軌作業，仍然需要人工處理公文的紙張保存與歸檔作業。因此在資訊交換系統仍未全面電子化時，內部人員行政業務較過去繁重，電子化並沒有減輕公務人員的工作負擔實在有限，這是主管單位應重視的問題。

‧行政資源之整合

依受訪者意見（見**表三**），公文電子化之後有助於資料存取與單位間行政資訊之整合。同時，行政人員或單位間傳遞公文與使用其他行政相關資訊更順暢且快速，事實上有助於公共服務之提升。如 Scavo 與 Shi（2000）所言，資訊科技可幫助政府基層公務人員在工作方面更加方便，可以達到提升服務民眾的效率。資訊科技的快速發展，使資訊取得更具方便性與迅速性，也促使行政流程更具整合性。但是，若行政人員須擁有電腦技術，才能完成現行的電子公文行政業務之整合。在雙軌作業下，仍須人工處理公文的紙張保存歸檔，因此並未全面系統化。故部分行政資源無法全面透過電子化整合。

依此兩項訪問結果，與 Cherns 與 Herndon 所提出社會科技系統途徑的理論所強調資訊科技在行政流程與行政資源整合之適當性相符合，換言之，資訊科技有助於行政流程更具彈性與開放性，尤其公文電子化使組織所追求行政流程簡化、彈性化與透明化成為可行，有利於組織行政整合。

■人員工作資訊素養

目前公文處理部分仍需要人工處理歸檔與存查，部分需要電子公文傳送。除行政流程雙軌制問題，人員資訊素養亦是影響行政流程順暢之關鍵要素之一。

‧組織人員資訊知識與技術之實用性

依受訪者表示（見**表三**），目前，高雄市政府秘書處第二科之行政流程仍是雙軌作業，故需要一個工作團隊來執行單位內行政業務，而此工

作團隊由於公文電子化的實施，行政人員需要使用電腦執行行政業務，故必須擁有電腦技術專業與知識，才能勝任工作上的需要。但是，依目前現況，並非每位公務人員都已具備基本電腦技術與知識，有些資深的公務人員因未具有資訊技術，故需重新學習電腦技術，對於這些資深公務人員來說，學習資訊科技是額外的工作負擔，亦是工作上挫折感的來源之一。因此，如何避免因學習電腦技能而增加公務人員工作負擔，是相關單位須注意事項。

秘書處為使附屬機關學校之行政人員熟悉公文電子交換作業流程，以利公文電子交換作業早日穩定運作，除由市府資訊中心及行政院研考會委託廠商分別辦理「公文管理系統負責人及收發人員訓練」、「地方政府機關電子應用使用者教育訓練」研習外，市府秘書處主管基於職責所在，亦多次舉辦「新公文用紙安裝、使用」、「公文管理系統安裝及環境設定」、「孔夫子公文管理系統操作流程」、及「公文電子交換作業前置軟體之建置、使用及應配合事項」等研習班，以加強各機關學校公務人員電腦的操作能力。在此情況下，每位行政人員皆能具備綜合性的電腦知識與技術，使其在業務執行上更加得心應手。但依受訪者表示，電腦訓練課程應依照每位公務人員的資訊技能與知識程度來分別學習，以利不同層級人員學習，以免產生挫折。對於電腦完全沒有基礎的公務人員應施予基礎訓練，而具電腦基礎的公務人員應學習更高階的訓練，如此公務人員的資訊素養才不會參差不齊，也可以增加組織成員之成就感，電子公文的推行才能更加的有效。

·組織工作分置符合成員資訊能力

事實上，由於秘書處行政流程仍是雙軌作業，依受訪者表示（見**表三**），公文電子化雖然看似可以減少許多人力，但是紙本作業卻增加檔案股的行政業務負擔；相反地，過去分送公文的人員行政業務負擔則大幅減少，造成單位內人員行政工作負擔不公平的現象。同時，另一項工作不公平現象來源是未熟悉電腦操作之行政人員，因為無法適當勝任電子

化之後公文處理方式與行政工作，造成行政工作分配無法公平與合理化，使組織行政整合與人員間關係不和諧。因此，行政單位須有效提供組織成員電腦技能的訓練課程，學習適合個人行政業務之相關電腦知識與技術，同時培養公務人員具綜合的電腦技能。

行政流程雙軌制使工作變得較繁雜，除了公文需要製作成電子檔，還須有紙本作業，對外行政流程雖較簡化，但單位內部的行政流程卻複雜化。依受訪者表示，公文電子化已造成行政業務負擔不同，行政業務分配已有不合理現象產生，雖曾向單位主管反應此現象，但是，由於有些單位主管並沒有意識到電子公文對行政人員與行政流程帶來的影響，主觀認為資訊科技對於組織行政流程應該具正面的影響，故行政流程與行政人員工作內容調整之必要性常被忽略掉，然而，單位主管的此種做法卻已影響到行政人員的工作士氣。畢竟，負責完成行政業務的是行政人員，人員的感受足以影響到行政人員工作的成就感，此現象值得主管人員省思。

依此兩項訪問結果，與 Cherns 與 Herndon 所提出社會科技系統途徑的理論所強調工作團隊與人員對組織之重要性之相符合。同時，資訊科技要能有助於行政流程推動，其實用性不容忽視。總之，組織成員之資訊素養將是影響公文電子化過程迅速與流暢之重要關鍵因素。

■受訪者其他意見

依受訪者表示，公文若須傳遞到中央政府與台北市，依過去傳統郵寄方式，公文傳遞平均需要一至兩天工作天；相反地，電子化公文交換相較可節省許多傳遞時間與郵資，較過去減少行政時間與金錢上成本；並且在公文電子化後，人工傳遞紙張公文作業也都減少許多。另外，由於電子公文調閱方便、不占辦公室空間，而且不隨時間久遠造成紙本公文風化或模糊等優點，故電子公文較過去紙本的保存更較有經濟上效益。

六、研究結論與建議

本研究使用社會科技系統途徑分析,可以提供瞭解行政組織與資訊科技關係的另一個研究途徑。依研究結果顯示,公文電子化已對地方政府行政流程造與行政人員造成影響,尤其在工作方配方面對人員影響不容忽視,這牽涉到人員之工作成就感與權責公平性(見**表四**)。為避免地方政府公文電子化無法全面實施,與人員對組織行政工作之無法勝任,本研究依兩部分-高雄市政府秘書處第二科與地方政府-提出以下結論與建議以供參考。

(一)高雄市政府秘書處第二科

■整合性工作流程

‧單位間資訊交換系統需具適當性

高雄市政府秘書處第二科現階段的電子化公文尚未完全實施單軌作業,增加行政流程處理的複雜性。當資訊科技引入地方政府之後,政府可以確實完成公文電子化,則行政流程整合指日可待。若無法確實實行公文電子化,則資訊科技在地方政府中功能的發揮將受到限制。若仍以傳統人力作業方式完成,反而成為實行公文電子化阻力,並造成公務人員的工作負擔(見**表四**)。現今的行政雙軌作業並無法減少紙本的浪費,故將來若能實施電子化單軌作業,除能使行政流程更加簡化,更能替地方政府節省行政費用。

‧行政資源之整合

除行政流程雙軌制之影響,目前高雄市政府秘書處第二科行政公文傳遞皆電子化,有助於組織行政流程系統化、標準化與行政整合(見**表四**)。因此,電子化對行政資源之整合,具有正面意義。

表四　公文電子化對高雄市政府秘書處第二科行政流程與行政人員之影響

理論指標	研究指標	研究結果
工作流程 整合性	單位間資訊交換系統適當性	尚未完全實施單軌作業，增加行政流程處理的複雜性。
	行政資源之整合	各單位行政資訊傳遞皆電子化，有利於組織行政流程系統化與標準化，與行政整合。
人員工作資訊素養	組織人員資訊知識與技術之實用性	1.行政人員須以電腦技術處理行政業務。 2.無論是新進人員或舊式官僚都需具備電腦技術。 3.必須依公務人員不同的資訊素養提供不同的電腦技術訓練。
	組織工作分置符合成員資訊能力	1.行政流程的改變，造成公務人員的業務負擔不同。 2.行政人員資訊素養落差造成行政工作權責不均現象。

資料來源：作者自製

　　因此，本研究建議高雄市政府秘書處第二科應從行政流程系統來改善現況（見**表五**）。

1.全面行政電子化：儘早取消行政流程雙軌制，才能提升資訊流通度。
2.系統化提昇電腦軟硬體設備：未來的公文傳遞速度預期將會因電腦網路的運用而更加快速，所以行政單位之電腦軟硬體設備與網路架設應儘速更新，方能跟上時代潮流，不致為時代所淘汰。
3.行政主管需積極推動行政電子化單軌制，以利建立一致性的管理。

■人員工作資訊素養

・組織工作分置符合成員資訊能力

　　由於高雄市政府秘書處第二科電子公文發展尚未全面完成，且行政

表五　研究建議

單位	研究指標	研究建議
高雄市政府秘書處第二科	工作流程 整合性	1.全面行政電子化單軌制。 2.系統化提昇電腦軟硬體設備。 3.行政主管需積極推動行政電子化單軌制，以利建立一致性的管理。
	工作人員 資訊素養	1.開設不同等級的電腦技能訓練課程。 2.建立資訊技術標準。 3.重視行政人員的價值。
地方政府	工作流程 整合性	1.全面行政電子化單軌制。 2.建立一致性資訊相容軟硬體設備。 3.建立資源分享與流通的管道。
	工作人員 資訊素養	1.減少縣市間與組織內單位間數位落差。 2.加強主管層級之資訊訓練與行政溝通。 3.重新調整行政人員之工作結構。

資料來源：作者自製

流程仍是雙軌作業，因此造成一部分行政人員工作負擔減輕，另一部分行政人員工作負擔反而更加沈重，工作分配不公平現象易造成組織人員間的衝突與爭論。所以，行政單位首長應重新再檢視個人的工作負擔是否合理與公平，讓行政業務處理能更快速完成（見**表四**）。

· 組織人員資訊知識與技術之實用性

　　由於公務人員的資訊素養不同，目前單位內未實施資訊技術與知識之分級訓練，造成部分受訓者無法提昇資訊技術與知識。同時，未熟悉資訊科技技術與知識者難以獲得受訓機會，反而造成單位內人員之資訊素養落差，故組織人員資訊知識與技術之實用性仍有待加強，以免造成部分能適應電子化技術之行政人員，在工作負荷上過重，此現象亦造成組織內不和諧現象（見**表四**）。

依上述，本研究建議高雄市政府秘書處第二科應從行政人員資訊素養來改善，才能強化資訊科技之實用性（見**表五**）。

1. 開設不同等級的電腦技能訓練課程：依行政職務的需要加強適當電腦技能，如此才能在公務人員素質參差不齊的狀況下，可以有效的減少公務人員的資訊素養落差，以利減少行政人員因公文電子化造成工作上挫折感與工作負荷不均現象。
2. 建立資訊技術標準：建立一套基礎資訊技術與知識，亦即是所有資訊人員所需具備基本資訊素養，而後再依單位性質與工作職務之需要，加強學習與訓練。
3. 重視行政人員的價值：主管需重視行政人員的資訊科技繼與知識之需求，確實回應相關行政問題，並加以解決之，以免造成行政人員之抱怨，影響組織中團隊精神。

（二）地方政府

公文電子化影響高雄市政府秘書處第二科行政流程與負責執行行政之公務人員，同樣此些現象也可能發生其他縣市政府單位中，故本研究針對整體地方政府提出下列相關建議：

■整合性工作流程

・單位間資訊交換系統適當性

首先，公文電子化之實施是全面性，包括中央與地方政府，因此，地方政間之資訊系統須能相容，避免資訊軟體設備之差異，導致資訊流通的困難。所以需注意資訊設備在行政整合方面的適用性。再則，地方政府須全面實施電子化單軌制處理公文方式，避免人力與經濟成本之浪費（見**表五**）。

・行政資源之整合

地方政府間有相容的資訊設備，才能做到資源的分享與流通，進而

達到組織行政業務之整合。達成這項組織目標將有賴於行政主管之重視與推動，若無單位主管支持，行政人員也無法去執行資訊整合之工作（見**表五**）。

■人員工作資訊素養

依 Cherns 與 Herndon 所重視人在組織中的價值，地方政府必須瞭解到公文電子化只是扮演完成行政業務的輔助工具，使用電子化公文來處理組織業務的行政人員，才是真正提供公共行政服務的執行者，地方政府不僅須重視公文電子化之推動，更需瞭解行政人員對組織目標達成的重要性。因此，地方政府須重視人員資訊素養培養與人員對電子化之適應性（見**表五**）。

· 組織工作分置符合成員資訊能力

地方政府間由於行政流程因電子化而有利資訊之流通與分享，因此應有利於減少縣市間與組織內單位間數位落差。唯有各縣市資訊水準相似，才能建立一套單位間相容的資訊網絡。因此，地方政府須重視成員資訊能力之培訓與工作之配置，以利符合業務之需求。所以開設不同等級的電腦技能訓練課程相當重要，尤其是主管階層的訓練更不容忽視，若主管缺乏基本的資訊技術與知識，則如何推動電子化與公平分配行政工作。所以，主管資訊培訓顯得相當重要。

· 組織人員資訊知識與技術之實用性

地方政府因應電子化需重新檢視行政流程與工作分配，讓行政人員的資訊能力與工作負擔能夠獲得更公平與合理的分配，其所提供的公共服務品質才能更上一層樓。如此，行政人員才能從工作中得到成就感，減少因公文電子化所帶來的不悅與挫折感。因此，重新調整行政人員之工作結構將是各地方政府當務之急。

資訊科技為地方政府帶來許多行政上的便利，但是地方政府也必須瞭解公文電子化會對其行政流程與行政人員產生影響，如此才能不斷的求進步，建立一個多功能的行政流程與一致性的電子化管理。如果不能

符合 Cherns 與 Herndon 所言建立技術標準化與人的價值相結合的社會科技系統，將科技與組織人員相結合，則將難以建造一個「人與科技」相融的資訊化行政體系。

參考文獻

■中文部分

史美強、李敘均，1999，〈資訊科技與公共組織結構變革之探討〉，《公共行政學報》，第 3 期，頁 25-61。

朱斌妤、楊俊宏，1998，〈電子化政府與行政機關生產力-以台北、高雄兩市戶政電腦化為例〉，《研考雙月刊》，第 22 卷第 4 期，頁 65-71。

朱斌妤、楊俊宏，2000，〈電子化/網路化政府政策下行政機關生產力衡量模式與民眾滿意度落差之比較〉，《管理評論》，第 19 卷第 1 期，頁 119-150。

行政院，2004，〈機關公文電子交換作業方法〉，網址：http://www.ic. taipei. gov.tw/htm/I-decree/5-6.htm（瀏覽日期：2004 年 9 月 9 日）。

李仲彬、黃朝盟，2000，〈電子化政府的網站設計：台灣省二十一縣市政府 WWW 網站內容評估〉，《中國行政》，第 69 期，頁 47-74。

吳秀光、廖洲棚，2003，〈運用資訊科技再造政府：以台北市政府線上服務的推行為例〉，《國家政策季刊》，第 2 卷第 1 期，頁 151-176。

宋餘俠，2001，〈機關公文電子交換下一步-電子公布欄、線上簽核之應用〉，《研考雙月刊》，第 25 卷第 1 期，頁 44-49。

宋餘俠，2000，〈機關公文電子交換開啟數位行政新紀元〉，《研考雙月刊》，第 24 卷第 4 期，頁 61-69。

林嘉誠，2003，〈電子化政府的網路服務與文化〉，《國家政策季刊》，第 2 卷第 1 期，頁 1-28。

林本炫，2003，〈紮根理論研究法評介〉，頁 171-200。取自齊力與林本炫，
　　《質性研究方法與資料分析》，嘉義：南華大學教育社會學研究所。

邱鎮台，2001，〈公文管理制度之檢討與改進〉，《研考雙月刊》，第 25 卷
　　第 3 期，頁 14-19。

高雄市政府秘書處，2004，網址：http://www.kcg.gov.tw/~secret/main.htm
　　（瀏覽日期：2004 年 7 月 13 日）。

高雄市政府資訊中心，2004，網址：http://www.kcg.gov.tw/~dpc/
　　infpg-mrpt8902. htm（瀏覽日期：2004 年 9 月 24 日）。

高雄市政府秘書處第二科，2004　網址：http://www.kcg.gov.tw/~secret/
　　b2.htm（瀏覽日期：2004 年 11 月 1 日）。

許凌雲，1991，〈政府推展電子文件交換策略之探討〉，《研考雙月刊》，
　　第 15 期第 1 卷，頁 25-29。

陳祥、李嘉文，2003，〈各國電子化政府整合型入口網站功能比較分析〉，
　　《研考雙月刊》，第 27 卷第 5 期，頁 102-115。

項靖，2000，〈線上政府：我國地方政府 WWW 網站之內涵與演變〉，《行
　　政暨政策學報》，第 2 期：頁 41-95。

項靖、翁芳怡，2000，〈我國政府網路民意論壇版面使用者滿意度之實證
　　研究〉，《公共行政學報》，第 4 期，頁 259-287。

鄧憲卿，1997，〈論地方政府再造之關鍵－競爭與民力之動員〉，《人力發
　　展》，第 44 期，頁 37-47。

盧鄂生，2001，〈打造數位辦公室的標竿-機關公文電子交換〉，《研考雙
　　月刊》，第 25 期第 3 卷，頁 37-47。

盧建旭、李懷寧，2003，〈公務人員運用網路能力之研究-以金門縣爲例〉，
　　《研考雙月刊》，第 27 卷第 2 期，頁 87-100。

謝佳清、吳琼璠，2003，《資訊管理理論與實務》，台北：智勝文化事業
　　有限公司。

■外文部分

Borins, Sandford, 2002, "On the Frontiers of Electronic Governance: A Report on the United States and Canada" *International Review of Administration Science*, Vol. 68, No. 2 (June 2002), pp.199-212.

Cherns, Albert, 1976, "Principle of Sociotechnical Design" *Human Relations*, Vol. 29, No. 8(August 1976), pp.783-792.

Frissen, Paul H. A., 1990, *Information Strategies in Public Administration.* New York: Elsevier Science.

Herndon, Sandra L., 1997, "Theory and Practice: Implications for the Implementation of Communication Technology in Organizations", *Journal of Business Communication*, Vol. 34, No. 1(January 1997), pp.121-129.

Ho, Alfred Tat-Kei, 2002, "Reinventing Local Government and the E-Government Initiative", *Public Administration Review*, Vol. 62, No. 4(July/August 2002), pp.434-444.

Heywood, Andrew, 2002, *Politics*. Basingstoke: Palgrave.

Laudon, Kenneth C. & Jane P. Laudon, 2002, *Management Information Systems: Managing the Digital Firm*. New Jersey: Prentice Hall.

Osborne, David & Ted Gaebler, 1992, *Reinventing Government: How the Entrepreneurial Spirit is Transforming the Public Sector*. Mass: Addison-Wesley Publishing Company.

Pava, Calvin H. P., 1983, *Managing New Office Technology: an Organizational Strategy*. New London: Collier Macmillan.

Sinclair, Ian R., 1997, *Collins Dictionary of Computing*. UK: COLLINS.

Scavo, Carmine & Yuhang Shi, 2000, "The Role of Information Technology in the Reinventing Government Paradigm-Normative Predicates and Practical Challenges", *Social Science Computer Review*, Vol. 18, No.

2(Summer 2000), pp.166-178.

Strauss, Anselm L. & Juliet M. Corbin, 1998, *Basics of Qualitative Research: Techniques and Procedures for Developing Grounded Theory.* 2nd. London: SAGE.

Taylor, Frederick Winslow, 1911, *The principles of scientific management.* New York: Harper.

政府採購電子化之效率評估
——以高雄市政府為例

朱斌妤
中山大學公共事務管理研究所教授

李鳳梧
中山大學公共事務管理研究所博士候選人

林岳嶙
中山大學公共事務管理研究所碩士

游珊華
中山大學公共事務管理研究所碩士

一、電子化政府與電子採購的發展

(一)電子化政府的發展趨勢

　　根據一九九三年美國前總統柯林頓政府「經由資訊科技再造政府」（Reengineering Through Information Technology）報告提出的概念，電子化政府是利用資訊科技的力量革新政府，提升行政效率並建立安全便利的網路使用環境，以創造高效能的政府；並於同年九月公布行動綱領，運用資訊科技全面展開行政革新計畫改造政府，建立「電子化/網路化政府」（Electronic / Network Government, EG）。改變政府與企業及民眾之互動關係，在行政流程再造（Anderson, 1999）、政府制度（Fountain, 2001）、績效管理等各方面皆產生的顯著影響。電子化政府已普遍成為各國改革創新的重要政策之一（Chu et al., 2004; Gronlund, 2002; Nunn, 2001; Simon, 2000）。

　　狹義的電子化政府定義是指「政府透過資訊科技的運用提供和傳遞公共服務」（Muir & Oppenheim, 2002）。然而，電子化政府也可以更廣泛的定義為以各種不同的資訊科技方式，簡化和改善政府與不同的角色，例如：民眾、私人企業和其他的政府機關交易活動上（Sprecher, 2000）。其實「虛擬國家」和「虛擬政府」是和電子化政府有相同的概念，即是指藉由公、私網際網路的結構和功能所組成的虛擬機關、跨機關的一個政府實體（Fountain, 2001）。

　　電子化政府主要包括四個面向：(1)在政府的機關中，建立一個安全的政府內部資訊系統和中央資料庫更有效率地促進內部的互動和合作。(2)基本網路服務的傳遞。(3)運用電子商務更有效率的促進政府作業的活動力。(4)以數位化的精神使政府更能透明化和量化（Government and the

Internet Survey, 2000）。而其構想即是效法私部門導入電子商務之理念，運用在公部門管理的觀念和實踐，如全面品質管理、流程再造、參與式管理等。電子商務主要是由三個部分所組成：企業對企業（B2B）、企業對民眾（B2C）、民眾對民眾（C2C）和民眾對企業（C2B）。同樣地，電子化政府根據其功能和效用亦分為：政府對民眾（G2C）、政府對企業（G2B）、政府對政府（G2G）。例如政府的線上服務和民眾申訴的電子化服務是屬於政府對民眾（G2C）的範疇；政府採購電子化系統，是企業從事政府承包機會的一個基本的網際網路服務，是屬於政府對企業（G2B）的範疇。此外，政府機關使用電子化公文系統，交換龐大的資料、資訊和知識，則屬於政府對政府的機制（G2G）。

(二)政府採購電子化的重要性

「採購」意指一個組織從其他國內或國際組織間購買財貨和勞務的行為。政府部門可說是全國最大的採購者，以美國為例，其聯邦政府每年僅勞務與財物部分，採購金額就將近兩千億美金，約占總預算的15%，若包含地方政府機關採購金額則達四千五百億美金，占其國民生產毛額的10%（彭烜廣，2002）。我國政府每年採購金額預估約有兩百多億美元，每年採購總件數平均約有二十萬件，而全國政府機關數又超過八千個，參與政府採購廠商家數不下一百萬家（公共工程委員會，2002a），就政府採購市場規模而言，是極為龐大的。因此採購制度的改革是政府改造極重要的一環，而衡量政府採購的績效更是政府採購管理中重要的課題。

根據我國政府電子化採購系統估算，每年可使政府節省廣告費用達三十億元和招標文件製作成本達四億元，且替廠商節省往返奔波成本達八億元（公共工程委員會，2002）。同樣地美國佛羅里達州政府在除去採購紙本作業和支票付款後，預期每年可替過去紙本作業，採購金額為八十到一百五十美元的採購案省80%，並可避免過晚支付（Federal

Computer Week, http://www.fcw.com/supplements/SL50/2000/Florida.asp）。

　　本研究目的在探討政府採購電子化政策的執行與落實的成效，嘗試
建立衡量效率指標，檢視政府採購作業導入電子化資訊科技後，在採購
作業時間、成本及人力等各方面的實質改變與影響，並以高雄市政府為
研究對象，評估其推動至今的績效，作為國內各機關與企業在推行電子
採購作業的參考，期望建構一個公開、透明化、公平競爭、有效率的政
府採購作業環境。本研究欲達成之目的如下：

1. 瞭解政府採購現況，比較政府採購作業電子化前後流程的差異。
2. 以高雄市政府公告標案作為次級資料分析，評估政府採購電子化之
　　實施成效。
3. 由於國內政府採購電子化仍在實施初期階段，評估結果與建議供作
　　日後政策改進的參考。

二、文獻回顧

（一）政府採購的問題

　　行政院公共工程委員會（以下簡稱為工程會）為負責我國政府採購
最高主管機關，估算政府每年花超過一百二十億美元於公共工程建設
上，但是僅有2%公共建設承標案是超過一百七十萬美元。根據計算其中
60%的公共工程建設投資案常容易變成勾結弊案的目標。這不但有損政
府的形象，而且還造成每年36億美元稅金的浪費（Liao et al., 2002）。

　　不管是高度已開發國家或是開發中國家，在公部門除了貪污和行賄
的問題以外（Transparency International, 2002a, 2002b），採購程序執行的
無效率（Chu et al., 2004）也是一直為人所詬病的問題。以往政府採購業
務上，作業流程所發生的缺失與問題諸如：(1)因政府採購面向與金額預

算多，加上利害關係人複雜且招標資訊管道眾多，使得招標資訊的公開化、透明化不足；(2)由於商品種類繁多，規格樣式多樣化，致使招標規格及底價研擬困難；(3)廠商徵信困難；(4)領投標不便；(5)經常性小額採購程序繁複；(6)多餘不用堪用財物報廢浪費（王惠英，2002；李靜宜，2002；法務部，2002；彭烜廣，2002；楊錫安，2001；楊顯欽，2001；張鍾琪，1999；蕭乃沂，2003；Chu et al., 2004；Liao et al., 2002；Transparency International, 2002a, 2002b）。是以爲了解決我國政府採購既存的弊病，使政府採購變得更公開透明化且有效率，並配合提升國家競爭力，行政院工程會遂開始參酌國外已採行電子採購之成功案例，如美國、加拿大、澳洲等國（資策會，1999），積極發展國內政府電子採購系統。

（二）電子採購的效益

政府採購在許多國家都是被強調要能達到：合理化、透明化、公開和公平化競爭等。同樣地台灣的政府採購法所強調的概念是透明化、公平、公正、效率、合理化（公共工程委員會，2002a）。Liao et al.（2002）也提出電子採購系統有下列優點：

1.建立一個公開、公平、透明化，且有效率的政府採購環境；
2.使採購程序更公開、透明，也因此減少圍標貪污的可能；
3.簡化採購程序，減少紙本作業，提升採購效率；
4.有助於企業與增進廠商參與政府採購的機會；
5.減少廠商的交易成本；
6.提升資訊科技的應用。

因此政府電子採購的目標就是要對潛在的投標廠商確保採購整體流程與作業環境的責任、公正、透明化、公開、公平且有效率，減少紙本作業、廠商領投標奔波往返和員工繁複的作業，達到預算最佳化運用，

及支持綠色協定等。我國政府電子化採購系統估算出每年可幫助政府節省廣告費用達三十億元和招標文件製作成本達4億元，且廠商可以節省往返奔波成本達八億元（公共工程委員會，2002b）。美國佛羅里達州政府在除去採購紙本作業和支票付款後，預期每年較過去紙本作業，採購金額爲八十到一百五十美元的採購案節省80%，並可避免延遲支付，至少節省七十五萬美元（ Federal Computer Week, http://www.fcw.com/supplements/SL50/2000/Florida.asp）。

綜合國內外相關文獻（公共工程委員會，2002；王惠英，2002；李靜宜，2002；徐士傑，2002；張鍾琪，1999；彭烜廣，2002；楊錫安，2001；楊顯欽，2001；蕭乃沂，2003；Chu et al., 2004；Liao et al., 2002），本研究將政府電子化採購對於機關和廠商主要效益整理如下：

1.促進經濟發展：
   (1)更容易與政府做生意。
   (2)減少與政府做生意的成本。
2.採購流程的改善：
   (1)增進透明化與資訊公開化。
   (2)增進服務的傳遞更能符合客戶需求。
   (3)降低交易成本。
   (4)降低產品成本--增加生產力。
   (5)提升共同採購能力。
   (6)改善資料的蒐集。
   (7)減少流程循環時間。
   (8)減少人工重複作業及錯誤。
3.提升採購績效：
   (1)改善政府和廠商的溝通管道。
   (2)提升政府採購管理能力。

(3)增進規劃管理。

(4)加速政府行政效率。

(5)節省政府採購人力。

(三)評估電子化採購之績效指標

政府採購效率的追求是與國家整體公共工程建設推動、預算執行率、政策目標達成等息息相關。而政府採購業務的電子化，一方面即爲促進政府採購更公開化透明化、公平競爭，另一方面也爲提昇整體採購業務的效率。以政府採購業務而言，對電子採購系統的評估在於檢視它們是否可同時提昇政府採購業務效率（efficiency）、效能（effectiveness）、公平（equity），與公開透明（transparency）。其中關於採購效率提昇，大部分有關電子採購的評估文獻，都以企業電子採購與供應鏈管理（supply chain management）的觀點，探討電子採購是否可降低整體採購的直接與間接成本，其中成本效益的衡量包括直接採購成本、採購交易成本、與上下游廠商的後續合作關係。衡量方式包括採購時程（如請購到驗收付款時間）、辦理採購成本（如文件製作、油墨紙張印刷、及廣告經費）、與採購人力；以採購效能而言，則從直接產出的各電子採購系統的使用頻率（如採購公告機關數件數及電子領標次數）、以及衡量電子領投標系統使用者之使用態度、主觀價值、及整體滿意度（Chu et al., 2004；陳俊偉，2000）。

美國採購主管協會（Procurement Executives' Association, PEA）所屬績效衡量作業小組（Performance Measurement Action Team, PMAT）根據平衡計分卡方法，建構美國聯邦政府採購制度平衡計分卡，作爲採購績效評估與績效管理架構，就財務面、內部作業流程面、顧客面、學習與成長面（彭烜廣，2002），所列衡量績效指標如**表一**所示。

表一　美國聯邦政府採購制度平衡計分卡衡量指標

構　面	指　標
財務面	成本與部門預算的比率 使用採購卡避免成本的花費 立即付款的利益
內部作業流程面	使用電子商務的比率 所有採購使用競爭性方式的比率 採購被申訴獲准的比率
顧客面	顧客對即時性之滿意度 顧客對品質之滿意度 服務與合夥關係之滿意度
學習與成長面	管理資訊的可靠度 符合教育訓練與富經驗資格的員工 員工對工作環境的滿意程度 員工對工作的專業技術、文化、價值及授權滿意程度

資料來源：整理自彭烜廣（2002）

　　本研究整理相關文獻，本研究將建構電子化政府採購的相關績效指標，並將重心放在績效中的效率面，並將效率衡量的指標整理如**表二**。

表二　效率衡量指標

構面	文　獻	指　標
成本	Bakos & Weber(1996)、Davenport(1993)、Davenport & Short(1990)、Grover et al. (1994)、Harrington(1992)、Hammer(1990)、Hammer & Champy(1993)、Hronce (1998)、Johansson et al.(1993)、Kettinger et al. (1997)、Tan et al.(1998)、蕭乃沂（2001）	·設備成本（軟硬體建置費用） ·紙張、油墨及相關耗財成本 ·通訊成本（登報廣告、郵寄費用） ·人員往返成本 ·交易成本（政府採購預算支出）
時間	Davenport(1993)、Davenport & Short(1990)、Gunasekaran & Nath(1997)、Hammer(1990)、Hammer & Champy(1993)、Harrington (1992)、Hronce(1998)、Johansson et al. (1993)、Tan et al.(1998)、蕭乃沂（2001）	縮短採購流程： ·招標前置作業時間 ·招標公告時間 ·領／投標作業時間 ·開標／決標作業時間
人力	Harrington(1992)、Thomas(1994)、蕭乃沂（2001）、徐士傑（2002）	·機關採購承辦人員 ·監辦查核人員

除了工程會公布的電子採購系統各項現有統計資料，以及各國採購主管機關公布的現有統計資料，評估政府電子採購成效的國內外學術論文並不多見。本研究將建構評估政府採購電子化的相關績效衡量指標，並側重於績效中的效率層面，選擇以採購作業流程中所需的「時間、成本及人力」三大構面來衡量政府電子採購效率，以作為本研究衡量政府電子採購的實證探討架構。

三、我國政府採購電子化內容

我國於一九九四年八月正式成立國家資訊通信基礎建設小組，自一九九八年起著手推動「電子化/網路化政府中程推動計畫」（紀國鐘，2001）。為使政府採購更公開透明化且有效率，並配合提升國家競爭力，政府採購電子化為其中一項重要的發展方向。**表三**為整理政府導入電子採購系統前後對採購作業流程的影響與變化。**圖一**為本研究經訪問整理資深採購人員所得之政府電子採購實施前後作業流程之比較圖，在於表達政府導入電子採購系統前後，對政府採購作業流程的影響與變化，以及每個採購作業流程所包含的工作事項及政府電子採購系統。

表三 電子採購系統導入前後之比較

電子採購系統導入前	電子採購系統導入後	系統
招標資訊管道眾多	政府採購資訊公告電子化	政府採購資訊公告系統
招標規格研擬困難	廠商商品型錄電子化	電子型錄系統
研擬底價困難	詢報價電子化	電子詢報價系統
廠商徵信困難	建立拒絕往來廠商名單資料庫	政府採購資訊公告系統
多餘不用堪用財物報廢	建立多餘不用堪用財物流通網路	
經常性小額採購程序繁複	共同供應契約公告電子化政府採購信用卡	共同供應契約公告系統
領標不便	領標電子化	政府採購電子領投標系統
投標不便	投標電子化	

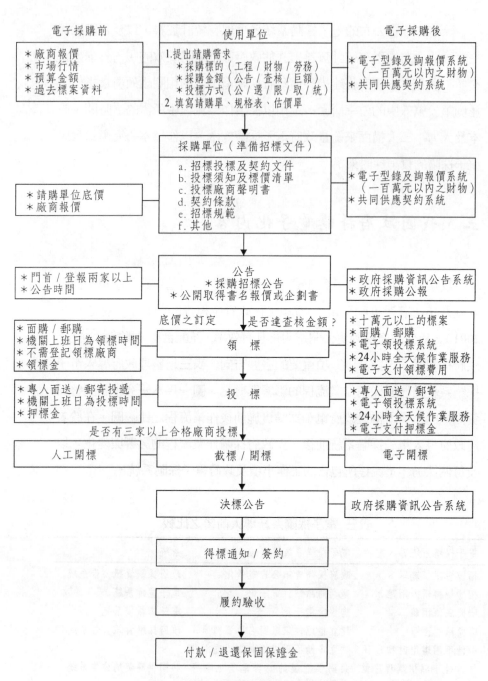

電子採購前　　　　　使用單位　　　　　電子採購後

* 廠商報價　　　　　1.提出請購需求　　　　* 電子型錄及詢報價系統
* 市場行情　　　　　　* 採購標的(工程/財物/勞務)　　(一百萬元以內之財物)
* 預算金額　　　　　　* 採購金額(公告/查核/巨額)　　* 共同供應契約系統
* 過去標案資料　　　　* 投標方式(公/選/限/取/統)
　　　　　　　　　　2.填寫請購單、規格表、估價單

採購單位(準備招標文件)

a. 招標投標及契約文件
* 請購單位底價　　　b. 投標須知及標價清單　　　* 電子型錄及詢報價系統
* 廠商報價　　　　　c. 投標廠商聲明書　　　　　(一百萬元以內之財物)
　　　　　　　　　　d. 契約條款　　　　　　　　* 共同供應契約系統
　　　　　　　　　　e. 招標規範
　　　　　　　　　　f. 其他

　　　　　　　　　　公告
* 門首/登報兩家以上　* 採購招標公告　　　　　　* 政府採購資訊公告系統
* 公告時間　　　　　* 公開取得書名報價或企劃書　* 政府採購公報

底價之訂定　　是否達查核金額?　* 十萬元以上的標案
* 面購/郵購　　　　　　　　　　　　* 面購/郵購
* 機關上班日為領標時間　領　標　　* 電子領投標系統
* 不需登記領標廠商　　　　　　　　* 24小時全天候作業服務
* 領標金　　　　　　　　　　　　　* 電子支付領標費用

* 專人面送/郵寄投遞　　　　　　　　* 專人面送/郵寄
* 機關上班日為投標時間　投　標　　* 電子領投標系統
* 押標金　　　　　　　　　　　　　* 24小時全天候作業服務
　　　　　　　　　　　　　　　　　* 電子支付押標金

　　　　是否有三家以上合格廠商投標

人工開標　　　　　截標/開標　　　　　電子開標

決標公告　　　　　政府採購資訊公告系統

得標通知/簽約

履約驗收

付款/退還保固保證金

圖一　電子採購系統導入前後採購流程比較圖

藉由電子採購系統的建置，政府採購資訊公告電子化網路化，民眾可二十四小時隨時隨地上網去瀏覽，廠商商品型錄電子化，網路線上報價機制，廠商領標及投標電子化網路化，以及共同供應契約公告系統的建置等，將可改善舊有政府採購制度所造成的弊病，如招標資訊的封閉不對稱，將招標文件公告刊登在地方性小報紙之方式，造成機關取巧，使公告方式不夠公開；廠商領投標不便，也可藉由網路領取招標文件與辦理投標作業，除了可節省廠商購買標單往返時間及成本，亦可防止圍標或綁標等不法行為之發生。

　　國內最高的採購主管機關為行政院公共工程委員會，負責規劃並委外建置推動「政府採購資訊公告系統」（http://web.pcc.gov.tw）、「電子領投標系統」（http://www.geps.gov.tw）、「電子型錄及詢報價系統」（http://gecs.pcc.gov.tw）、及「共同供應契約系統」（http://sucon.pcc.gov.tw）等四個資訊系統（如圖二），並試辦「政府採購卡」作為後續「電子下

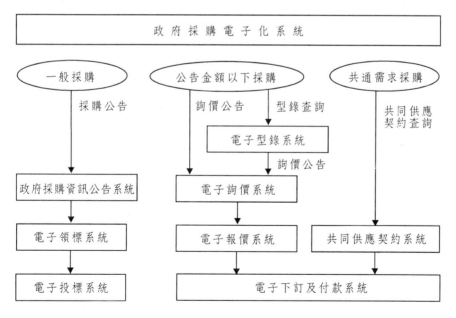

圖二　政府採購業務電子化的各子系統

資料來源：公共工程委員會，2002b

訂與付款系統」的基礎。此外，工程會也依據政府採購法第十一條設立「政府採購資訊中心」（http://gpic.pcc.gov.tw）作為上述各系統與現存其他採購作業相關資訊系統（如營建物價網路查詢系統）的窗口，以統一蒐集共通性商情及同等品分類之資訊，建立工程材料、設備之價格資料庫，提供各機關採購預算編列及底價訂定的參考（公共工程委員會，2002b）。本研究將政府電子採購系統的發展內容整理如**表四**。

表四　二〇〇二年止政府電子採購系統內容

	政府採購公告系統	政府採購領投標系統	電子型錄及詢報價系統	共同供應契約系統
啟用時間	一九九九年五月二十七日全面使用	二〇〇〇年四月一日起適用，已陸續辦理系統使用訓練	全面實施	全面實施
適用範圍	全部	十萬元以上之採購案	一百萬元以下「財物類」採購案	全部
節省金額	每年節省廣告費用三十億元以上	推動至今已為政府節省經費超過一億元 預估未來全面推動每年可節省： 1.機關文件製作成本約四億元。 2.廠商往返奔波領標成本約八億餘元。		一九九九至二〇〇〇年較預算節省約二十四億元 二〇〇一年較預算節省三十億元
使用現況	1396 萬餘筆	機關上傳標案數 81,647 件；廠商領標數 191,622 件	計已刊登 11,157 件商品電子型錄提供查詢 機關查詢案件公告 13,317 件；廠商電子報價單 6,880 件	使用系統訂購數 1,502 筆
負責公司	（原）SeedNet （二〇〇一年十二月）中華電信公司數據分公司	中華電信公司數據分公司	SeedNet	SeedNet

四、高雄市政府標案分析

　　根據行政院公共工程委員會於二〇〇三年一月舉辦的「中央與地方政府採購電子領標暨電子投標系統推動計畫」檢討會議資料顯示，高雄市政府於二〇〇二年實施電子採購的領標達成率為21.8%，較二〇〇一年4.86%大幅進步，且成效優於台北市政府的21.46%。本研究以高雄市政府為分析對象，對高雄市政府暨所屬機關單位二〇〇二年電子採購之標案進行分析，以瞭解高雄市政府各機關單位執行電子採購招標的發展。

(一)高雄市政府各機關單位執行現況

本研究透過工程會取得二〇〇二年整年高雄市政府暨所屬各機關單位辦理電子採購領投標標案數統計資料（見**表五**），顯示高雄市政府二〇〇二年全部公告標案數有5,266筆，領投標標案數有1,078筆，領標達成率[1]為21.8%，可電子投標率[2]為1.1%。

　　高雄市政府所屬內部機關中，就公告標案數來看：以工務局563筆占

表五　機關歸類招標次數分配表

次數分配表	次數 百分比（％）	預算金額（元）
環保衛生單位	468	42.9	約 2,097,869,362
工程建設單位	183	16.8	約 717,554,876
勞工社會單位	45	4.1	約 3,260,404
公共事務單位	145	13.3	約 110,243,086
文教公所單位	251	23.0	約 101,637,574
總和	1092	100.0	約 3,030,565,302

---

[1] 達成率說明：分母是機關上傳至「政府採購資訊公告系統」之標案數、分子是機關上傳至「政府採購領投標系統」之標案數。

[2] 可電子投標率說明：分母是機關上傳至「政府採購領投標系統」之標案數、分子為機關上傳至「政府採購領投標系統」之標案中，可使用電子投標之標案數。

全年的10.7%最多，衛生局481筆占全年9.13%次之；另以領投標標案數而言：衛生局277筆占全年的25.7%居首，環保局180筆占全年的16.7%次之。主要原因在於這些單位屬於一級單位，下設有二級單位如工務局的二級單位為養護工程處、新建工程處、下水道工程處及違建隊等；而衛生局下有市立醫院，如凱旋醫院、婦幼綜合醫院及民生醫院等；因其單位業務屬性需添購醫療器材及道路養護修繕工程招標等所致。

(二)敘述統計分析

高雄市政府暨所屬機關單位二〇〇二年之公告採購標案的統計資料計5,266筆。為進一步深入瞭解當中採行電子領標作業之招標案件的詳細資料內容，本研究利用政府採購資訊公告系統上網查詢所得資料，經與工程會所取得1,078筆資料比對整理後，發現當中採行電子領標之採購標案共計有1,092筆。經詳細判讀分析資料後，原因在於有些資料並未全部計入，如複數決標案件與招標兩次或以上者之標案，是以較原本的案件數為多。

根據資料的判讀分析後，試圖進一步瞭解高雄市政府各單位在實施電子採購招標作業後，就其所採用的招標方式、何種採購標的居多及其他相關屬性，是否因電子採購系統而帶來不同的變化，並嘗試與效率評估指標作一連結，分析電子採購所帶來的效益。以下將市府1,092筆電子採購依「機關歸類」、「標的分類」、「招標方式」、「金額級距」、「等標期」、「決標方式」及「招標次數」作各層面的細部統計分析：

■招標機關之基本資料統計

二〇〇二年高雄市政府暨所屬機關單位中，採行電子採購之機關以環保衛生單位所占的比例（42.9%）最多，文教公所單位（23.0%）則次之，工程建設單位（16.8%）再次之。主要原因可能在於這些單位屬於一級主管單位，其下級單位如衛生局下有市立醫院，如凱旋醫院、婦幼綜合醫院及民生醫院等，因其業務屬性需添購較多醫療器材及相關用品等

財物類採購；另文教公所單位則是因爲有高雄市的兩個行政區公所（三民區公所和前鎮區公所），與其他六個學校單位的採購招標案件一起加總起來，所以其招標次數也比較多。至於勞工社會單位則因其本身業務屬性採購招標案件多以財物及勞務類採購居多，並未達公告金額，是以其招標次數相對較其他四類少。

整體而言，就可節省金額的面向來看：以預算金額扣除決標金額的方式來估算高雄市政府二〇〇二年1,092筆電子採購標案，經比對結果查得有619筆有決標資料，扣除其中無法決標資料者28筆及複數決標67筆後，估算至少可節省新台幣八億元（863,260,299元）的政府支出，依目前上網公告資料來看，未來如全面電子採購領投標作業，成效將更可觀。

■標的分類

依照政府採購法規定，採購招標標的主要分爲「工程、財物及勞務」三大類。據此將二〇〇二年整年高雄市政府暨所屬機關單位中，採行電子採購標案之採購標的做一歸類分析，以財物類340次（44.9%）爲最多，勞務類196次（32.0%）次之，工程類175次（23.1%）再次之。原因在於工程類採購案預算金額偏高，但招標案件少的特殊性質所致。就三類的總預算金額來看，顯示工程類1,530,959,754元爲最多，財物類次之（1,158,429,547），而勞務類（610,608,872）相對地少很多。

■招標方式

根據政府採購法規定，採購之招標方式主要分爲「公開招標、選擇性招標及限制性招標」；又未達公告金額採購之招標，依中央機關未達公告金額採購招標辦法規定，得採「限制性招標或公開取得」。高雄市政府暨所屬機關單位中，採行電子採購標案之1,092筆採購標案，其中因381筆資料內容缺漏無法取得相關資訊是以有效資料減少爲757筆。其中以採行公開招標方式 434件（57.3%）辦理採購最多，公開取得227件（30.0%）次之，選擇性招標46（6.1%）最少，詳細資料見**表六**。由於公開招標方式爲一般政府採購最常使用，也最容易依循的招標作業方式，

表六　招標方式次數分配表

	公開招標	公開取得	限制性招標	選擇性招標	總和
次數	434	227	50	46	757
百分比(％)	57.3	30.0	6.6	6.1	100.0

因此有達五成以上之招標案件採行公開招標方式；其餘招標方式採購人員會依照業務單位之請購需求性質與指示，再配合政府採購法及相關子法之規定條件來選擇採購招標方式。

■金額級距

根據政府採購法及相關子法規定，採購金額級距分為「未達公告金額、公告金額[3]以上未達查核金額[4]、查核金額以上未達巨額[5]及巨額（以上）」。由資料分析可知招標機關採行電子採購標案之採購金額以公告金額以上未達查核金額（52.6%）為最多，未達公告金額（43.7%）次之。此可能因各機關單位之每年固定經常性的採購案為多且，且由**表七**標的分類次數分析可知多半為公告金額以上未達查核金額之財物類採購案。此外亦有可能是機關會將採購案化整為零壓低採購金額，如此有助行政作業的效率。

■等標期

根據政府採購法及招標期限標準規定，「機關辦理公開招標，其公告自刊登政府採購公報日起至截止投標日止之等標期，應視案件性質與廠商準備及遞送投標文件所需時間合理訂定之」不得少於下列期限：

---

[3] 政府採購法第十三條第三項所稱「公告金額」指工程、財物或勞務採購金額達新台幣一百萬元以上者。未達公告金額之財物及勞務採購，指採購金額新台幣一百萬元以下、十萬元以上。

[4] 政府採購法第十二條第三項所稱「查核金額」指採購金額在下列金額以上者：1.工程採購：新台幣五千萬元。2.財物採購：新台幣五千萬元。3.勞務採購：新台幣一千萬元。

[5] 依據「投標廠商資格與特殊或巨額採購認定標準」第八條規定：「採購金額在下列金額以上者，為巨額採購：一、巨額工程採購，為新台幣兩億元。二、巨額財物採購，為新台幣一億元。三、巨額勞務採購，為新台幣兩千萬元。」

表七　金額級距次數分配表

	未達公告金額	公告金額以上未達查核金額	查核金額以上未達巨額	巨額	總和
次數	311	374	17	9	711
有效百分比(%)	43.7	52.6	2.4	1.3	100.0

1.未達公告金額之採購：七日。

2.公告金額以上未達查核金額之採購：十四日。

3.查核金額以上未達巨額之採購：二十一日。

4.巨額之採購：二十八日。

資料顯示二〇〇二年整年高雄市政府暨所屬機關單位中，採行電子採購標案之等標期以七至十三天（42.6%）將近五成為最多，十四至二十天（32.5%）次之。主要是因為與招標方式及案件性質有關。由**表八**招標方式次數分析可得知有達五成以上之招標案件採行公開招標方式辦理，依照業務單位之請購需求性質與廠商準備及遞送投標文件所需時間之指示至少要七天以上，再配合政府採購法及相關子法之規定條件來合理訂定等標期限。而少於七天（19.0%）之採購案件主要是因為屬於第二次招標及以上之標案，可酌減等標期限。

■決標方式

據政府採購法及最有利標評選辦法規定，招標機關辦理採購之決標時，可參照的原則為「先依照業務單位的請購案件性質決定訂定底價與

表八　等標期次數分配表

	少於7天	7至13天	14至20天	21至27天	28天以上
次數	208	465	355	49	15
百分比（%）	19.0	42.6	32.5	4.5	1.4

表九　決標方式次數分配表

		次數	百分比（%）
非複數決標	訂有底價最低標得標	320	81.0
	訂有底價最有利標得標	2	0.5
	訂有底價最高標得標	40	10.1
	未訂底價最有利標得標	12	3.0
複數決標	訂有底價最低標得標	18	4.6
	未訂底價最有利標得標	3	0.8
總和		395	100.0

否、是否為複數決標，再行決定最低標、最有利標或最高標得標」。本
研究據此原則與原標案所定之決標方式，歸納整理如**表九**所示，當中因
為有677筆資料內容缺漏該項資訊，無法取得相關資料是以有效資料減少
為395筆。分析結果顯示，採行電子採購標案之決標方式，明顯地以非複
數決標訂有底價最低標得標320筆為最多，占有效百分比81%。主要是因
政府採購案件仍多以底價內之最低標為得標為決標原則（李靜宜，
2002），不過依據政府採購法之規定已有不同彈性決標方式之條件規定，
是以其他決標方式相對而言較為少數。

■招標次數

　　此部分有222筆資料內容缺漏該項資訊，無法取得相關資料是以有效
資料減少為870筆。將資料歸納整理如**表十**，資料顯示僅招標一次即完成
採購者有83.9%，高達八成四的比例；而第一次招標流標或廢標再進行第
二次招標者有12.1%則次之，其餘招標三次及以上者約只占4%，可說是

表十　招標次數次數分配表

	招標一次者	招標二次	招標三次	招標四次	招標五次及以上者	總和
次數	730	105	26	8	1	870
有效百分比（%）	83.9	12.1	3.0	0.9	0.1	100

少數的情形。相對地可以看出政府採購招標的執行情形至少有八成可達到一次就完成招標作業，如此可降低社會成本的浪費以及提升預算的執行率和促進政策與建設的推動。

（三）交叉分析

為進一步探討這些採購標案的屬性是否彼此有相關性存在，本研究藉由統計分析軟體SPSS11.0作交叉分析卡方檢定來瞭解標案屬性中名義變數的相關性，依序就(1)「招標機關歸類」與「招標方式」；(2)「招標機關歸類」與「標的分類」；(3)「招標方式」與「標的分類」，分別作交叉分析探究其相關性。

■招標機關與招標方式之交叉分析

由**表十一**可知，整體而言高雄市政府機關單位之招標方式，採公開招標、公開取得、限制性招標的比例分別是61.0%、31.9%、7.0%。就五大機關類別而言，環保衛生單位（63.6%）、工程建設單位（72.8%）及文教公所單位（77.8%）以公開招標為主要採購招標方式；勞工社會單位（71.4%）及公共事務單位（61.8%）則以公開取得為主要採購招標方式；限制性招標方式則為少數。主要原因可能在於招標機關的標案屬性影響所致，環保衛生單位、工程建設單位及文教公所單位以財物類與工程類招標採購為多數，而勞工社會單位與公共事務單位則以勞務類及財物類採購為多數，是以其招標方式會因標案屬性而有所不同。進一步進行Pearson卡方分析，發現其p值小於0.01達顯著差異，表示招標機關與招標方式是有相關性存在。

■招標機關與標的分類之交叉分析

由**表十二**可知，整體而言高雄市政府機關單位之採購標的工程、財物、勞務的比例分別是24.6%、47.8%及27.6%，可知仍以財物類為主要採購標的。就五大機關類別而言，環保衛生單位以財物類（67.0%）居多，因其多數標案是醫療器材與機具設備等財物類的採購，而勞務類（25.6%）

表十一　招標機關和招標方式之交叉分析表

機關歸類		招標方式			總和
		公開招標	公開取得	限制性招標	
環保衛生單位	個數	241	102	36	379
	機關歸類內的%	63.6%	26.9%	9.5%	100.0%
	招標方式內的%	55.5%	44.9%	72.0%	53.3%
工程建設單位	個數	99	30	7	136
	機關歸類內的%	72.8%	22.1%	5.1%	100.0%
	招標方式內的%	22.8%	13.2%	14.0%	19.1%
勞工社會單位	個數	9	25	1	35
	機關歸類內的%	25.7%	71.4%	2.9%	100.0%
	招標方式內的%	2.1%	11.0%	2.0%	4.9%
公共事務單位	個數	29	55	5	89
	機關歸類內的%	32.6%	61.8%	5.6%	100.0%
	招標方式內的%	6.7%	24.2%	10.0%	12.5%
文教公所單位	個數	56	15	1	72
	機關歸類內的%	77.8%	20.8%	1.4%	100.0%
	招標方式內的%	12.9%	6.6%	2.0%	10.1%
總和	個數	434	227	50	711
	機關歸類內的%	61.0%	31.9%	7.0%	100.0%
	招標方式內的%	100.0%	100.0%	100.0%	100.0%

次之；工程建設單位則以工程類（71.3%）最多；勞工社會單位分別為財物類（51.4%）最多，勞務類（42.9%）次之；公共事務單位則以勞務類（50.6%）居多，因其有部分屬於委託或維護等標案，而財物類（47.2%）次之；文教公所單位以工程類（63.9%）為最，主因是多數為區公所之工程招標案所致。並進一步進行Pearson卡方分析，發現其p值小於0.01達顯著差異，表示招標機關與招標方式是有相關性存在。

■招標方式與標的分類之交叉分析

由前面兩個交叉分析所得結果，顯示招標機關歸類分別與招標方式及標的分類有相關性的存在。發現標案的屬性應該是有關連的，是以為瞭解招標方式與採購標的是否有相關？因此就招標方式與標的分類所得交叉分析如**表十三**，進一步由Pearson卡方顯示的p值小於0.01達顯著差

表十二　招標機關與標的分類之交叉分析表

機關歸類		標 的 分 類			總 和
		工程	財物	勞務	
環保衛生單位	個數	28	254	97	379
	機關歸類內的%	7.4%	67.0%	25.6%	100.0%
	招標方式內的%	16.0%	74.7%	49.5%	53.3%
工程建設單位	個數	97	15	24	136
	機關歸類內的%	71.3%	11.0%	17.6%	100.0%
	招標方式內的%	55.4%	4.4%	12.2%	19.1%
勞工社會單位	個數	2	18	15	35
	機關歸類內的%	5.7%	51.4%	42.9%	100.0%
	招標方式內的%	1.1%	5.3%	7.7%	4.9%
公共事務單位	個數	2	42	45	89
	機關歸類內的%	2.2%	47.2%	50.6%	100.0%
	招標方式內的%	1.1%	12.4%	23.0%	12.5%
文教公所單位	個數	46	11	15	72
	機關歸類內的%	63.9%	15.3%	20.8%	100.0%
	招標方式內的%	26.3%	3.2%	7.7%	10.1%
總 和	個數	175	340	196	711
	機關歸類內的%	24.6%	47.8%	27.6%	100.0%
	招標方式內的%	100.0%	100.0%	100.0%	100.0%

異，表示招標方式與標的分類是有相關性存在。整體而言高雄市政府機關單位之採購標的工程、財物、勞務的比例分別是24.6%、47.8%及27.6%，可知仍以財物類為主要採購標的。就標的分類而言，財物類採購之招標方式主要是以公開招標（45.4%）及公開取得（60.8%）居多；而勞務類則以限制性招標（88.0%）為主。分析結果發現可由此解釋先前所做的基本統計分析與交叉分析的結果，以財物類採購居多，而財物類採購案又多採行公開招標方式辦理採購。

表十三　招標方式與標的分類之交叉分析表

招標方式		標 的 分 類			總 和
		工程	財物	勞務	
公開招標	個數	160	197	77	434
	招標方式內的%	36.9%	45.4%	17.7%	100.0%
	標的分類內的%	91.4%	57.9%	39.3%	61.0%
公開取得	個數	14	138	75	227
	招標方式內的%	6.2%	60.8%	33.0%	100.0%
	標的分類內的%	8.0%	40.6%	38.3%	31.9%
限制性招標	個數	1	5	44	50
	招標方式內的%	2.0%	10.0%	88.0%	100.0%
	標的分類內的%	0.6%	1.5%	22.4%	7.0%
總和	個數	175	340	196	711
	招標方式內的%	24.6%	47.8%	27.6%	100.0%
	標的分類內的%	100.0%	100.0%	100.0%	100.0%

五、結論與建議

　　本研究旨在瞭解政府電子採購之現況，藉由文獻探討建構評估政府電子採購的效率指標，應用次級資料分析，進而瞭解高雄市政府採購電子化的現況，瞭解其在時間、成本及人力三個面向所達成的實際效益，以期待能提供我國政府機關推動電子採購績效衡量的參考，並作為後續研究的基礎。研究結果如下：

(一)時間

　　1.等標期：據招標方式暨等標期規定，採用電子領投標之招標案件，其等標期可酌減二至三天，可加速採購作業流程。由次級資料分析的結果顯示高雄市政府二○○二年採行電子領標的標案中，將近五成等標期為七至十三天（42.6%）為最多比例，尚未顯示出有酌減

等標期的情形，可能原因在於招標方式及案件性質有關。

2.招標公告時間：各機關承辦採購人員經向上簽核等行政程序完成後，僅需上網作公告，省去門首公告且不需另找報社登報公告，省時便捷，又可避免人情壓力。

3.回應修正處理的狀況：電子化之後較為快速，因公告系統有錯誤時，直接在網路上修改即可，而且剪貼的工作很容易，不過要考慮到等標期，像是電子化之前的作業程序就較為麻煩，因為以前規定要門首公告、刊登報紙等作業，若是有錯誤發生時，作業流程就必須重新來過，相當麻煩。所以在錯誤更正的部分電子化作業真的幫助不少。

4.整體採購作業時間：整體採購作業時間大致相同，在前置作業時間因可藉由網路詢訪價，不用撥打電話，不但可省錢也可省時。另外也節省人工重複作業的時間，以及錯誤更正的時間。

5.因高雄市政府目前電子化作業只進行到電子領標的階段，招標、決標與後續作業三階段，仍循既有的作業流程進行，所以目前時間方面並不因電子採購的推行而有明顯節省的改變。

6.為貫徹資訊公開透明化，政府採購法施行後有決標資料公告規定（包括無法決標者），目前是一個月內完成決標公告，視承辦案件之大小，有些案件決標當天就能上網公告，工程類的案件需要花費較長的時間處理。

（二）成本

1.節省金額：以預算金額扣除決標金額的方式來估算高雄市政府二〇〇二年1,092筆電子採購標案，至少可節省新台幣八億元的政府支出。

2.公告費用：每年由工程會統一出刊「政府採購公報」約二百五十期，

以每期發行五十六版計算，每年可節省政府機關不少的廣告費用。

3. 人工成本：降低人工成本詢訪價的工作，擺脫以往人工查詢的作業，運用網路系統中的型錄系統來要求廠商提供價格，以便需求單位方便上網查詢產品價格。

4. 聯絡成本：不少機關單位在詢訪價時仍是透過電話的方式來詢價，電話往返繁複溝通，成本減少有限。

(三)人力

關於投標、決標及後續作業：現行作業仍是以人工作業的方式進行開標及後續簽約等程序，必需有專業的人員陪同、各機關成立開標室才可進行開標的作業。在審核方面，亦需要由人工來進行，沒辦法由電腦來審核、訂約，因為未來有爭執的時候，必須要以契約內容為主，所以還是需要人工作業。在未來電子投開標方面：需要人力的支援，最好能夠統一由專業開標人員來協助開標的進行，或是訓練每個機關單位都有一個人會電子開標作業程序的人，專門來進行電子開標作業，原因是電子開標很麻煩，需要去下載標單，相當花時間，而且機關裏的承辦人員還有其他的業務需要進行處理，相當耗費時間及人力。

根據現況調查分析和政策施行過程整理結果，可知目前高雄市政府因正處於電子採購實施初期階段，許多採購作業程序處於新舊交替之時點，如領、投標作業是人工與電子領投標方式雙軌併行，而後續電子開標決標及簽約等程序，也尚未進行到電子化作業。但考量電子化的正面效益，電子化採購作業是未來的趨勢，且由次級資料分析發現就成本面與時間面而言，藉由政府電子採購系統網路化與電子化資訊科技的輔助，已有部分的成效，未來只要能克服技術與法令的問題，相信會為政府、廠商與社會大眾帶來更大的效益。

參考文獻

■中文部分

王惠英，2002，〈政府的 e 採購，一年省下 30 億廣告費〉，《數位時代雙週電子化政府專刊》，頁 95-97。

公共工程委員會，2002a，《政府採購人員品德操守問卷調查》。

公共工程委員會，2002b，《政府採購電子化計畫簡報》。

行政院公共工程委員會，http://web.pcc.gov.tw。

李靜宜，2002，《我國政府採購制度之評估》，臺灣大學政治學研究所碩士論文。

法務部，2002，《機關辦理工程採購案件可能發生之弊失型態與因應作法調查》。

徐士傑，2002，《建構國內醫院衡量電子化採購績效之指標》，中正大學資訊管理研究所。

紀國鐘，2001，〈電子化政府推動現況與未來發展〉，《研考雙月刊》25 卷 1 期，頁 15-20。

張鍾琪，1999，〈政府採購電子化計畫推動現況〉，《研考雙月刊》，23 卷 5 期，頁 45-48。

陳俊偉，2000，《電子領投標系統整合式行為意向模型之實證研究》，中山大學公共事務管理研究所碩士論文。

彭烜廣，2002，《政府小額採購制度績效衡量指標之研究——平衡計分卡技術之應用》，台灣大學土木工程學研究所碩士論文。

楊錫安，2001，〈「政府採購電子化」之發展〉，《研考雙月刊》，25 卷 1 期，頁 30-34。

楊顯欽，2001，《政府採購法實施後公共工程招標決標制度之研究——

以高雄市政府為例》，高雄第一科技大學營建工程系碩士論文。

蕭乃沂，2001，〈電子化政府便民應用服務的評估架構〉，《研考雙月刊》，25卷1期，頁75-81。

蕭乃沂，2003，〈政府採購電子化的成效評估：透明化觀點的指標建立〉，「倡廉反貪與行政透明」學術研討會，台北：台灣透明組織。

■外文部分

Anderson, Kim, 1999, Reengineering public sector organizations using information technology, In *Reinventing Government in the Information Age*, edited by Richard Heeks, 312-330, New York: Routledge.

Chu, P. Y., Hsiao, N. Y., Lee, F. W. & Chen, C. W., 2004, Exploring success factors for government electronic tendering system: Behavioral perspectives from end users, *Government Information Quarterly*, 21(2), 219-234.

Davenport, T. H. & Shot, J. E., 1990, The new industrial engineering: information technology and business process design, *Solan Management Review*, 31(4), 11-27.

Davenport, T. H., 1993, *Process Innovation: Reengineering Work Through Information Technology*, Harvard Business School Press, Cambridge, MA.

Fountain, Jane, 2001, *Building the Virtual State*: *Information Technology and Institutional Change*. Washington DC: Brookings Institution.

Gronlund, A. (Ed.)., 2002, *Electronic Government: Design, Application, and Management*. Hershey, Pennsylvania: Idea Group.

Hammer, Michael, 1990, Reengineering work: Don't automate, obliterate, *Harvard Business Review*, 7, 104-112.

Hammer, Michael & Champy, J., 1993, *Reengineering the Corporation: A Manifesto for Business Revolution*, New York, NY: Harper Business.

Harrington, James H., 1992, *Business Process Improvement: The Breakthrough Strategy for Total Quality Productivity and Competitiveness*, NY, Mcgrat-Hill Inc.

Hronce, S. M., 1998, *Vital Signs: Using Quality, Time, and cost Performance Measurements to Chart Your Company's Future.* Arthur Andersen Publisher.

Johansson, H. J., McHugh, P., Pendlebury, A. J. & Wheeler, W. A., 1993, *Business Process Reengineering Breakpoint Strategies for Market Dominance*, Wiley, Chichester.

Kettinger, W., Grover, V., Guha, S. & Teng, J. T. C., 1997, Business process change and organizational performance: Exploring an antecedent model, *Journal of Management Information System*, 14(1), 119-154.

Liao, T. S., Wang, M.T. & Tserng, H. P., 2002, A framework of electronic tendering for government procurement: A lesson learned in Taiwan, *Automation in Construction*, 11: 731-742.

Muir, A. & Oppenheim, C., 2002, National information policy developments worldwide I: electronic government; *Journal of Information Science,* 28 (3), 173-186.

Nunn, Samuel, 2001, Police information technology: Assessing the effects of computerization on urban police functions, *Public Administration Review*, 61(2), 221-34.

Simon, L.D., 2000, *NetPolicy.com: Policy Agenda for a Digital World.* Washington D.C.: Woodrow Wilson Center Press.

Sprecher, Milford, 2000, Racing to e-government: Using the internet for citizen service delivery. *Government Finance Review*, 16(5), 21-22.

Tan, K. V., Kannan, V. R., & Handfield, R. B., 1998, Supply chain management: Supplier performance and firm performance, *International*

Journal of Purchasing and Materials Management, .2-9.

Thomas, M., 1994, What you need to know about: Business process re-engineering, *Personal Management*, 26(1), 28-31.

Transparency International, 2002a, *Bribe Payers Index 2002*.

Transparency International, 2002b, *Corruption Perception Index 2002*.

第四篇

資訊科技與民主發展

資訊、媒體與民主成熟度、民主滿意度的評估

──民眾與社會精英的比較

陳陸輝

政治大學選舉研究中心副研究員

劉嘉薇

政治大學政治學研究所博士生

本論文宣讀於「第五屆政治與資訊科技研討會」，佛光人文社會學院，政治系主辦，宜蘭：佛光人文社會院國際會議廳，中國民國九十四年四月十四日至十五日。作者感謝國科會以及台灣民主基金會提供研究經費，政治大學選舉研究中心研究人員與研究助理對此計畫在研究問卷與資料蒐集的大力協助，當然，文中有任何疏漏，當由作者承擔。

一、前言

台灣自從解嚴、民主化以來，歷經了一連串民主化的歷程。一九八六年黨外人士突破「黨禁」成立民進黨，在國會選舉中獲得超過兩成五的選票並擁有一定席次。在憲政改革方面，一九九一年選出修憲國大代表，一九九二年立法院首次全面改選，更在一九九六年舉行第一次總統民選，廣受國際矚目。除此之外，大眾傳播媒介在「報禁」解除之後，其發展更如雨後春筍。不論是平面報紙的張數，或是全天候新聞台的家數都迅速增加，同時，政論性談話節目和扣應節目都在短時間快速崛起。正因為如此歷史背景，大眾傳播媒介對於民眾與社會菁英評估民主的成熟度，以及對於評估民主的滿意度格外值得注意。

由於大眾傳播媒體的開放與競爭，政治人物與政府的醜聞與弊案、政黨之間的角力與競爭，成為媒體爭相報導與深究的焦點。媒體不但提供民眾資訊，更對民眾政治態度有重要的影響。就台灣的政黨競爭而言，兩千年民進黨贏得總統大選，中央政權政黨輪替後至今日，執政黨與在野黨幾乎未在朝野角色異位後，發展出一套新的運作模式與政治文化，朝小野大的局面使得政策停滯不前，傷害了公共利益。去年總統大選結束，因為選舉前夕總統與副總統同時遭到槍擊以及是否啟動「國安機制」限制特定人員選舉參與權等爭議，隨即爆發了「選舉無效」與「當選無效」的訴訟，執政當局的當選正當性受到在野政黨質疑，也受到部分民眾的不信任。這些相關資訊與報導，民眾大多經由大眾媒體獲得，因此，民眾對於大眾傳播媒介的信任程度如何？藉由大眾傳播媒介的影響，一般民眾的與社會菁英對於民主成熟度的評估如何？對於民主的滿意度又是如何？這是本研究主要討論的問題。藉由本研究的分析，我們希望釐清當前台灣社會中，一般民眾與菁英對於大眾傳播媒介的信任程度如

何，並進一步分析大眾傳播媒介在台灣民主化進程的功能與角色。

二、文獻檢閱

　　Dahl（1989: 37-8）認為一個民主國家必須提供公民以下幾個機會，包括：有效參與（effective participation）、投票平等（voting equality）、明確瞭解（enlightened understanding）、控制議程（control of the agenda）以及涵蓋性（inclusion of adults）等。由於公共政策決策過程日益複雜化，民主社會的挑戰是如何創造公共議題討論空間，並讓民眾可以民主概念深化。大眾傳播媒介及其所傳遞的資訊，可以為代議制度中的民眾與社會菁英傳遞政治訊息，協助民眾判斷政治事務的資訊，讓民眾可以明確瞭解政治討論，進一步達成有效參與決策討論。因此，民主社會中的大眾傳播媒介不只提供界定問題以及使民眾知悉各項議題的功能，更進一步協助民主社會決策社會中各項公共政策問題。

　　而民眾與菁英對於當前民主的評估，不論是對於民主成熟度的評價，或是對於民主滿意度的評估，都可以置於民眾對政治信任程度的角度來檢視。多元、開放且資訊來源博得民眾信任的大眾傳播媒介以及民眾的表意自由，是民主社會重要的資產，更對於一個民主社會的成熟度以及民眾的滿意度至為重要。當民眾對於大眾傳播媒介這個機構相當信任，自然影響其對於我國民主的評價。以下，將就政治信任、媒體可信度以及民主滿意度等國內外相關研究文獻一一加以討論。

(一)政治信任、民主滿意度與民主成熟度

　　政治信任感是指民眾對於政府的信心（faith）[1]。當民眾對於政治權

---

[1] 本段有關政治信任感的定義以及各種不同的測量之討論，主要是參考 Citrin & Muste（1999.）。

威具有相當程度的信任時，民眾會相信，權威當局會遵守法律並且為人民謀福利。相對地，當人民對於權威當局不信任時，他們給予執政者的自由裁量權相對地縮小，且會處處限制執政者，以確保自身的利益不受執政者侵犯。在經驗研究中，有關政治信任感的測量方式，可以就信任的對象以及信任的內涵兩個方向加以區分。就政治信任對象的標的物而言，其範圍可以從政治的社群（political community）、政治典則（political regime）到現任政府官員（political authority），也可以就統治的層級分為中央或是地方政府，當然也可以就權力分立的角度，從行政部門、民意機關到司法機構或是上述機構的成員。至於信任的內涵，則可包括政策制定的能力、行政效能、值不值得民眾信任、操守以及是不是謀求一般民眾的福利等面向。本文關切的民主成熟度與民主滿意度正是對於民眾政治信任以及政治支持的整體評估，民眾對於政治的信任感體現在整體民主的表現上，即是對於民主成熟度的評估，以及對民主滿意程度的評估。國內的研究顯示：當民眾的政治信任感低落時，對於我國實施民主政治的評價或是展望上，也會抱持較為負面或悲觀的看法。因此，如果政府出現諸如「治國無方」或是其他貪瀆不法的情事，乃至一些重大弊案或醜聞，不但有損民眾的政治信任，更對於我國民主政治的優質發展，埋下負面且危險的因子。長久以往，對於我國民主政治的發展，必定是一個威力強大的不定時炸彈（陳陸輝，2003：27-28）。

有關政治信任感的測量範圍，美國的研究一般都以「政府」、「政府官員」為對象，詢問民眾是否認為「政府做的事都是正確的」、「政府官員會浪費老百姓繳納的稅金」以及「政府官員比較照顧自己的利益還是全體人民的利益」，從一九八三年到一九九七年，在美國的相關研究中，人民的政治信任感都是一路下滑。而台灣歷經了民主化國會全面改選、總統直選以及政黨輪替的過程，民眾的政治信任感並不穩定，且民眾所想到的信任對象，通常指的是現任官員或在位政治人物，無法以一個抽象的概念來思考執政黨或在野黨（盛治仁，2002；陳陸輝，2003、2006a）。

而與政治信任感息息相關的民主成熟度和民主滿意度評估，正可以以整體的角度，從民眾的觀點來檢視國內民主政治的發展。民主運作的評估來自於民眾心目中的民主價值，民眾對於民主政治的產出是否滿意，端視民眾對於民主政治的運作及其產出是否滿意，進而才能對民主政治的整體表現和成熟度作一評估。

　　進一步來說，民眾透過何種方式對民主政治成熟度與滿意度表達意見？民眾如何知悉並感受民主政治帶來的利與弊？大眾傳播媒介所傳遞的資訊提供了重要的價值。Ranney（1971: 19-50）提出大眾傳播媒介有形成公意和提供意見表達的功能，在科技高度發展的國家，大眾傳播媒介在形成大多數人的基本定向或意見上，都具有直接或間接的影響；Schramm（1969: 21）也有類似的看法，他認爲大眾傳播的目的是分享環境的共同知識、對新進人員施以政治社會化、娛樂社會分子、獲取政策共識。因此，本文將在接下來段落說明大眾傳播媒介與民眾民主成熟度、民主滿意度評估的關聯以及菁英與一般大眾在民主價值上的比較研究。

（二）大眾傳播媒介可信度

　　要解釋民眾對大眾傳播媒介信任的意義與來源，可以從「使用與滿足」理論出發，使用與滿足理論具有功能論的色彩，認爲人們尋求訊息是爲了滿足某種需求，也就是閱聽人對於媒介使用具有效益上的認知（滿足或不滿足），對於媒介使用的功能也有一套閱聽人自我的認定，因此，閱聽人的「滿足」與「不滿足」也提供了日後是否繼續使用此媒介的參考。從資訊接收與「使用與滿足」的面向來說，當民眾對媒介具有信任感，也才滿足使用與滿足的條件。

　　此外，「自我功效意識」這個概念亦是解釋媒介信任的路徑，自我功效意識來自於社會學習理論，包含了一個人認爲他自己可以擔任某一任務的信心，以及可以追隨其他成功表現的信念。自我功效意識的測量尺度與一個人的媒介使用、媒介暴露、知識上的刺激以及參與感有關

（Hofstetter, Zuniga and Dozier, 2001）。

　　在政治學上，政治功效意識（sense of political efficacy）是解釋選民行爲的重要因素。Abramson（1983: 135）認爲，政治功效感是僅次於政黨認同，受到最多學者研究的一個政治態度。依照 Campbell 等人（1954: 187）的定義，政治功效意識是人們認爲「個人的政治行動對於政治過程是有影響或是可以產生影響的」[2]。政治對許多人而言，也許是複雜而遙遠的，不過，有些人也許認爲，他們對於政治的運作以及政策的決定，是具有影響力的。因此，政治功效意識所要測量的，正是一般民衆對於自己瞭解政治的能力以及自認爲對於政治決策過程影響程度的主觀認知（Campbell et al., 1960）。有關政治功效感的測量，最早由 Campbell 等人（1954: 181-194）提出[3]，而在 Almond 與 Verba 所著的《公民文化》（1963）一書中，兩位作者針對美國、墨西哥、英國、西德以及義大利五國民衆的(subjective political competence)，進行比較分析。[4]根據 Campbell、Gurin 與 Miller（1954）的討論，政治功效意識包括內在功效意識（internal efficacy）與外在功效意識（external efficacy）。前者指的是人們自認自己是否有能力參與政治的運作並使其產生改變，以及是否能理解整體政治運作的過程；後者指的是人們是否相信政府會有效回應民衆的需求，以民衆的福利爲施政的依歸。Lane（1959）也認爲政治功效意識包括人民

---

[2] 有關政治功效意識的相關討論以及文獻整理，請參考 Abramson（1983）第八章，以及 Reef and Knoke（1993）。

[3] 在一九五二年的調查訪問中，Campbell 等人運用了五個題目來測量民衆的政治功效意識，而在其後的訪問中，將其中的第二題，也就是「投票是民衆決定國家應該如何運作的主要方式」的題目刪除，留下其他四個題目。相關的測量題目以及討論，請參考 Campbell 等人（1954）第 187 頁到 194 頁以及 Abramson（1983）第 135 至 136 頁的討論。

[4] Almond 與 Verba 在該書第七章中將「公民能力感」這個名詞，與「政治上有能力的」（politically competent）以及「主觀上有能力的」（subjective competent）等概念交錯使用。不過他們在第九章中，則將五個題目組合成 Guttman 量表，並將之定義爲「主觀政治能力」，討論該變數與民衆政治興趣與政治參與之間的關連性。該書第九章第 231 頁到 236 頁的第一個註釋，對於問題的題目以及該量表的製作，有非常詳盡的說明。

是否認為自己有影響力，以及人民是否認為政府會回應他們的需求，Balch（1974）建議依照 Lane 的說法，將政治功效意識區分為內在政治功效意識與外在政治功效意識兩個面向。其中，前者指個人認為其發揮政治影響力的手段是否可得，後者則是指公民認為政治權威對於其試圖影響政策是否予以回應。從 Campbell 與其同僚（1954, 1960）的研究可以發現：民眾的政治功效意識與其投票參與有密切的相關，即使在控制了民眾的教育程度之後，民眾的政治功效意識愈高，其投票的機率也愈高。而 Almond 與 Verba（1963）則發現：認為自己在政治上是有能力的民眾，在政治上愈活躍。亦即，他們對於政治事務較熟悉、對選舉較注意也比較會討論政治。此外，在各國中的民眾，要是在主觀政治能力的得分較高者，愈傾向支持民主價值，也就是認為一般公民有義務成為一個多參與政治的公民。

因此本研究結合「自我功效意識」的概念，民眾對於大眾傳播媒體的信任即是民眾自認自己是否有能力參與政治媒介的運作並使其產生改變、是否能理解整體政治媒介運作的過程、是否認為媒介有反應真實的作用，以及民眾是否認為媒介會有效回應民眾的意見。整體而言，媒介報導內容是否正確、公正以及值得信賴是衡量媒介可信度，媒介是否可以信任的重要指標。

（三）大眾傳播媒介信任與民主成熟度、民主滿意度評估

在過去「媒介效果有限論」（limited effects theory）盛行的年代裡，大眾傳播媒介只是用來加強現存的態度、價值與行為，學者認為媒介只是訊息的傳遞者而已（彭芸，1986：109）。然而，七〇年代後，大眾傳播媒介對政治行為的影響受到學者的重視，相關研究不斷出現。Dawson 與 Prewitt（1969: 171）也表示，由於大眾傳播媒介科技的進展與傳統社會結構的式微，使得大眾傳播媒介逐漸成為政治態度與行為的塑造者。

一九四〇年代有關大眾傳播媒介與政治關聯性的研究就已經開始，

不過一開始只研究傳播行為和投票行為的關聯，之後才開始將政治態度等主題列入研究範圍。那麼，究竟媒介對政治態度的影響可以分成那些面向？Langton（1969）在《政治社會化》一書中明白揭示政治文化包括了政治態度、政治認知以及政治評價；Almond（1960: 27-28）也認為政治社會化是將人們引進政治文化的過程，是一套對政治系統（political system）、其中角色與擔任這些角色者的「態度」（包括認知、情感以及評價）；另一方面，Ichilov（1998: 361-62）將公民資格視為態度性概念，包含了四個面向：認知面向、情感面向、評價面向、行為面向。

國內學者方面，王石番（1995: 157）認為媒介對政治取向的影響可以分成認知（cognitive）、情感（affective）和行為（behavior）三個層面；陳文俊（1983: 5-7）在《台灣地區中學生的政治態度及其形成因素—青少年的政治社會化》中進一步指出政治態度的構成成分包括政治認知（political cognition）[5]、政治情感（political feeling）[6]以及政治行動傾向（political action tendencies）[7]。

本文所探討的依變項為民眾對於民主政治滿意度與成熟度的評估，可以說是民眾一種政治態度的表現，大眾傳播媒介除了提供政治認知的基礎，青少年認為大眾傳播媒介對其政治態度也產生相當影響（Kraus and Davis, 1976: 25-26）；Jennings 與 Niemi（1974: 169-184）研究全美國的高中生，也證實在政治態度的取向上，父母與學校並非決定因素，只有大眾傳播媒介可能產生影響力。

有關大眾傳播媒介和政治態度的關係，大多數實證研究的結果，都屬於大眾傳播媒介對「政治興趣」的影響，但媒介對人們一些基本預存

---

[5] 政治認知指一個人對政治對象的信仰、認識和知識，它是有關於政治對象的事實與實際的觀察。

[6] 政治情感指一個人對政治對象的愛、憎感情，支持、反對的立場，同意、不同意的意見，好、惡的評價，它是有關於個人對政治態度對象的價值反應。

[7] 政治行為傾向是指個人對政治對象的意向，它是有關於個人對政治對象的反應傾向。

立場，如政黨認同、政治功效意識（Atkin, 1981: 316）就不易發生影響，因爲這種立場較難改變（彭芸，1986：113）。Dawson 與 Prewitt（1969）、等學者則指出，大眾傳播媒介在增強既有的政治態度，不在改變原有的態度。

除此之外，還有許多研究都是探討接觸大眾傳播媒介與對政治人物、政治論題、政治制度態度的關係。Conway、Stevens 與 Smith（1975: 531-538）發現高中生看電視新聞和強化黨性有密切的關係，電視新聞看得愈多，愈喜歡自己認同的政黨提名的候選人；Rubin（1978: 125-129）研究指出接觸電視新聞和公共事務節目的人，愈支持政府決策。Byrne（1969: 40-42）則發現接觸電視新聞愈多的人對政府印象比較好，但較常接觸報紙新聞的人則沒有這種情況。

民眾對於民主政治的整體態度，包括民眾對於民主政治成熟度與滿意度的評估，可以說是民眾對於民主運作的綜合指標，相關文獻指出大眾傳播媒體傳遞資訊的力量對於民眾的政治態度具有相當的影響力，民眾對於民主政治成熟度與滿意度的評估，可以視爲民眾對於當前民主政治實行的總體評估，因此從過去的文獻推論，民眾從大眾傳播媒介感受民主政治實行的良窳，而大眾傳播媒介本身即爲民主政治的一環，因此民眾對大眾傳播媒介的信任亦是對民主政治信任的一環，因此本文欲探討民眾與社會菁英對於大眾傳播媒體的信任程度與其民主評估的關聯性。

前述文獻說明了大眾傳播媒介與民眾對民主成熟度與滿意度評估的關聯性，但除了大眾傳播媒介的影響，個人背景是否也影響政治態度？

Luskin（1990）針對影響民眾政治認知的因素提出「機會」、「能力」和「動機」三個面向的解釋。民眾除了要有「機會」接觸政治資訊，還要有「能力」吸收的政治資訊，此外，獲取政治資訊的「動機」更是提高政治知識的催化劑；Bennett 及其同僚（1999）指出，性別和社經地位會影響政治知識獲取的「機會」，而教育程度則是影響政治資訊取得的「能

力」，另外，政黨認同的強度則是左右獲取政治知識「動機」強弱的重要因素。

古珮琳（1999: 43）認為探討政治態度形成的問題，必須先探討個人背景因素是否造成政治態度的差異。重要的個人背景因素包括性別、政治世代、教育程度、族群意識、政黨認同以及社經地位（本文以民眾或菁英的身分來說明社經地位的差異）等等。整體而言，根據 Abramson（1983: 147-152）的說法，社會系絡（social context）是影響政治態度差異的重要原因，每位民眾都處於不同的社會系絡，因此其個人背景將左右其對民主政治成熟度與滿意度的評估。此外，國外的早期研究側重菁英與民眾的比較研究，因此，本文下一段也專門討論國外對這一方面的研究成果。

（四）菁英與一般大眾的民主價值比較研究

在美國政治學界對於民主價值的經驗性研究，最早要始於 Stouffer（1956）、Prothro 與 Grigg（1960）以及 McClosky（1964）。他們的研究動機大多溯自托克維爾的《美國民主》一書中所述：民主政體存在的先決條件是民眾對於一些基本的遊戲規則或是基本價值具有共識。這些民主政治的基本原則，一般包括：多數決、政治平等、支持民主政體是最好政體等等，以及對於一些程序上的自由權，例如人民的言論自由表達權以及集會與結社自由權的支持。不過，一些實證的研究成果卻發現民眾對於抽象的民主原則大多具有共識，但是對於將這些原則運用到具體的生活中時，支持的比例立刻大幅下降。以 Prothro 與 Grigg（1964）的研究為例，他們發現有超過九成的受訪者，也就是美國密西根州的 Ann Arbor 以及佛羅里達州的 Tallahassee 所在的兩個大學城的居民，有超過九成以上的比例，支持民主政體是最好的政體以及服從多數和尊重少數等抽象的原則，至於運用這些抽象的原則到實際生活中時，民眾同意的比例立刻下降，其支持程度的分布從 80.6%到 21.0%不等。此外，地區的差

異以及教育程度與收入對於民眾態度的影響，也可以從該研究中發現。相對而言，居住在密西根的民眾、教育程度較高與收入較高的民眾，其對於民主原則具體運用在生活上的支持程度較高。而一旦控制了民眾的區域以及收入之後，教育程度的影響仍然顯著。不過，在控制了民眾的教育程度之後，其居住區域以及收入所造成在民主價值的差異上，就變得不是如此顯著。

而 McClosky（1964）的研究發現，不但印證了民眾對於抽象政治原則支持程度與其具體應用之間的落差，他更利用了全國的代表性樣本與參加民主黨與共和黨代表大會的政治菁英這兩群不同樣本，進行比較分析，結果他發現，有關民主基本價值以及遊戲規則等程序正義的民主價值，在政治菁英間支持的程度遠高於一般民眾，由於政治菁英對於這些民主價值擁護的熱忱遠勝於一般民眾，因此，他甚至宣稱（1960: 376）「民主的社會即使在一般大眾對於基本的民主以及憲法價值誤解以及不同意的情況下，仍然可以生存」。

因此，本研究將分別訪問一般大眾與社會菁英，分析他們對我國民主政治的評價，是否有顯著的差異。透過比較分析，相信對於我國當前民主政治的運作與前景，可以提供更多啟發。

三、研究資料、概念測量與研究架構

本研究的研究對象是一般民眾與菁英。資料來源為陳陸輝（2006b）與政治大學選舉研究中心在二〇〇四年期間所蒐集的調查研究資料。在一般民眾部分，採用電話簿隨機抽樣抽取樣本，共完成 1081 個樣本，除此之外，在菁英意見部分，研究者用「中華民國名人錄」為樣本，抽取約 1,200 人為意見領袖的樣本，問卷寄出後經過兩次催收最後成功 448 份問卷。兩筆資料也提供了菁英與民眾的意見比較。

本研究的相關變數以及測量方式，可以分述如下。在依變數上，本研究的第一個研究問題，是分析一般民眾與菁英對民主成熟度的評估，使用的測量題目為：「如果用 0~10 來表示台灣現在民主的程度，0 表示非常獨裁，10 表示非常民主，請問 0~10 您會給多少？」分數與高則顯示對我國民主成熟度愈肯定。其次，則是對民主滿意度的評估，本研究使用的問卷題目為：「如果用 0~10 來表示您對台灣目前民主政治實行的滿意程度，0 表示非常不滿意，10 表示非常滿意，請問 0~10 您會給多少？」分數愈高則表示對民主的滿意度愈高。

　　至於本研究的解釋變數，包括民眾的性別、政治世代、教育程度、族群意識以及政黨認同[8]。本研究依歷史背景將各年齡層受訪者劃分為三個世代，為一九四二以前、一九四三至一九六〇、一九六一以後三個世代；在教育程度方面，分成國小及以下、國高中、大學及以上三類、族群意識分為認同台灣人、中國人以及兩者都是、政黨認同則區別為泛藍（國民黨、親民黨、新黨）以及泛綠（民進黨、台聯）。

　　此外，本研究提出的另外兩個重要解釋變數，分別是媒介可信度與言論自由的評估。首先，就媒介可信度而言，本研究運用「傳播媒體報導的新聞通常是正確的」、「傳播媒體報導的新聞通常是公正的」以及「傳播媒體報導的新聞通常是值得信賴的」等三個敘述，請受訪者以五個刻度的選項，即：非常不同意、不太同意、普通、有點同意以及非常同意，表示其對以上敘述的同意或是不同意程度。在民眾部分：以上三題 Cronbach's Alpha 內在一致性檢定=0.86，而在菁英部分：以上三題 Cronbach's Alpha 內在一致性檢定=0.87。因此，各建構構成一個媒介可信度的指標。而對言論自由評估，本研究採用以下測量方式：「請問您認為台灣的人民有沒有足夠的言論自由？如果以 0 代表完全沒有自由，10 代表有充分的自由，請問 0~10 您會給台灣的言論自由程度幾分？」分數愈

---

[8] 有關政治世代的劃分方式、政黨認同的緣起以及政治後果，請參考陳陸輝（2000）。就族群意識的相關討論，請參考陳陸輝與鄭夙芬（2003）。

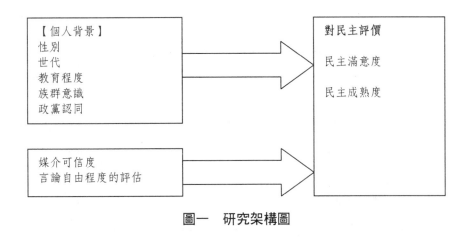

圖一　研究架構圖

高表示他們對我國言論自由程度的評價愈高。本研究假設：民眾的媒介信任度愈高或是認為我國言論自由程度愈高，對我國的民主成熟度與滿意度愈高。本研究的整體架構如**圖一**。

四、研究結果

在民主國家中，健全而開放的媒體環境，不但可以提供人民重要的資訊，且可適當監督政府施政。不過，從一般民眾的反應中可以看出，民眾對於大眾傳播媒體的新聞的正確性、公正性及信賴度，是抱持相當負面的看法。社會菁英雖然對於傳播媒體給予較高的評分，不過，各項分數都約在 4 以下，顯示我們的媒體需要再加油（見**表一**）。

自由與開放的言論，是民主國家活力的泉源，更是區別民主與獨裁國家非常重要的關鍵。就這一方面來說，民眾均抱持相當正面的評價，其評分均達到 7.5 以上，是台灣民主化以來，最重要的一個政治資產（見**表二**）。

整體而言，台灣民眾對於當前民主運作的滿意度，是給予接近及格或是及格的分數，而社會菁英給予更為正面的評價。

表一　媒體可信度

媒體可信度		民眾	菁英
媒體新聞正確			
	平均數	2.6	3.7
	標準差	2.5	2.2
媒體新聞公正			
	平均數	2.6	3.3
	標準差	2.4	2.1
媒體值得信賴			
	平均數	2.8	3.5
	標準差	2.3	2.2

資料來源：陳陸輝（2006b）與政治大學選舉研究中心在 2004 年 5 月至 11 月調查訪問資料。民眾採用電話訪問，訪問成功樣本數為 1081。菁英採用郵寄問卷訪問，訪問成功樣本數為 448。

表二　言論自由程度的評估

	民眾	菁英
平均數	7.5	7.8
標準差	2.3	1.9

資料來源：同表一。

　　過去國內對於民主化的探討，多半集中在民主價值內涵以及民眾對民主的態度，比較少從民主政治本身的評價來看。而在現實上，民主政治的表現，攸關民眾對於民主政治的信心。亞洲各國的民主經驗顯示，民主不一定爲各個國家帶來穩定的政治運作。相較於歐洲及北美洲國家的良好民主傳統，只有部分亞洲國家出現和平的政黨輪替，而且政府效能不受到特殊利益團體的干涉。民主政治是否也能在台灣持續發展，前提條件是民眾滿意政府的各項表現。如果滿意程度不高，那麼民主的體制便可能遭遇外來國家或是內部衝突所帶來的衝擊。如果滿意程度高，那麼民主機制才能禁得起考驗（見**表三**）。

　　就台灣當前民主或是獨裁的程度而言，一般大眾給予較傾向民主的

	民眾	菁英
平均數	4.9	5.6
標準差	2.9	2.8

資料來源：同表一。

表四　民主成熟度評估

	民眾	菁英
平均數	6.3	4.8
標準差	2.8	2.5

資料來源：同表一。

評價，而菁英較為保留，是持略微傾向獨裁的評價。這種差異，若是後續研究持續針對菁英以及民眾進行比較研究的話，非常值得注意（見**表四**）。

接下來，本文將所有自變項同時納入迴歸模型中，比較民眾對民主成熟度、民主滿意度的評估，觀察之間有何異同。

表五為大眾傳播媒介與民主成熟度評估的迴歸模型，我們發現，媒介可信度對於民眾和菁英的影響都不顯著，另一方面，不論是民眾或菁英，對於言論自由程度的評估與其認知的民主成熟度都有顯著正相關，亦即對目前言論自由評價愈高的民眾或菁英，其對民主成熟度的評價也愈高。言論自由為民主政治的重要元素，在本研究中，也發現體認到現階段言論自由程度高的民眾和菁英，也普遍感受到，目前國內民主的狀況在民主和獨裁的光譜上，偏向於民主的方向。

至於在其他控制變項上，男性民眾相較於女性民眾，其對民主成熟度的評價較低，不過在菁英這方面，則沒有性別上的差異。此外，認同台灣人的民眾和菁英相較於認同台灣人和中國人兩者都是的民眾和菁

表五　大眾傳播媒介與民主成熟度評估迴歸模型

	民眾		菁英	
	係數	標準誤	係數	標準誤
（常數）	4.01	（0.37）***	1.81	（0.96）$
媒介可信度	-0.04	（0.03）	-0.03	（0.14）
言論自由程度評估	0.34	（0.04）***	0.48	（0.06）***
性別（對照：女性）				
男性	-0.46	（0.17）*	0.35	（0.30）
世代（對照：第三代）				
第一代（1942 以前）	0.15	（0.33）	-0.39	（0.42）
第二代（1943~1960）	-0.32	（0.21）	-0.24	（0.40）
教育程度（對照：國高中）				
小學及以下	0.18	（0.26）	2.69	（2.18）
大學及以上	-0.24	（0.19）	0.02	（0.70）
族群意識（對照：都是）				
台灣人	0.57	（0.19）***	1.26	（0.27）***
中國人	-0.30	（0.43）	0.27	（0.44）
政黨認同（對照：中立或無反應）				
泛藍	-0.67	（0.21）***	-1.22	（0.25）***
泛綠	1.09	（0.21）***	0.78	（0.31）*

資料來源：同表一。

註 1：民眾樣本數=1081；菁英樣本數=448。以上五個模型調整後 R^2 分別為.213、.176；
　　　***: $p<.001$, **: $p<.01$, *: $p<.05$, $: $<.01$（雙尾檢定）。

註 2：「泛藍」政黨包括：國民黨、親民黨、新黨，「泛綠」指的是民進黨、台聯。

註 3：各連續變項的平均數／標準差／測量尺度：（1）民眾：媒介可信度（2.05／0.86
　　　／1-5）、言論自由程度評估（7.50／2.32／0-10）；（2）菁英：媒介可信度（2.39
　　　／0.79／1-5）、言論自由程度評估（7.75／1.89／0-10）

英，其對民主成熟度的評估也都較高，而且族群意識對菁英的影響比起
對民眾的影響更大。相對地，認同中國人者比起認同兩者都是者，則沒
有如此的現象。在政黨認同方面，則發現有趣的現象，認同泛藍者比起
中立或無反應者，其對民主成熟度的評估較低，在菁英方面的影響比民
眾更大，相對地，認同泛綠者比起中立或無反應者，其對民主成熟度的
評估較高，在民眾方面的影響比菁英更大。至於世代與教育程度，在民
眾及菁英的模型中，則沒有顯著的影響。

表六 大眾傳播媒介與民主滿意度評估迴歸模型

	民眾		菁英	
	係數	標準誤	係數	標準誤
（常數）	2.28	（0.38）***	0.65	（0.95）
媒介可信度	0.06	（0.03）$	0.37	（0.14）*
言論自由程度評估	0.24	（0.04）***	0.31	（0.06）***
性別（對照：女性）				
男性	0.33	（0.18）$	-0.12	（0.30）
世代（對照：第三代）				
第一代（1942以前）	-0.42	（0.35）	0.08	（0.41）
第二代（1943~1960）	-0.16	（0.22）	0.38	（0.39）
教育程度（對照：國高中）				
小學及以下	-0.19	（0.27）	4.37	（2.17）*
大學及以上	0.10	（0.20）	0.04	（0.69）
族群意識（對照：都是）				
台灣人	0.58	（0.20）***	1.41	（0.27）***
中國人	-0.12	（0.45）	0.00	（0.43）
政黨認同（對照：中立或無反應）				
泛藍	-0.98	（0.22）***	-0.47	（0.25）$
泛綠	1.09	（0.22）***	1.19	（0.31）***

資料來源：同表一。

註 1：民眾樣本數=1081；菁英樣本數＝448。以上五個模型調整後 R^2 分別為.474、.376；
　　***: $p<.001$, **: $p<.01$, *: $p<.05$, $: $<.01$（雙尾檢定）。

註 2：「泛藍」政黨包括：國民黨、親民黨、新黨，「泛綠」指的是民進黨、台聯。

註 3：各連續變項的平均數／標準差／測量尺度：（1）民眾：媒介可信度（2.05／
　　0.86/1-5）、言論自由程度評估（7.50／2.32／0-10）；（2）菁英：媒介可信度（2.39
　　／0.79／1-5）、言論自由程度評估（7.75／1.89／0-10）。

　　表六為大眾傳播媒介與民主滿意度評估的迴歸模型，我們發現，媒介可信度以及對言論自由的評估兩者對於民眾和菁英的影響都達顯著水準，且此正向影響對於菁英的影響力都大於民眾，亦即認為媒介可信度愈高，以及對目前言論自由評價愈高的民眾或菁英，其對民主滿意度的評價也愈高。可信的媒體與言論自由的提升，是民主政治提升的要素之一，當媒介的內容被民眾和菁英認為通常是正確的、公正的以及值得信賴的時候，民眾對整體民主政治的滿意度也提升了。

　　至於在其他控制變項上，男性民眾相較於女性，其對民主成熟度的

評價較高,不過在菁英這方面,則沒有性別上的差異。在教育程度方面,小學及以下的菁英相較於國高中的菁英,其對民主政治的滿意度較高。此外,認同台灣人相較於認同台灣人和中國人兩者都是的民眾和菁英,其對民主滿意度的評估也都較高,而且族群意識對菁英的影響比起對民眾的影響更大。相對地,認同中國人者比起認同兩者都是者,則沒有如此的現象。在政黨認同方面,則發現有趣的現象,認同泛藍者比起中立或無反應者,其對民主滿意度的評估較低,在民眾方面的影響比菁英更大,相對地,認同泛綠者比起中立或無反應者,其對民主滿意度的評估較高,在菁英方面的影響比民眾更大。至於世代在民眾及菁英的模型中,則沒有顯著的影響。

比較**表五**與**表六**兩個模型,不論民眾或是菁英,其對言論自由的評估都與其對民主成熟度、滿意度的評估有正向關係,至於媒介可信度,則只與民眾和菁英的民主滿意度有正向關係。此外,值得一提的是,在族群意識認同台灣人者,其對民主成熟度、滿意度的評估都高於認為自己既是台灣人與中國人者。在政黨認同方面,也在表五與表六發現共同的現象,認同泛藍者比起中立或無反應者,其對民主成熟度、滿意度的評估較低,相對地,認同泛綠者比起中立或無反應者,其對民主成熟度、滿意度的評估較高。

民眾對於大眾傳播媒體的信任即是民眾自認自己是否有能力參與政治媒介的運作並使其產生改變、是否能理解整體政治媒介運作的過程、是否認為媒介有反應真實的作用,以及民眾是否認為媒介會有效回應民眾的意見。整體而言,媒介報導內容是否正確、公正以及值得信賴是衡量媒介可信度,媒介是否可以信任的重要指標。

民眾對於民主政治的整體態度,包括民眾對於民主政治成熟度與滿意度的評估,可以說是民眾對於政治態度的綜合指標,相關文獻指出大眾傳播媒體傳遞資訊的力量對於民眾的政治態度具有相當的影響力,民眾對於民主政治成熟度與滿意度的評估,可以視為民眾對於當前民主政

治實行的總體評估，根據本研究實證資料的分析，民眾和菁英對於媒介的信賴度以及對目前言論自由的感受也反映了其對當前民主體制成熟度與滿意度的評估，媒介扮演傳遞政治資訊或知識的角色，當民眾藉由傳播媒介獲取正確、公正以及值得信賴的資訊，並且在言論自由上得到更深厚的保障時，我們也欣見民眾對於民主政治整體評價的提升。

五、結論與建議

民眾對於當前民主的評估，不論是對於民主成熟度的評估，或是對於民主滿意度的評估，都可以置於民眾對政治信任程度的角度來檢視。如果滿意程度不高，那麼將衝擊民眾對政治的信任感；如果滿意程度高，政治信任感獲得提升，民主機制才能禁得起考驗。

不論民眾或是菁英，其對言論自由的評估都與其對民主成熟度、滿意度的評估有正向關係，至於媒介可信度，則只與民眾和菁英的民主滿意度有正向關係。此外，值得一提的是，在族群意識認同台灣人者，其對民主成熟度、滿意度的評估都高於認同台灣人、中國人兩者都是者。在政黨認同方面，也在表五與表六發現共同的現象，認同泛藍者比起中立或無反應者，其對民主成熟度、滿意度的評估較低，相對地，認同泛綠者比起中立或無反應者，其對民主成熟度、滿意度的評估較高。

值得一提的是，言論自由的「政治效果」，就菁英與一般民眾而言，顯然是對菁英有較高的效果。換言之，相較於一般民眾，當菁英認為台灣的言論自由愈高，對台灣民主的滿意度與成熟度的評估更高。因此，營造更為開放與友善的言論自由空間，實際上正是民主政治的活水源泉。

除此之外，本研究也發現：當一般民眾與菁英對於傳播媒介可信度愈高時，對於民主的滿意度愈高。此一發現無異賦於國內大眾傳播媒體更多的使命。正因為商業化或是收視率的競爭，媒體在正確性與公正性

的立場上，偶會引來外界批評。媒體如果為了收視率而斷送自身的公信力，長遠而言，對我國民主政治的發展會是重大的利空消息。

　　經由本研究的初步發現，我們深信，一般民眾或是菁英都希望藉由媒體獲取正確、公正以及值得信賴的資訊。也只有在言論自由上得到更深厚的保障時，我們國家的民主政治，才會有更美好的未來。

參考書目

■ 中文部分

王石番，1995，《民意理論與實務》，台北：黎明文化事業公司。

古珮琳，1999，〈家庭溝通型態與高中職學生政治態度之研究〉，台北：國立台灣師範大學社會教育研究所碩士論文。

陳文俊，1983，《台灣地區中學生的政治態度及其形成因素—青少年的政治社會化》，台北：資訊教育推廣中心基金會。

盛治仁，2002/10/20，〈台灣民眾民主價值及政治信任感研究：政黨輪替前後的比較〉，「2001 年選舉與民主化調查研究學術研討會」，台北：政治大學綜合院館國際會議廳。

陳陸輝，2000，〈台灣選民政黨認同的持續與變遷〉，《選舉研究》，7（2）：39-52。

陳陸輝，2003，〈政治信任、施政表現與民眾對台灣民主的展望〉，《台灣政治學刊》，7（2）：1-40。

陳陸輝，2006a，〈政治信任的政治後果---以 2004 年立法委員選舉為例〉，《台灣民主季刊》，第三卷，第二期，頁 39-62。

陳陸輝，2006b，《台灣民眾政治信任的起源及其政治後果》，NSC93-2414-H-004-037-SSS。台北：行政院國家科學委員會。

陳陸輝、鄭夙芬，2003，〈訪問時使用的語言與民眾政治態度間關連性之

研究〉,《選舉研究》,10（2）：135-58。

彭芸,1986,《政治傳播：理論與實證》,台北：巨流。

■外文部分

Abramson, Paul R. 1983. *Political Attitudes in American: Formation and Change*. SanFrancisco: W. H. Freedom and Company Press.

Almond, Gabriel. A.1960. " A Functional Approach to Comparative Politics. " *The Politics of the Developing Areas*. Princeton, N.J.: Princeton University Press.

Almond, Gabriel A., and Sidney Verba. 1963. *The Civic Culture*. Princeton, N.J. : Princeton University Press.

Atkin, Charles K. 1981. " Communication and Political Socialization. " in Dan D. Nimmo and Keith R. Sanders. (eds.). *Handbook of Political Communication*. Beverly Hills, CA: Sage Publications, Inc., pp.199-328.

Balch, George I., 1974. "Multiple Indicators in Survey Research: The Concept ' Sense of Political Efficacy ' " *Political methodology*, 1: 1-43.

Bennett, Stephen E., Staci L. Rhine, Richard S. Flickinger, Bennett L. M. Linda. 1999. " Video-Malaise Revisited-Public Trust in the Media and Government. " *The Harvard International Journal of Press/ Politics*, 4(3): 8-23.

Byrne, G.. 1969. " Mass Media and Political Socialization of Children and Preadults. " *Journalism Quarterly*, 46(1): 40-42.

Campbell, Angus, Gerald Gurin, and Warren E. Miller, 1954. *The Voter Decides*. Westport, Conn.: Greenwood Press.

Campbell, Angus, Philip E. Converse, Warren E. Miller, and Donald E. Stokes. 1960. *The American Voter*. New York: John Wiley & Sons.

Citrin, Jack and Christopher Muste. 1999. "Trust in Government." In Robinson, John P., Philip R. Shaver, and Lawrence S. Wrightsman. (eds.).

Measures of Political Attitudes. San Diego, Cal.: Academic Press. pp. 465-532.

Conway, M. Margaret, A. Jay Stevens, and Robert G. Smith. 1975. " The Relation Between Media Use and Children's Civic Awareness." *Journalism Quarterly*, 52(3): 531-538.

Dawson, Richard E. and Kenneth Prewitt. 1969. *Political Socialization: An Analytic Study*. Boston: Little, Brown and Com.

Dahl, Robert A. 1989. *Democracy and its critics*. New Haven:Yale University Press.

Hofstetter, C. Richard, Stephen Zuniga, and David M. Dozier. 2001." Media Self-efficacy: Validation of a New Concept. " *Mass Communication and Society*, 4(1): 61-76.

Ichilov, Orit. 1998. *Citizenship and Citizenship Education in a Changing World*. London: Portland, Or.: The Woburn Press.

Jennings, M. Kent and Richard G. Niemi. 1974. *The Political Character of Adolescence: the Iinfluence of Families and Schools*. Princeton: Princeton University Press.

Kraus, Sidney and Dennis Davis. 1976." The Effects of Mass Communication on Political Behavior. " in Carol Stoel-Gammon (ed.). *University Park*. Penn.: The Pennsylvania State University Press.

Lane, Robert E. 1959. *Political Life*. New York: Macmillan Co.

Langton, Kenneth P. 1969. *Political Socialization*. New York: Oxford University Press.

Luskin, Robert C. 1990. "Explaining Political Sophistication." *Political Behavior*, 12: 331-361.

McClosky, Herbert. 1964."Consensus and Ideology in American Politics." *American Political Science Review*, 58: 361-382.

Prothro, James W., and Charles W. Grigg. 1960. "Fundamental Principles of Democracy: bases of Agreement and Disagreement." *Journal of Politics*, 22: 276-94.

Ranney, Austin. 1971. *Governing: a Brief Introduction to Political Science*. New York: Holt, Rinehart and Winston.

Reef, Mary Jo, and David Knoke. 1993. "Trust in Government." In Robinson, John P., Philip R. Shaver, and Lawrence S. Wrightsman. (eds.). *Measures of Political Attitudes*. Cal.: San Diego Press. pp.:413-64.

Rubin, Alan M. 1978. " Child and Adolescent Television Use and Political Socialization. " *Journalism Quarterly*, 55(1): 125-129.

Schramm, Wilbur L. 1969. *Responsibility in Mass Communication*. New York: Harper.

Stouffer, Samuel. 1956. *Communism, Conformity, and Civil Liberties*. New York: Doubleday.

政黨競爭與民主品質

──立法院第四屆及第五屆審議「兩岸人民關係條例」 蒐求資訊網絡的比較探討

廖達琪

國立中山大學政治所教授

林福仁

國立清華大學科管所教授

梁家豪

國立中山大學資管系碩士生

本文要特別感謝國科會對〈立法院立法表現之研究第四屆與第五屆審議法案的資訊蒐求及資訊網絡之比較（I）及（II）〉（NSC92-2414-H-110-005）（NSC93-2414-H-110-009）研究計畫的補助。

一、前言

　　立法院無疑目前已是台灣政治運作的重要核心之一。尤其公元二〇
〇〇年總統大選之後，行政部門已有了政黨輪替，由原來居於反對黨地
位的民進黨取得總統大位，主導行政大權，而立法院因原來執政的國民
黨仍擁有國會過半的席次（115 席），而形成與行政部門分立，並有所謂
「朝小野大」的現象。接著二〇〇一年底的立法院選舉，主導行政部門
的民進黨，雖然成為國會的第一大黨（87 席），但仍未過半（113 席），
且國民黨仍有 68 席，親民黨有 46 席，台聯有 13 席，無黨籍 10 席，新
黨 1 席，出現的局面是多黨不過半[1]。國會中的政治角力，合縱連橫，
幾乎是經常上演的連續劇，相關的研究也陸續出現（黃秀端，2004；楊
婉瑩，2002）。

　　這種國會中的政黨運作、同盟或對抗，原是民主國家的常態（Dodd,
1976; de Swaan, 1973; Laver & Shepsle, 1996; Lavor & Schofield, 1998）。但
對台灣這樣的新興民主國家而言，卻可能還要經過嘗試摸索的學習階
段，即便是媒體或一般大眾，都還不習慣多黨在國會中所形成似乎相當
紛亂的局面。但民主政治的古典理論或經驗事實似都肯定多黨競爭，甚
至衝突，對公共政策品質的提升，及人民福祉的保障，應有正面的效果
（Dahl, 1971; Held, 1988; Klingemann, Hofferbert & Budge, 1994;
Eldersveld, 1998; Przeworski et al., 2000; Przeworski et al., 1999）。所以民主
建置的首要條件，就是要允許反對力量的存在，保障反對黨的成立（Dahl,
1967; 71），其他相應的條件，主要就是資訊的流通公開[2]，而且民主政治

---

[1] 這些席次數字，均已剛選完時為準。其後陸續有些變動，但多黨的基本結構是不動
　　的。
[2] 其他的條件當然還有，如公開、公平、公正的競爭遊戲規則，一定程度公民集會結
　　社自由權的保障等等，其實這些條件要共同建構，或共同促成的還是資訊的流通公

建構的基本預設就是社團及政黨的競爭，提供不同的理念想法、論述、及政策，這些資訊在自由流通的社會中，由選民做區別及選擇，或由選民選出的代表來服務、說明、溝通、匯整，形成公共政策。這中間的過程，不論流向為何[3]，關鍵的元素是資訊及說服的能力（Downs, 1956; Ferejohn & Kuklinski, eds, 1990），民主政治能走的穩健成熟，似乎也就建置在這兩項元素的受到重視，並有公平的遊戲規則，讓這兩項元素不受壓抑地流通和發揮。

台灣的民主政治似乎正走到這關鍵時刻，由最初步的反對勢力存在，正式成立反對黨，到推動各種公平的競賽規則，同時發展市民社會，建立資訊流通的社會等，到尋求資訊能有公平產出的機會；同時，詮釋及運用資訊，成為不同論述，彼此間可以公平競逐，以促進公共政策的決議較能有深思熟慮（deliberative）的過程等。台灣目前立法院中的多黨競逐，或某種藍、綠結盟與對抗的現象，是不是有這種促進民主品質提升的效果呢？或者，更嚴謹的說法，能不能逐步導入到一種重視資訊、專業，理性辯論，說服妥協，再做成決議的較成熟的民主運作模式呢？再用最通俗的說法，就是台灣國會中政黨競爭現象，能不能讓國會的立法表現，整體上逐漸展現「重視是非，而不是只有立場」？這是本文的基本關懷。

本著上述對台灣民主發展成熟度的關懷，本文試圖探討立法院從一黨獨大（主要為第四屆）到多黨並行（主要為第五屆）局面，所形成的不同競爭態勢下，其立法表現究竟有沒有較理性化的發展傾向？也就是

開，才能讓公民做決定是在有較充分的資訊及說明情況下。這是以「民」為「主」的基本理念，雖然在現實中不全然如此。資訊對民主過程的重要及關鍵，可參見 Ferejohn & Kuklinski（1990）所編 *Information & Democratic Processes*. Chicago: University of Illinois Press.

[3] 流向，有菁英說，有多元說，也有網路說，本文陸續會做些說明。決策理論也說到有「理性模式」的專家專業引導觀點；有「有限理性」模式的專業與群眾的共同引導說；有「漸進改革」的脫離群眾的模式；也有「垃圾箱」的流向混亂模式。可參考 Kingdom, 1984, *Agendas, Alternatives, and Public Policies*. Boston: Little Brown.

立法院的立法過程中，是不是有更重視資訊蒐求的現象？蒐求的對象有更強調專業的傾向？而在新生立法議題的資訊網絡發展上，政黨間是否逐漸有交叉辯論，說服妥協，並可接受對方論點的現象？

這些層面的深入瞭解，在研究方法上，也必須有所突破。本文即呈現運用資料探勘（data mining）技術，來做立法院在不同階段立法資訊網絡分析的初步成果。因仍屬嘗試階段，先選用「台灣地區與大陸地區人民關係條例」（簡稱「兩岸人民關係條例」）作為分析的對象。選取的過程及理由會在後文中說明。同時受限於時間，本文所呈現資料探勘的成果，較聚焦於立法資訊蒐求對象的廣度及重視專業化的程度，尚未觸及政黨間的交叉辯論，說服妥協等較深度資訊網絡發展之分析。

本文計分五節。壹為此前言，貳為理論假設，主要整理國會立法決策與資訊蒐求、資訊網絡等相關文獻，並歸納本文的理論依據，提出相關假設。參為研究方法，一方面說明個案挑選的理由及限制，一方面呈現資料探勘技術運用的步驟及過程。肆為結果分析，主要展示資料探勘個案的成果，並與假設做對照及檢討，伍為結論。

二、理論假設

立法機構審議法案的資訊蒐求及資訊網絡的直接研究在文獻上並不多見。但如果從組織學的角度以及國會決策過程來做理論探索，則可有相當豐富的資料。下面就從組織理論，及國會決策研究兩大方面，來整理相關的發現及理論意涵。

（一）資訊蒐求

首先在組織理論的範疇中，有關資訊蒐求的探討，幾乎相當一致的看法是：不可能完整而全面的向所有的資訊來源去求取，而存在一定程

度的「偏見」（bias）。而這個「偏見」，有些研究認爲是受社會環境的影響（Cyert & March, 1963; Huckfeldt & Sprague, 1987; Kuhn, 1970; Pettigrew, 1979; Pfeffer, 1980; Pfeffer & Leong, 1977; Pondy, 1977; Sproull, 1981; Wilensky, 1964）。有些則認爲是因爲資訊蒐求者本身認知或情緒因素所造成的限制（Downs, 1957; Greenwald, 1980; Nisbett & Ross, 1981; Tversky & Kahneman, 1974）。有些則將這種資訊蒐求的「偏見」歸因於文化因素（Feldman & March, 1981; Geertz, 1973; Lincoln, et al., 1981; Meyer & Rowan, 1977; Sampson, 1981）。綜合而言，組織理論中，各家對組織資訊蒐求的共識是來源的有限多元（limited pluralism），而造成「有限」的方向及因素，則視研究的途徑及架構而定。

在國會這樣的組織中[4]，它的資訊蒐求習慣是否也呈現組織理論所揭發的「偏見」現象呢？相關的文獻顯示似也確實如此。大體而言，有關國會的決策研究，也受切入的角度或途徑之影響，而對其資訊蒐求「偏見」的方向，有不同的發現及詮釋。一樣從組織的角度切入，Jacobs 和 Rich（1987）基本預設任何組織就是要避免不確定性，爲了要維持一個較確定的環境，組織會對環境規劃出不同的情境，並準備應付各不同情境的標準操作程序（Standard Operating Procedure, SOP）。根據這一套預設，Jacobs 和 Rich 應用到美國國會次委員會（subcommittee）的決策情境的資訊蒐求情形，他們將決策預設爲有問題導向（problematic）及非問題導向（non-problematic）兩種。非問題導向的情境中（正常的）組織標準操作程序下的資訊蒐求是喜歡內部資訊來源超過外部的；但在問題導

---

[4] 應用組織學研究立法機構，最早爲 D.W. Brady，在一九八一年發表"Toward a Diachronic Analysis of Congress." In *APSR*（Fall）：988-1006，引起頗多反響，研究立法機構的著名學者如 Nelson W. Polsby 及 S. C. Patterson 都曾爲文批評，附載於 Brady 之文後，但 Patterson 日後研究取向，相當接受組織學之概念，而致力於立法機關做爲一整體組織，對外表現所受到評價的跨國比較，可參見 L. Longley, op. Cit., Ch6, pp.86-106，另亦可參見 Weingast, Barry R. & Marshall, William, 1988, "The Industrial Organization of Congress; or, Why Legislatures, Like Firms, Are Not Organized as Markets", *Journal of Political Economy* (96): 132-63.

向的情境下，資訊蒐求的對象較不可預測（1987，p.8）。Jacobs 和 Rich 也進一步定義所謂的問題情境為「新的、複雜的，或以前並未得出滿意決議而一直有爭議的」（p.13）。而所謂內、外部之區分，則是以組織的疆界或程序規定為依歸。他們用國會次委員會所邀請的資訊提供者（informants）的背景為資料所做的研究分析，與他們的理論預設尚相符合。

然而，Jacobs 和 Rich 對問題情境的定義，及資訊來源的內、外部之分，還是不免模糊，也有時空條件的問題。所以，Feldman 和 March（1981）這一派學者，則主張大的文化情境其實才是型塑標準操作程序，與影響組織資訊蒐求方式及方向的重要因素。例如，西方文化重視「理性」，所以，一些被視為應是講求理性的機構，如國會，資訊蒐求上應會重視相關性，講求專業性，呈現出「知識就是權力」的架勢。相對的，在東方社會，較沒有所謂講求「理性」的傳統，即使如國會機關，依據廖達琪九〇年代的研究，在資訊蒐求上，仍是較強調「地位是知識」或「官大學問大」（1990，1991）。但這種情況在台灣民主化的持續發展，政黨競爭出現後，是不是有所改變，或是至少有相當程度的變化，而植入一些西方民主競爭體制所強調的「理性」價值，從而在國會的資訊蒐求習慣上，有「理性化」的傾向出現，則是其論文無法答覆的。

除了組織的角度，從政治的角度切入，關於立法機關決策的討論，文獻豐富，雖不是直接從資訊蒐求或資訊網絡的觀點來分析，但因決策必然有某種資訊情報的聯結（Downs, 1957; March & Olsen, 1976; Wildavsky, 1979; Padgett, 1980; Feldman, 1989; Simon, 1956; Nelson & Winter, 1982），所以從決策模式中，或可推想立法者個人，立法機構的委員會，或立法機構整體可能的資訊蒐求及資訊網絡模式。下面的文獻評述，綜合這三個層次，而以資訊蒐求可能的對象及資訊網絡建構的可能方向為歸納標的，來做整體的整理及評述。

首先，就資訊蒐求可能的對象而言，大體可歸納為下列七大類：

1. 政黨取向：也就是不論委員層次的投票決定、委員會層次的審議法案、院會層次的決議，政黨的立場，或黨鞭的指揮，扮演最重要的訊息提供角色。這在一般國會決策研究中，常被稱為「政黨中心模式」（Cox and McCubbins, 1993; Kiewiet & McCubbins, 1991; 黃秀端，2000）。這一模式雖是傳統支持政黨政治者的理想（Sundquist, 1992; Crowe, 1986），但在國會的政治現實中，尤其是以美國國會做研究標的的相關文獻，「政黨取向」的資訊蒐求模式並不強（Cox & McCubbins, 1991; Clausen, 1973; Herbert & Weisberg, 1978; Collie, 1984; Collie & Brady, 1985; Brady, 1979）。針對台灣立法院的相關研究，「政黨取向」的資訊蒐求及決策模式，雖是台灣整個政體民主化以後才成為研究焦點，但所得發現都還未到定論的時候。如盛杏湲（2000）以第三屆立委為對象所做的探討，當時國民黨仍是立院過半的執政黨，但已發現立委（尤其國民黨）的代表取向與行為已漸不受政黨指揮，而傾向選區（頁56-57）。公元二〇〇〇年，行政部門的政黨輪替後，台灣亦引進分立政府的概念（divided government）[5]，來探討立法院的決策過程，如黃秀端（2004），以第四屆及第五屆第一會期及第二會期立法院內所有記名表決資料分析，得到結果顯示一致政府時期，立委投票結盟的政黨取向較弱；但在分立時期，政黨團結度較高。不過黃文也承認，記名表決只是院會決議的一種，還有其他決策方式（p.22），立法委員的立場，或蒐求決策資訊的依據，並不能探知。所以，楊婉瑩（2002）同樣是分立的角度，探討立法院決策過程的轉變，但完全以第四屆立委為對象，並不僅包括記名投票記錄，也包括黨團提案，立法產出等指標，所得結果卻是「政黨取向」

---

5 參見吳重禮，2000，〈美國分立性；政府研究文獻之評析：兼論台灣地區政治發展〉，《問題與研究》，第 39 卷第 3 期，頁 75-101。

並不是那麼強，政黨間因許多因素進行交換合作的機率仍高（頁29）。這似也表示了，立法院做決議或決策的資訊蒐求有其多元的面向。另，楊文也承認，用分立／一致的概念來研究目前的立院決策現象，時期太短（2000-2002），資料量不夠，很難有定論。綜上，「政黨取向」應是立法機構決策，不論在那一層次，都有其重要性及慣例性的資訊蒐求面向之一。

2. 選區取向：也就是立法者做決策的主要資訊蒐求對象，是他／她所隸屬選區選民的態度。這一面向的資訊蒐求主要出現在立法者個人層次，較少出現在委員會及院會層次，但並不代表不影響委員會或院會的決議結果（Fiorina, 1980; Jacobson, 1992）。

「選區取向」的議員資訊蒐求及立法行為，從文獻上看來特別是受到各個政府體制（內閣或總統制）、選舉制度及相應的政黨體系的影響（盛杏湲，2000；Crowe, 1986; Carey & Shugart, 1995）。如美國的總統制形成行政、立法分立制衡，單一選區但兩黨體系較鬆散，國會議員比較要靠自己經營選區來求得當選，就會比較考量選區的需求，在國會中行事（Mayhew, 1974; Carey & Shugart, 1995）。反觀，台灣的體制，依盛杏湲的分析，雙首長制對立法委員的立法或決策行為沒什麼直接影響，但選舉制度及政黨體系扮演關鍵因素（p.43）。尤其一九八○年中期以後，因為國民黨輔選力量的漸弱，民進黨的崛起，加以複數選區鼓勵黨內競爭，促動立委爭取個人選票，而形成立委的行事與行為比較展現「選區取向」（pp.43-60）。這種「選區取向」會不會受到公元二○○一年以後，立院內多黨競爭，政黨合縱連橫的強力需求，而有所改變？也就是立委在做決策時，「選區」的需求是不是仍是重要的資訊蒐求來源，而形成對集體決議結果的影響，目前是無法得知。

3. 意識型態取向：也就是不同的意識型態成為決策資訊來源，可以主導國會議員從個體累積到集體層次的投票決定。美國的學者曾嘗試

用所謂自由／保守的面向來分析院會中的投票結果（Schneider, 1989; Poole, 1988; Poole & Rosenthal, 1985; Poole & Daniels, 1985），並認為這一單一面向意識型態連續光譜，有相當高的解釋力（黃秀端，2004）。但有些學者也持不同看法，認為影響的面向更複雜（Wilcox &d Clausen, 1991; Kingdom, 1989）。在台灣，統獨意識型態常被認為相當主導選民投票，並由此分割政黨立場（王甫昌，1994；吳乃德，1992；胡佛等，1994；陳文俊，1995；盛杏湲，2002），是否也成為立法委員議事投票的資訊來源呢？盛杏湲（2002）的研究顯示，立法委員對統獨立場策略應用的居多，即多與自己選區特質及政黨立場結合（p.16），但不能說沒有「意識型態」取向的考量。且盛的研究主要以第三屆立委為焦點，同樣，第四屆、第五屆不同政黨結構形成的競爭態勢，所謂「泛藍」、「泛綠」的結盟傾向（黃秀端，2004），是不是意識型態做決策資訊的依據，有更強化的情形呢？也有進一步再探索的必要。

4. 政務官：這是指立法者個人及委員會，習於從行政部門的政務官來蒐求資訊。這種情形在美國國會並不多見，反而是事務官（bureaucrats），常是資訊的來源（Jacobs & Rich, 1987; Nash & Scott, 1999）。但針對國內情形，廖達琪以一九六七到一九六九，及一九八六到一九八八的立法院各委員會邀請的資訊提供者（informants）背景為分析素材，發現「政務官」確實有較受重視的現象，而不是對法案或議題較有深入瞭解，或較具專業的「事務官」（1990，1991）。這種「官大學問大」的資訊蒐求傾向，至今是不是仍存在立法院中？也很值得探究。

5. 媒體：這是指立法者及委員會，會以媒體對法案或議題重視的程度，主張的方向，為重要的決策參考資訊。Price（1978）就提出媒體報導多（high-salience），衝突性低的議題，國會議員會爭相表示意見，委員會也會積極處理與其相關的法案。媒體報導少又有

衝突性的，一般國會議員不會積極涉入，委員會也會拖延相關法案的審查；而媒體報導多，而衝突性又高的，議員及相關委員會的反應就變異比較大（pp.548-573）。在台灣，有關媒體報導與立法委員行為，或立法院議事方向及決議結果的探討，實不多見。目前所知，廖達琪曾進行國科會計畫「立法院與台灣地區政治民主化（III）」，即從事這方面的資料蒐集對比；而蔡育倫（2002）用廖達琪所蒐集資料，撰成的碩士論文「台灣民主化歷程中政治菁英、選舉機制及媒體的角色探討──以第一屆立法委員的退職歷程為個案」，確實顯示媒體的報導，與立法院的決策行動有推波助瀾，相互加強的效果（pp.69-96）。所以「媒體」做為立法者及立法機構的資訊來源之一，應是值得多加探索瞭解的。

6. 利益團體：利益團體會提供相關資訊給立法者或立法機構以形成對其有利之決議，已是國會研究的常識。從最早的鐵三角理論（Bentley, 1908; Griffith, 1939; Freeman, 1955），將利益團體、行政官僚、議員視為主導公共決策的關鍵角色；到中期將利益團體的影響力，定位為「偏見的動員」（mobilization of bias），試圖供應各種資訊，來防杜有利於它的法案遭到修正（Bachrach & Baratz, 1962: 947-952）；到近期，鐵三角論受到挑戰，有所謂議題網路（issue network）模式（Heclo, 1978; Kingdom, 1984），但在這個以議題為中心的網路中，利益團體也仍是不可或缺的一環，只是因為公共政策制定的參與者更趨複雜，資訊流通互動的網路也不是「三角」足以模擬。但利益團體做為資訊提供的角色之一，仍是不變。

7. 專家：立法者或立法機構向相關專家求取資訊，以為決策之依據，似乎是議會政治或民主政治應有的模式（Ferejohn & Kuklinski, 1990; Muir, 1982; Robinson & Wellborn, 1991），經驗上雖不盡如理想，但一些研究確實顯示專業資訊在國會中受到重視。尤以美國國會而言，這種趨勢似更見明顯。這些專業資訊可能來自行政官

僚（專業的），相關的學者專家，在某一問題浸潤已久的國會同僚，國會助理，甚至利益團體的代表也會提供相關領域的專業知識（Keith & Krehbiel, 1991; Kingdom, 1989; Muir, 1982; Balutis, 1977, Smith, 1990）。即是在台灣的立法院，廖達琪（1990）的研究也顯示，常任文官經常要出席立法院委員會提供資訊，外部的學者、專家也偶爾受邀出席某一新生法案的公聽會，或較具特殊性的座談會（pp.91-171），雖然他們的重要性似乎不如高階的主管及政務官。向專家求取資訊以爲問政、討論、決議法案的依據，既是國會政治的理念，也有民主先進國的榜樣，實應持續探測瞭解我國立法院在民主化持續發展中，政黨又有實質競爭情境下，是不是更重視「專業的意見」。

以上七項爲根據現有文獻，歸納出國會議員個人或機構可能蒐集資訊的對象。從這些歸納討論中，也可以看出來，國會議員個人，或國會委員會，甚至國會整體，並不是針對每個法案，都一定向這七種對象蒐求資訊，而每一對象的資訊提供角色也是或明或暗。按照慣例（routine）或國會規則（rules），一定有其經常蒐求的類型或習慣，比如政黨及選區就被認爲是較根本的，而行政官員，也是國會規則中（不論那一類國會），必要的資訊提供者，只是其職級、官等大小，與他/她是否能提供適當資訊的關係，恐怕就是有可變性了。整體而言，尤其以美國的經驗而論，似乎有一發展趨勢，就是隨民主發展、科技進步（網路發達），不論慣例性的會議或特殊的情況（如新法案召開公聽會），國會資訊蒐求的對象會較廣，但似也會更要求專業。這一趨勢有沒有逐漸出現在台灣的立法院呢？這也成爲本文試圖探討的焦點問題。

（二）資訊網絡

以上爲針對國會審議及通過法案的可能資訊蒐求對象的歸納整理，

至於相對的資訊網絡應該會是什麼樣貌，相關的研究更是稀少。畢竟，「網絡」（network）的概念，及實際普及於生活各層面，是晚近十幾年的事。如果要從國會決策的角度探討，最早有「資訊網絡」概念，應是鐵三角理論，因為這裏面牽涉了參與角色、訊息、及影響力（Bentley, 1908; Mills, 1956; Griffith, 1939; Freeman, 1955）。不過這個資訊網絡，如前所述，顯然是過度簡化了公共決策背後參與者、資訊流通、及意見發展改變的複雜度。所以 Heclo（1978）提出議題網絡（issue network）的概念，認為影響公共決策的意見提供者，不是只有官僚、民意代表、及利益團體，還有各種立場、目標不盡相同的個人、組織。這些參與者，往往因議題（issue）的興起而聚集，因議題的結束而解散，組成分子也因議題的不同而差異甚大。

這個議題網絡概念的運用，到目前為止，主要是在廣泛的公共政策型塑過程，所以挖掘的是各式利益團體對不同議題的合縱連橫關係及資訊交流（Choe, 2001; Heaney, 2001），或是從行政部門的角度考量，如何對新生議題，以議題網路的方式，引起有興趣的各方，參與討論，提供意見，或交流想法（Heclo, 1978）。應用到議會方面審議議案的網絡發展情形，反而是學資訊管理的莊澤生（2002），他運用 Data Mining 技術，在指導教授林福仁（本文共同作者）的協助下，以高雄市議會有關「市港合一」這一議題的研討經過，建構議題網路。從他的初步應用裏，Data Mining 技術主要挖掘出：(1)參與者群集（那一些人常意見相同）；(2)關鍵參與者及關鍵子議題及其網路演進分析。

莊文因係應用 Data Mining 技術到議會方面的初步嘗試，資料採擷上因擔心高雄市議會本身所記錄「市港合一」討論的資料不完整，所以完全以媒體的相關報導為分析素材，增加不少網路資訊效能評估成本（pp.45-55）。

綜上，從國會立法決策的資訊網絡角度思考，目前文獻很少直接涉及，但並不表示這個網路不存在，尤其有資訊管理的各種技術後，更可

以做某種程度的挖掘發現。從文獻上看，國會立法決策的資訊網絡應該也是由簡而繁，特別是對新生的法案與議題。這個複雜化的傾向，可能牽涉到廣與深兩個面向。廣的是參與者背景方面，如同前面關於資訊蒐求對象部分，尤其台灣的立法院進入政黨強力競爭時期，廣邀不同背景的參與者，加入討論新生法案，應是可能的趨勢。至於深的面向，則可能牽涉到四種變化趨勢：

1. 參與者群集的複雜化，如跨黨派、跨選區、跨利益背景者也有交集，呈現出某些共同觀點。或者說意見常相同的一群人出現的頻率不是那麼高。
2. 觀點轉變的路徑也趨於更曲折，也就是不限於同群集間說服轉變，較常出現因觀點轉變，而群集重組的現象。
3. 法案最後版本的依據，來自專業背景的參與者，較多於其他政治性背景者。
4. 法案審查中，關鍵觀點、意見轉變發展的時間幅度可能由較短到較長。

以上這四點預估的變化趨勢，含有較重的理想性，尤其台灣的立法院，進入結實的政黨競爭時期，不過是這二、三年間的事，而台灣整體大環境的快速民主化歷程，也不過是十八年左右的經驗（一九八七至二〇〇六），若國會審議法案的資訊蒐求及資訊網絡，有向廣度擴張的趨勢，並較追求專業化，已是民主的進步，也讓人肯定政黨競爭做為民主政治的基石，有其理論及實務上的價值。這也成為本文的基本假設：台灣呈現政黨互動競爭的第五屆立法院應比第四屆更重視資訊蒐求的廣度及專業性，以強化競爭能力。

三、研究方法

(一)個案挑選

運用資料探勘技術來挖掘國會審議法案的資訊網絡,如前所述,幾乎是中外文獻上的空白,本文做為初步嘗試,選擇以個別法案的審議情形先做實驗性的探測,再檢討修正擴大應用至立法院第四屆及第五屆的整體情形。所挑的個案為「台灣地區與大陸地區人民關係條例」,挑選的理由為:

1. 第四屆、第五屆立法院均討論並修訂過本法案。且第五屆已修訂過兩次,第一次為二○○二年四月二日三讀通過,修正三條;第二次為二○○三年十月九日三讀通過,增修七十四條,第二次可說是大修。基於第四、第五屆能較對等平行考量,而第四屆的修正亦僅為三條,外增訂一條(見附錄一),與第五屆第一次的修訂規模差不多(見附錄二),乃主要選取第五屆第一次的修訂情形與第四屆進行比較。

2. 本法案在第四及第五屆的修正,都不是以新法案的姿態出現。第四屆是第六修,第五屆第一次是第七修,依照理論推演,舊的而非新的問題情境,資訊蒐求會呈現所謂比較規制化的情形(SOP),從而比較能突顯政黨結構不同對規制化的蒐求資訊,會有什麼影響,也就是本文的關切重點。

3. 相對的媒體報導資料較可尋得。因為資料探勘有處理大量資料的優勢,所以本文在研究設計上,一直將媒體資訊列為法案資訊蒐求及資訊網絡發展的重要媒介之一,也突破以前相關研究在這方面的力有未逮,所以在確認本法案的前後兩屆審查期間,均可透過

聯合知識庫、中時新聞網資料庫及立法院國會圖書館之立法院公報查詢系統，蒐集到較完整的媒體資訊，就更確定以此法案的修訂做跨屆的比較。

4. 考量立法院資料檔儲存立法院公報方式對資料探勘技術使用的便利性。在立法院的資料檔中，「兩岸人民關係條例」是少數幾近完全以 MS Word 檔來儲存的法案。立法院第四屆第一、二、三會期的公報資料，尚以 tif 影像檔儲存，不能直接做文字資料的探勘，必須費時做轉換工作。而本法案小部分的公報記錄仍是影像檔，本研究亦先完成這部分 MS Word 檔之轉換，再進行資料探勘。

依據上述理由，選擇了「兩岸人民關係條例」做資料探勘的實驗，但這個法案也有一定的限制，現說明在后，並提出在研究上所做的一些補救措施：

1. 第一個限制是在資料的時間。因為第五屆對本法案的第一次修正通過時間是二〇〇二年四月二日，其時第五屆立法委員才剛上任不到三個月（二〇〇二年二月一日就任），這時候探索立委們的資訊蒐求網絡，時間點早了些，尤其新任立委超過全部的二分之一（一一四位）；相較於第四屆的修正，立委三年任期已過了將近兩年（一九九九年二月一日至二〇〇〇年十二月五日），前後屆在同一法案上的議事及資訊蒐求的成熟度，顯然會有差別，平行比較，未見公允。

面對這一限制，本文採取的補救措施，是拉長媒體資料探勘的時間序列，同時包含第六修（第四屆）及第七修（第五屆）修正時段的前後時期，以互相對照。在時間的切割上，「六修前」從第四屆立委就任開始算起（一九九九年二月一日），直到六修通過的後一天（二〇〇〇年十二月六日）（為了新聞報導資訊的考量），「六修後」則為再後一天（二〇〇〇年十二月七日），直至第四屆任期結束（二

○○二年一月三十一日）。七修前後的時間切割，儘量比照辦理，唯第五屆任期尚未結束（結束點為二○○五年一月三十一日），只能以本文要完成的時限為考量，切割在二○○三年十一月三十日，讓第五屆立委也有較公平的近兩年表現時間[6]（詳細切割時間分段見附錄三）。

2.第二個限制是法案本身具有濃厚的政治性，或意識型態框架，恐怕不具立院審查一般法案時，蒐求資訊類型的代表性，政治立場或意識型態的影響可能會比其他法案更深些。關於這個限制，本文的思考是：如果這麼政治性的法案，在資訊蒐求或資訊網絡的發展上，都有求廣闊，求專業化的趨勢，台灣的政黨競爭才真是步入鞏固民主的正軌。如果這個法案的資訊網絡沒有朝此方向發展，固然不是民主鞏固上的一個樂觀訊息，但也不能完全悲觀，還要看看其他面向。所以針對這個法案，本文在資料探勘上，又再區分出政治性及社會性議題。所謂社會性議題，主要是指媒體標示為社會新聞，內容包括因違反「兩岸人民關係條例」而報導的走私、偷渡、賣淫等事件，其他都歸類為政治議題。本文也企圖做這兩種議題資訊網絡的比較，探勘第四屆與第五屆有何明顯不同。

（二）資料探勘的步驟與執行過程

■步驟

資料的蒐集可以區分為兩部分，第一部分是屬於正式性公告的資料，如立法院公報、行政院議案關係文書等，第二部分則是屬於網路上的相關新聞，透過系統自動擷取的方式，蒐集與該法案相關的公報及新聞資料，並將公報的 MS Word 格式及新聞的 HTML 格式，轉換為純文字

---

[6] 立法院公報因二○○三年十月後進入第八修期程，而本文主要比較第六及第七修，所以立法院公報部分並未延長至二○○三年十一月做分析，而主要集中在有關第六及第七修的委員會討論記錄。

格式。之後，再經由政治領域的專案，將重覆性的新聞或與該法案相關性過低的文章剔除，完成資料清除的動作。在第三步驟則是擷取文件屬性，將用來描述該文件的屬性，如新聞的標題、記者、報別、版別、時間等資訊，從文章中擷取出存放於資料庫中，建立起資料的 Metadata。

在完成前三步驟後，使用學者簡立峰（1999）提出植基於 PAT-tree 的中文資訊擷取方式，擷取出與該法案相關的資訊，並用以提供政治領域的專家，建構與本法案相關知識本體（Ontology）的依據。透過此一流程，將可以描繪出本法案的主幹（backbone），使後續資訊處理的過程能有所依據，並有助於提升資訊擷取的成效。

在資料轉換的過程，是要將上述擷取出未結構化的資料，轉換為系統可以處理的格式，在本步驟可以區分為三個子步驟，分別為詞語分析、重要詞彙篩選及資料正規化的動作。首先，純文字的資料會經由詞語分析系統 ICTCLAS（Institute of Computing Technology, Chinese Lexical Analysis System）轉換為單詞，並標註詞性。ICTCLAS（Zhang, Yu, Xiong, Liu, 2003）是由中國大陸中國科學院計算技術研究所，利用隱藏式馬可夫模型（HHMM）針對中文字的詞語分析系統，其可以將一段中文字，分隔成最小的單詞，並標註其詞性，再透過詞性組合規則，則可將單詞連接成片語。因此透過詞語分析系統，可將一段文字轉換為個別的詞語，並捨棄其他詞性，僅留下名詞和動詞，做為代表文章的詞語向量（term vector）。除了區分出名詞和動詞外，亦針對名詞進行 named entities parser 的動作，擷取出人名、地名及組織機構名稱三種不同的特徵值。學者 Hatzivassilogou、Gravano 和 Maganti（2000）提出，透過不同特徵值有助於後續分群的準確度。根據其不同詞性標註擷取出的詞語，如名詞（noun）、動詞（verb）、人名（nh）、地名（ns）、組織機構名稱（ni），再透過 XML 格式存儲存。

第二子步驟是重要詞彙的篩選，其主要目的是精簡每份文章的詞語向量，選出更能代表該篇文章的詞語。透過 TF（Term Frequency）和 IDF

（Inverse Document Frequency）的權重方式（Salton, G., Buckley C., 1988），挑選出重要詞彙。而第三子步驟則是詞語的正規化，透過事先建立好的 Ontology 架構，可以對於詞語進行正規化的動作。例如：陳總統與陳水扁其所代表的人是相同的，因此系統會統一將陳總統轉換爲陳水扁，讓相同意義的詞語都能用相同的詞彙表達。除此之外，系統亦會將包含於 Ontology 中的詞語之詞性，轉換爲重要詞彙（nx），透過此一轉換

表一　系統流程匯總表

步驟	任務	描述
步驟一	資料蒐集（Data collection）	透過系統蒐集與法案相關的資料
步驟二	資料清除（Data cleaning）	將與法案不相關資料或重覆性資料移除
步驟三	文件屬性擷取（Metadata collection）	取得描述文件之相關資料，例如日期、標題、記者等
步驟四	建立知識本體（Ontology）	透過政治領域的專家和系統擷取出的資訊，建構其知識本體
步驟五	資料轉換（Data transformation）	將未結構化的文本轉換爲系統可以處理的格式
	詞語分析（Lexical analysis）	將資料轉換成帶有詞性的單詞片語，並轉存成 XML 格式
	重要詞彙（Significant term）	透過 TF*IDF 的方式將重要詞彙保存下來，移除相關性不高的詞彙
	資料正規化（Normalization）	將相同意義的詞語，利用相同的詞彙來表示
步驟六	子議題界定（Issue identify）	界定出該法案審查時，有哪些相關的議題被討論
	權重值學習（Weight learning）	透過數理的方式，決定每種詞性值所使用的權重爲何
	分群（Cluster）	透過分群的技術將相關的資料群聚在一起，用以界定出議題
步驟七	參與者行爲（Informant behavior）	匯整出一個議題中有什麼人參與，表達過什麼意見，其又在議題中扮演什麼角色
步驟八	資訊呈現（Presentation）	透過 GUI 的方式，將匯整後的資訊呈現給使用者，並提供相關機制協助瀏覽

動作，可以標示出法案主幹中被提及的重要詞性，有助於後續議題界定的成效。

在步驟六的子議題界定，則是要透過蒐集到的資料，分析出在該法案審查時，有哪些相關的議題被討論。其亦可以區分為二個步驟：權重的學習及分群。前者主要的目的在於找出分群時所需的權重值。在此，本研究透過 log-linear regression model 的數理化方式（Hatzivassilogou et al., 2000），找出最佳權重值。其透過人工的方式，將資料進行分組後，再透過 logistical 線性回歸的方式，求得每個權重，其公式如下：

$$\eta = \sum_{i=1}^{k} w_i \cdot V_i \qquad R_j = \frac{e^{\eta_j}}{1 + e^{\eta_j}} \tag{1}$$

其中，w_i 是代表權重值，V_i 是每個文件中的詞語向量，當第 j 組的文件屬於同一群時，R_j 為 1，否則為 0。當決定完權重值後，則開始進行分群的動作，在本階段所使用的是 Hierarchical Clustering Method 中的 Group Average Link 的做法，對文件進行分群的動作（Frakes, Baeza-Yates, 1992）。其相似度的算法是採用 Cosine Coefficient，文章 D_i 與文章 D_j 的相似值如下所示：

$$S_{D_i, D_j} = \frac{\sum_{k=1}^{L} (weight_{ik}\, weight_{jk})}{\sqrt{\sum_{k=1}^{L} weight_{ik}^2 \sum_{k=1}^{L} weight_{jk}^2}} \tag{2}$$

透過文章與文章間的相似值計算、Group Average Link 方法及相似值臨界值的給予，便可以完成議題的分群。

第七步驟則是界定出議題中的參與者行為，藉由找出某一議題中的參與者和其表達過的意見，可以瞭解參與者在該議題中所扮演的角色，即 who says what, when, how。最後一步驟，資訊的呈現則是採用圖形化使用者介面（GUI）的方式，讓使用者可以透過瀏覽器的方式，瀏覽系統處理後的資料。在資訊呈現中的議題名稱標註（labeling），則是透過下述公式，取出權重值最高的前三個做為議題名稱。

$$\log(tf) \times weight \qquad (3)$$

在標註上不採用 *TF×IDF* 的方式，主要的原因為分群後的文件所採用詞語相似度很高，若採用 IDF 的方式，將使得在每篇文章中都出現的詞語，權重值過低，反而無法正確的描述該群新聞議題。而採用 log 的作法，將可以降低大量出現詞語的重要性，並輔以詞性權重值，讓其他有相關性的詞語也能夠被採用。除此之外，系統亦提供回饋的機制，使用者可以個人將相關的想法、看法，記錄在系統中，做為日後參考的依據。

■系統建構

系統架構如**圖一**所示，整個系統可以區分為三大塊，分別為資料前置處理、資料分析與資訊呈現。資料前置處理主要將蒐集到的資料，經過資料的清除、屬性的擷取，再轉換為系統可以分析的資料格式，並傳送至下一階段。第二區塊為資料的分析，其將由上一階段獲得的資料，做子議題的界定和參與者行為的分析，並將結果存放至法案形成過程記錄的資料庫中，以待使用者的瀏覽。而第三區塊，也是最後一階段的資訊呈現，則是將存在資料庫中，經過匯整的法案形成過程，經由圖形化界面的形式，讓使用者進行資料瀏覽及查詢。而整個系統基置於該法案的 Ontology 上，藉由知識本體的建立，可以讓系統的產出結果更為完善。

■執行過程

本研究經回溯評估立法院第四及第五屆所有已通過的法案，考量到要比較立法院兩屆資訊蒐求及資訊網絡，因此選出【台灣地區與大陸地區人民關係條例】為系統實驗研究對象。經透過聯合知識庫、中時新聞網資料庫及立法院國會圖書館之立法院公報查詢系統，從聯合知識庫共蒐集到新聞 2,134 則、中時新聞網 1,200 則及立法院公報 429 篇，時間為一九九九年二月一日（第四屆立法委員任期開始）至二〇〇三年十一月三十日（最後一次修定兩岸人民關係條例後二個月）。將蒐集到的資料經政治領域專案審查後，移除重覆及不相關者，保留聯合知識庫 1,945 則、

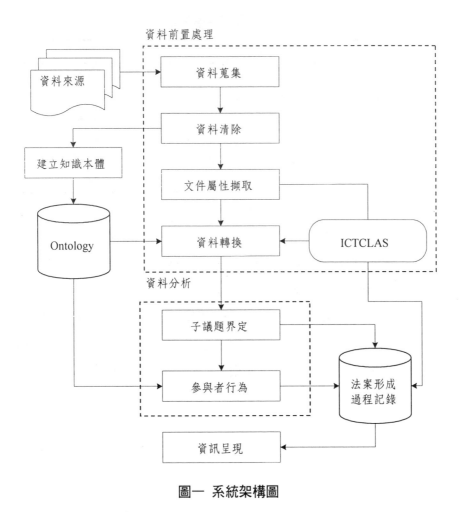

圖一　系統架構圖

中時新聞網 994 則、立法院公報 45 篇。

　　若將在上述文集中的社會新聞移除，例如因違反兩岸人民關係條例
而被報導的走私、偷渡、賣淫等新聞，僅留下政治議題，可以獲得另一
政治議題的文集（Corpus）[7]，內有聯合知識庫 1,194 則，中時新聞網 826
則。而移除的社會事件，再歸類為社會事件議題，[8]內有聯合知識庫 751

---

[7] 政治議題文集以（政）表示。

[8] 社會事件議題文集以（社）表示。

表二　各詞性權重表

詞性	說明	權重
noun	名詞	16.9
verb	動詞	1.0
nh	人名	62.4
ns	地名	45.4
ni	組織機構名稱	20.1
nx	重要詞彙	79.3

則，中時新聞網 168 則。至於立法院公報部分，因為資料量少（45 篇），故未能再細分出政治及社會議題兩類。在取得正確的文集後，擷取出文件屬性，並藉此建立「兩岸人民關係條例」的 Ontology。

在資料轉換的步驟，透過詞語分析系統 ICTCLAS 共擷取 53,739 詞語，經由 TF*IDF 的方式做重要詞彙的過濾，留下權重值較高的三萬個詞語，並將詞語做正規化表達，達到相同意義的詞語會利用相同詞語表達。在子議題界定的階段，先透過人工的方式，將一九九九年至二○○○年六月的資料（364 篇），利用人工手動分群的方式，找出正確分群結果，再將其結果，透過 SPSS 的 log-linear regression model 學習出正確的權重值，其權重值如**表二**所示。

分群前，我們透過兩種方式決定時間區段，一為法案修定時間，二為立委屆數。前者以法案第六修（二○○○年十二月五日）、第四屆結束、第七修（二○○二年四月二日）的時間點，將整個時間區段分為四個時期，而時間切割點會向後延伸一天（Swan & Allan, 2000），因為通常新聞報導會比實際日期延遲一天。後者僅比較第四屆與第五屆的差異，因此以第四屆結束（二○○二年一月三十一日）為時間切割點，詳細時間區段及各區段的議題數，見附錄三。

分群時，先建立起文件與文件間的 Similarity Matrix，再透過 Group

表三　參與者角色說明

角色	說明	舉例
官	政府官員	政府機構人員，如官員、縣市長等
立	立法委員	第四屆與第五屆立法委員
政	政治人物	政黨主席、發言人及縣市議員等
產	產業人士	業界總經理、發言人等
陸	大陸人士	大陸官員及相關人士
學	學界人士	學校教職員及相關研究機構
記	報社記者	各報社記者
警	警察檢調	警察、檢察官、法官等
組	組織機構	非營利事業機構人員
其	其他人士	其他不在上述分類人士

Average Link 的方式，在臨界值爲 0.29 的情況下，進行分群，再把結果存入資料庫中，待使用者查詢結果。在分析參與者行爲的階段，則匯整出議題的參與者，其在該議題中表達過什麼意見。除了可以從議題中找出參與者，亦可以從參與者的角度來觀察其參與過哪些議題，做到更彈性的關連。除此，本研究依前面理論將參與者角色區分爲十類，舉例說明如**表三**所示。

　　議題的標註上，系統會選出某一議題中，最常被提及的三個關鍵詞彙來代表該議題，例如某議題的標註爲「直航 媽祖 宗教直航」，其代表該議題應該是討論宗教直航的議題。

　　最後，系統呈現的結果，則如**圖二**所示，先透過左邊視窗選擇時間區段後，會列出該時間區段內的議題，點選議題後，則會顯示該議題內討論的新聞和參與者，並在右方視窗會列出此議題中的重要詞彙、參與者及相關統計資料。當點選新聞後，則會顯示新聞的原文，方便使用者瞭解事件的報導，如**圖三**所示。若點選參與者，會顯示其發言與被提及的情況，若該參與者有參與其他議題，亦可以在視窗中顯示，如**圖四**所

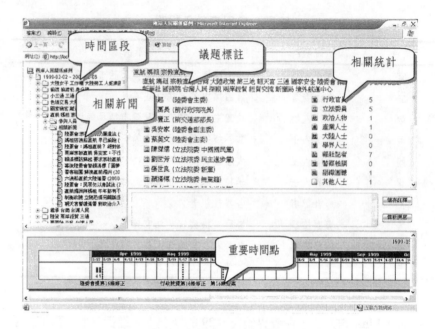

圖二　系統資訊呈現圖(1)

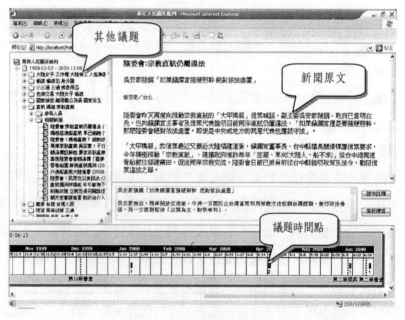

圖三　系統資訊呈現圖(2)

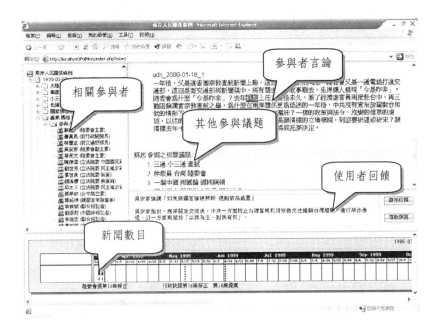

圖四　系統資訊呈現圖(3)

示。下方的時間軸圖，則會顯示相關新聞出現的時間點當天的新聞數和利用顏色來區分新聞出現頻率，例如，若新聞數為 2 時，顯示藍色，大於 3 時，會顯示紅色，讓使用者可以快速瞭解哪天被報導情況最高。除此之外，亦標註出法案修定重要事件時間，方便使用者瞭解事情發展的始末。而右方中間的文字方塊，可以做為使用者回饋的機制，自行記錄與該事件相關的資料，以做為日後研究所用。

■文本分析

　　除了量化的分析外，系統亦提供質性的文本分析（如圖五所示），可以讓不同的研究者，在同時針對某一參與者在某一議題上的傾向上，做出註解，並可供後續分析研究之用。在登入系統時，研究者可以先選擇欲分析的文本，而文本則會先依據不同的參與者區分成數個區塊，研究者可以透過系統提供的介面，進行區塊的調整，以確定分析的標的對象。調整完區塊後，研究者可以點取某一區塊進行分析，並選取參與者和議

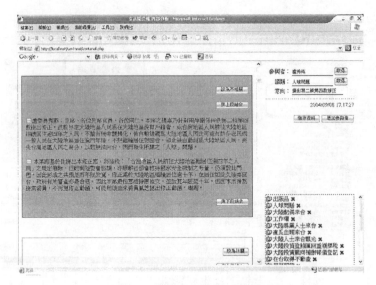

圖五　文本分析系統展示圖

題，填寫意向後儲存。若該區塊有多個參與者，研究者亦可以點選「增加參與者」，設定多個參與者。當所有的資料都蒐集完成後，可做為後續研究分析使用。

在立法院公報與新聞事件的結合上，可以透過文本分析的結果，先取得當時立法院主要討論的議題和修正的方向，並以此做為自主映射網路（Self-Organizing Map，SOM）（Kohonen，1982）初始種子，透過本演算法，可以將與立法院討論相關的新聞群聚在一起，形成一個二維平面的議題群聚圖，使用者可以快速地瞭解哪些議題彼此之間的相關聯程度，並連結回當時的立法案審議的過程。

四、結果分析

（一）立法院公報部分

因為「兩岸人民關係條例」的第六及第七修都屬較小幅度的修正，立法院公報所載相關討論內容，經篩選後僅得四十五篇，數量不多，無法做較細的類別分析（如區分為政治及社會議題），資料探勘的整體初步結果分別呈現在**表四**及**表五**。

表四中展現第七修顯然有較多的議題出現（十一項），第六修的議題

表四　立法院公報資料探勘

六修			七修		
議題	立	官	議題	立	官
人球問題	6	2	三通	1	1
工作權	15	3	涉密人員	2	2
大陸配偶來台	5	2	大陸投資廠商補辦報備登記	2	3
大陸專業人士來台	19	1	大陸投資盈餘匯回重複課稅	2	1
大陸人士來台觀光	8	0	大陸招商	1	1
直系血親來台	1	1	大陸勞工來台	1	1
			大陸看診	1	2
			學歷認證	2	1
			出版品	3	1
			在台取得不動產	3	2
			銀行設立分支機構	1	1
平均	9.00	1.50	平均	1.73	1.45
標準差	6.72	1.05	標準差	0.79	0.69

	立（平均）	官（平均）
平均每議題參與人數		
第六修	9.00	1.50
第七修	1.73	1.45
平均每人參與議題數		
第六修	1.54	2.00
第七修	1.80	2.83

則較集中（六項），而且六、七修的議題幾近完全沒有重複，看來第七修時，第五屆新上任的立委們，頗有備而來，拋出些議題，不見得在第七修修訂的三個條文範圍內（見附錄二）。也因此讓第五屆立法院在一開頭運作時，至少在審查「兩岸人民關係條例」上，就顯得似乎不是那麼專精的投入某一議題，表五中呈現的統計結果，也在訴說這樣的傾向。在第六修時，平均每議題的立委參與數，高達 9.00 人，第七修則僅 1.73 人；但平均每立委參與的議題數，第六屆是 1.54 個，第七屆則爲 1.80 個。第七屆每個立委關注的幅度似較廣一些。相對的，在立法院委員會接受詢問，提供資訊的官員，第七屆則顯得更集中一些，而不是更普及；如表五所顯示的，官員在每個議題參與表達情形，第六修平均 1.50 人，第七修則稍微少一些，平均 1.45 人，而在每人參與的議題數方面，第六修平均 2.00 題，第七修高達 2.83 題，如果再計算標準差，官員參與議題數的標準差達 2.99[9]，顯示答詢的官員相當集中，造成答詢分布如此不均。如果細究第六及第七修審查「兩岸人民關係條例」的委員會發言記錄（見附錄四），確實發現第七修官員答詢相關議題的過度集中情形（當時陸委會副主委鄧振中回答相關議題數八題，陳明通爲五題）。

---

[9] 表五中各項的標準差，從第六修每議題參與立委數開始到官員數，到第七修；再到第六修每人參與議題數的立委及官員部分及第七修，依序為：6.55/1.37；0.79/0.69；0.79/0.84；0.92/2.99。

從以上對立法院公報所探勘「兩岸人民關係條例」相關資料的結果，似乎和我們的理論預期並不相合，第五屆第七修時的立法委員並沒有比第四屆第六修時對議題更專注，似也沒有更廣闊的資訊搜尋，對每個議題表達意見者少了，而每位立委參與的議題數又多一些，同時現場提供相關議題資訊的官員，也明確較集中在少數一、二人身上。但如同前面所提，第七修是第五屆一開議時即進行（二○○二年四月），苛求立法委員們此時能專精，未見公允，所以在資料探勘的時程上，尤其媒體部分，特別拉長至二○○三年十一月三十日，[10]以求有較對等平行的比較。以下接著討論媒體探勘的結果。

（二）媒體部分

經過資料探勘「兩岸人民關係條例」在立法院第四及第五屆的第六及第七修前後的相關媒體資料，所得的整體結果見下面**表六**。從表六看來，立法院在「兩岸人民關係條例」這個個案的審議上，第五屆似並沒有更優於第四屆的資訊蒐求廣度及專業化傾向。因為一者第五屆對法案相關議題有參與的人數，並沒有第四屆多（1627/1882）；再者就平均每一個議題的參與人數而言，第四屆的平均數（13），也是較第五屆（11.02）為多；但就每人參與議題數的平均值而言，第五屆則顯得較不專注，每人平均參與 2.24 議題，第四屆則才 1.66；如果再看參與人的角色背景，第五屆顯然較第四屆集中在「官員」及「立委」兩種身分（分別為 4.12 及 4.50，相較於第四屆的 3.18 及 2.52），而較具專業傾向的如學者、產業人士，及非營利事業組織等並沒有明顯的成長，和第四屆相較，只能說稍好一點（在「學」的對比為 1.30：1.16，「業」為 1.30：1.36，「組」為 1.30：1.05）。

---

[10] 同註 6。

表六　法案屆別與參與者角色匯整表

項目	官	立	政	業	陸	學	記	警	組	其	合計
總參與人數[11]											
第四屆	154	98	37	66	42	32	365	80	40	968	1882
第五屆	155	128	39	141	43	46	383	58	46	588	1627
平均每議題參與人數											
第四屆	2.04	1.03	0.34	0.38	0.28	0.15	4.03	0.36	0.18	4.22	13.00
第五屆	1.93	1.74	0.34	0.56	0.27	0.18	3.78	0.21	0.18	1.83	11.02
平均每人參與議題數											
第四屆	3.18	2.52	2.22	1.36	1.57	1.16	2.65	1.09	1.05	1.05	1.66
第五屆	4.12	4.50	2.87	1.30	2.12	1.30	3.27	1.17	1.30	1.03	2.24

表七　法案修正時期與參與者角色匯整表

項目	官	立	政	業	陸	學	記	警	組	其	合計
總參與人數											
六修前	90	48	21	20	17	13	230	55	6	588	1088
六修後	104	78	22	49	30	22	260	28	36	402	1031
七修前	42	31	10	15	5	12	100	5	4	76	300
七修後	138	124	35	137	40	36	360	55	45	517	1487
平均每議題參與人數											
六修前	1.92	0.80	0.38	0.22	0.24	0.12	3.93	0.52	0.06	5.73	13.93
六修後	1.83	0.94	0.25	0.38	0.24	0.14	3.38	0.18	0.21	2.43	9.99
七修前	1.45	0.89	0.26	0.32	0.09	0.26	3.04	0.09	0.08	1.45	7.94
七修後	1.90	1.75	0.35	0.56	0.29	0.14	3.66	0.20	0.19	1.77	10.80
平均每人參與議題數											
六修前	2.28	1.79	1.95	1.20	1.53	1.00	1.83	1.02	1.00	1.04	1.37
六修後	2.99	2.05	1.95	1.33	1.37	1.09	2.21	1.11	1.00	1.03	1.65
七修前	1.83	1.52	1.40	1.13	1.00	1.17	1.61	1.00	1.00	1.01	1.40
七修後	4.13	4.23	3.00	1.22	2.15	1.19	3.05	1.11	1.24	1.03	2.18

---

[11] 總參與人數在計算上是以時間區段為區隔，計算在該時間內出現的不重複人員個數。例如陳水扁在第四屆中的某二個議題中都有發言，但僅計算為一次的出現。

表六呈現的結果是就立法院第四屆及第五屆分析時段的整體計算。如前所述,這兩屆在審議「兩岸人民關係條例」的時間點上不太對等,所以再區分為六修前、後及七修前、後四時段,**表七**即呈現分時段的分析結果。

　　如果「六修前」(立委已就任近兩年)與「七修前」(立委才就任不到三個月)做對比不盡公平,「六修後」與「七修後」則較能對稱。從表七可見,「七修後」比「六修後」是有較多的參與議題人數(分別為 1487 和 1031),而平均每議題的參與人數也相對較高(分別為 10.80 和 9.99);但在專精度或專業化上卻未見更優於第四屆,因為一方面「平均每人參與議題數」,「七修後」仍以 2.18 領先「六修後」的 1.65,且「立委」和「官員」的平均參與議題數都較前高出甚多(在「官」為 4.13:2.99;「立」為 4.23:2.05)。突顯出這兩種角色在「七修後」審議這項法案上資訊提供的權重增加。而另一方面代表專業化傾向的「業」、「學」或「組」的參與角色,則並沒有較前明顯增加(對比依序為 1.22:1.33,1.19:1.09,1.24:1.00),倒是比較有政治意味的「政」(見**表三**說明),及「陸」(大陸人士),較前有明顯的增加(對比依序為 3.00:1.95,2.15:1.37)。就分時段的比較看起來,第五屆的「七修後」比第四屆的「六修後」,雖然參與的廣度增加了些,但「專精度」則未必深化,而政治性的角色意見反而有加權的現象。這與理論預期並不太吻合,但前面亦已提及,此法案本身具有相當的政治性,某種程度也會影響它的資訊網絡,尤其第五屆立法院,政黨競爭的局面是沿著所謂藍、綠的界線,而這種界線,又主要以政治性的意識型態做區隔,所以面對此「政治性」法案,會以「政治性」資訊掛帥,勢所難免。本文在對個案的限制做檢討時,也提及此一問題,並提出一個補救措施,也就是將與法案相關的議題,區分出「政治性」及「社會性」兩類,試著探看離開較敏感的政治議題區後,「社會性」議題的資訊網絡會不會呈現第五屆較優於第四屆的情況。下面**表八**到**表十一**就分別呈現區分議題後的結果分析。

從**表八**看來，在「政治議題」部分，第五屆比第四屆也是參與人數有增加（分別為 1024：728），每議題參與人數也稍多（分別為 8.28：7.76），表示資訊蒐求廣度或有擴張，但同樣是深度，也就是資訊網絡的專精取向，並不明確，在每人參與議題數仍是第五屆高於第四屆（分別為 2.89：2.37），而且資訊蒐求對象的密集度，仍主要落在政治領域中的「官」、「立」及「政」三類別中（依序對比為 4.74：3.53，4.70：2.57，3.82：2.96）。其他類別變化較大的也是政治性高的「陸」（大陸人士）（分別為 2.21：1.62）。至於較可能為專業訊息提供者的「業」、「學」、「組」等，第五屆比第四屆稍多一點，不是太明顯（依序對比為：1.39：1.38，1.19：1.18，1.35：1.00）。至於**表九**所呈現「政治議題」分時段結果分析，其趨勢大體類似於**表六**之整體現象，也就是資訊蒐求的廣度有擴大跡象，但深化的專精度，則未見明顯出現，而政治性角色在資訊網絡上的權重則尤甚於前。

在「社會議題」方面的情形如何呢？**表十**的第四及第五屆整體趨勢顯示，對「社會議題」的參與人數，第五屆少於第四屆（分別為 940：1428），

表八　法案屆別與參與者角色匯整表（僅政治議題）

項目	官	立	政	業	陸	學	記	警	組	其	合計
總參與人數											
第四屆	137	83	26	52	34	22	224	9	29	112	728
第五屆	137	125	28	118	39	42	288	17	37	193	1024
平均每議題參與人數											
第四屆	2.18	0.96	0.35	0.32	0.25	0.12	2.86	0.05	0.13	0.55	7.76
第五屆	1.81	1.64	0.30	0.46	0.24	0.14	2.93	0.06	0.14	0.56	8.28
平均每人參與議題數											
第四屆	3.53	2.57	2.96	1.38	1.62	1.18	2.83	1.11	1.00	1.09	2.37
第五屆	4.74	4.70	3.82	1.39	2.21	1.19	3.65	1.18	1.35	1.03	2.89

表九　法案修正時期與參與者角色匯整表（僅政治議題）

項目	官	立	政	業	陸	學	記	警	組	其	合計
總參與人數											
六修前	84	46	20	18	14	7	124	4	4	54	375
六修後	92	61	11	36	25	17	171	5	25	62	505
七修前	39	30	9	14	3	12	78	3	4	36	228
七修後	122	121	25	115	38	32	268	14	35	160	930
平均每議題參與人數											
六修前	2.48	1.00	0.54	0.28	0.27	0.09	2.82	0.06	0.05	0.70	8.27
六修後	1.87	0.84	0.21	0.32	0.21	0.12	2.61	0.03	0.16	0.42	6.78
七修前	1.63	0.90	0.25	0.31	0.08	0.25	2.62	0.06	0.08	0.71	6.88
七修後	1.73	1.65	0.30	0.46	0.24	0.12	2.82	0.05	0.14	0.50	8.01
平均每人參與議題數											
六修前	2.42	1.78	2.20	1.28	1.57	1.00	1.86	1.25	1.00	1.06	1.81
六修後	3.22	2.16	3.00	1.39	1.32	1.12	2.42	1.00	1.00	1.06	2.12
七修前	2.18	1.57	1.44	1.14	1.33	1.08	1.74	1.00	1.00	1.03	1.57
七修後	4.65	4.45	3.92	1.30	2.11	1.22	3.44	1.21	1.29	1.03	2.82

表十　法案屆別與參與者角色匯整表（僅社會議題）

項目	官	立	政	業	陸	學	記	警	組	其	合計
總參與人數											
第四屆	51	43	19	25	13	11	212	72	13	969	1428
第五屆	58	44	16	34	9	9	188	45	15	522	940
平均每議題參與人數											
第四屆	0.66	0.35	0.20	0.21	0.12	0.08	2.69	0.51	0.10	6.99	11.90
第五屆	0.77	0.46	0.20	0.26	0.07	0.07	2.23	0.37	0.11	3.99	8.54
平均每人參與議題數											
第四屆	1.90	1.19	1.53	1.20	1.38	1.00	1.85	1.04	1.08	1.05	1.22
第五屆	1.78	1.39	1.69	1.03	1.11	1.11	1.59	1.11	1.00	1.02	1.22

項目	官	立	政	業	陸	學	記	警	組	其	合計
總參與人數											
六修前	24	8	5	6	7	6	132	49	3	630	870
六修後	34	38	15	20	7	5	134	24	11	359	647
七修前	7	4	1	1	3	1	31	2	0	51	101
七修後	53	41	15	33	6	8	175	45	15	473	864
平均每議題參與人數											
六修前	0.44	0.10	0.13	0.09	0.11	0.07	2.56	0.54	0.03	7.40	11.48
六修後	0.76	0.57	0.23	0.30	0.11	0.07	2.47	0.34	0.15	4.96	9.95
七修前	0.38	0.17	0.04	0.04	0.13	0.04	1.33	0.08	0.00	2.21	4.42
七修後	0.77	0.46	0.22	0.27	0.06	0.07	2.19	0.37	0.12	3.88	8.41
平均每人參與議題數											
六修前	0.60	0.89	0.42	0.75	0.70	1.00	0.57	1.00	1.00	0.95	0.84
六修後	1.65	1.11	1.13	1.10	1.14	1.00	1.37	1.04	1.00	1.02	1.14
七修前	1.29	1.00	1.00	1.00	1.00	1.00	1.03	1.00	1.00	1.04	1.05
七修後	1.81	1.39	1.80	1.03	1.17	1.13	1.55	1.02	1.00	1.02	1.21

且平均每議題參與人數亦較少（分別為 8.54：11.90），而平均每人參與議題數的專注情形上，兩屆一樣（均為 1.22）；但政治性角色的權重較「政治性」議題方面低許多，雖然兩屆相較，第五屆似仍稍強一些（「官」為 1.78：1.90，「立」為 1.39：1.19，「政」為 1.69：1.53，「陸」為 1.11：1.38），而專業性角色，則仍是兩屆差不多（「業」為 1.03：1.20，「學」為 1.11：1.00，「組」為 1.00：1.08）。而**表十一**呈現的分時段分析情形亦類似，只是「七修後」的參與人數大於「六修後」（分別為 864：647），但與議題平均下來，每議題的參與人數還是少於第四屆（分別為 8.41：9.95），所以也不能說資訊網絡有擴大，在專精度上，亦未見更好。

　　綜合以上**表八**到**表十一**區分議題以後的資訊網絡情形，第五屆較第四屆在政治性議題有資訊蒐求擴大的跡象，但在專精度上未見明顯改

善，反而是政治性角色的資訊權重大為增加。對照於社會性議題，不論就資訊蒐求對象的量或質而言，第五屆似也沒有優於第四屆的資訊網絡。

(三)綜合分析

如上所呈現立法院及媒體的資料探勘結果，是否就完全否定了本文的理論假設——國會中政黨競爭刺激審議法案過程中資訊蒐求的量與質，而形成良性競爭，提升民主政治品質？從目前探勘「兩岸人民關係條例」一個法案的情況，是有點悲觀，但也不能驟下結論。悲觀的是第五屆藍、綠兩邊政黨對立競爭的態勢，似確實影響如「兩岸人民關係條例」這樣較具政治性法案，更政治化傾向的去蒐尋資訊或發展資訊網絡，而對這條例中社會性的議題，第五屆也沒有比第四屆付出更多的關心，去做較廣大或較專業化的資訊蒐求。這種現象目前當然不能稱之為民主進步。

不過，不用全然悲觀，也不到下結論的時候，因為下列三個主要理由：

1. 如果從國會與行政部門相互制衡的角度思考，目前資料探勘出現的趨勢，未必一定是負面的。因為台灣目前的憲政體制向總統制傾斜，國會與行政部門的關係益愈傾向是制衡，而不是融合[12]，這種情形在第五屆立法院有較勢均力敵的兩大陣營對抗，應也會較明顯的出現，所以從**表六**到**表十一**，一再顯現立委較前為積極的參與角色，亦可從這個角度做解釋。

為了能確切比較第四屆與第五屆立法委員對該法案參與情況不同，進一步透過統計分析方式加以驗證。經 χ^2 的檢定後，發現每議題的立法委員參與數和立法委員的議題參與數，並非常態分配，因此採用無母數的 Mann-Whitney 檢定，其檢定後的結果如表

---

[12] 閣揆不需是國會多數黨領袖，也不需經國會同意，而由總統逕行任命，所以無法如內閣制的內閣與國會融為一體。

十二所示。從結果可以推得，第四屆與第五屆立法委員，在全部的文集與政治議題文集上，不論在每議題的參與人數或每立委所參與的議題數都有顯著性的差異。

2. 如果從立法院委員會專精化的角度思考,也就是審查法案的委員會的專業取向,假設參與審查「兩岸人民關係條例」的委員,尤其發言提出議題者,都是隸屬於分配到審查該法案的委員會的委員,這多少是委員會資訊取向專精化的表現,如果都是外部委員會的委員發言提議題,或質詢行政官員,這自不是專業化的取向。那麼依此原則,第五屆是否比第四屆好一些,即使是在起步的階段。

附錄四登錄了第六修及第七修所有立法院在審查「兩岸人民關係條例」法案時，有提到相關議題的立委姓名，及提及的議題數目，並附記各立委的委員會隸屬情形。第六修因係內政、司法、法制三委員會的聯席會議，所以是這三個委員會的委員，都予以註記，不是的則打「X」；第七修則只有內政委員會（全稱為「內政及民族委員會」）審查，是者則標記，其他打「X」。這樣統計下來，第

表十二　第四屆與第五屆於立法委員之統計檢定結果

	每議題立委參與數	每議題立委參與數（政）	每議題立委參與數（社）	立委參與之議題數	立委參與之議題數（政）	立委參與之議題數（社）
Mann-Whitney U 統計量	36094.5	35754	9355	5009	4381.5	878.5
Wilcoxon W 統計量	65014.5	60507	20086	9860	7867.5	1824.5
Z 檢定	-2.111	-2.244	-0.970	-2.706	-1.978	-0.831
漸近顯著性（雙尾）	0.035*	0.025*	0.332	0.07**	0.048*	0.406

* 在 90%的信心水準下顯著,$p < 0.05$（雙尾）** 在 95%的信心水準下顯著,$p < 0.025$（雙尾）

七修是內政委員會成員而提出議題者，達四成，第六修則為三成二；第七修看來委員會專精度好一些，但在議題提出的比數上，內部成員在兩次修訂中，都是三成九左右（38.89%），外部成員來參與表達議題的數量，前後都有六成左右。

委員會外部成員能來發言，是好？是壞呢？從資訊多元化的角度，應不是壞事，但委員會內部成員應多出席，才能聽取到同僚的意見。同時議案表決時，也只有內部成員能參與，所以第七屆內政委員會委員審查「兩岸人民關係條例」時，人數上較高的參與議題討論比率，議題上仍容許外部發言，應是走向資訊蒐求較專精又廣泛的跡象。

不過，這其中的關鍵問題，還是資訊蒐求網絡會不會只是更政治化，或各說各話，而沒有交集，也沒有真正說服溝通，尊重專業的取向。這方面的疑慮還有下面第三點來釋懷。

3. 這畢竟是一個法案修訂過程的資料探勘初步結果，質化的分析也還沒有進行；同時第四屆立院通過修訂或新增有 529 個法案，第五屆到第五會期有 379 個，如取具代表性且性質相似的法案，做資料探勘的跨屆比較，其結果就不一定如此，這也是本研究未來努力的方向之一。

四、結 論

本文試圖探討政黨競爭是否能促進民主品質。依據是民主理論中幾乎視為是理所當然的兩者正向關係。本文的切入點為比較台灣立法院第四屆及第五屆審議「兩岸人民關係條例」的資訊網絡情形，因為一來立法院內的政黨結構從第四屆的一黨優勢到第五屆的多黨並立，正式進入政黨激烈競爭時代；二來，資訊是決策的必要工具，而民主品質的良窳

相當程度也繫於資訊不受限的流通及交換，三者「兩岸人民關係條例」是公認較具意識型態的法案，有關它的資訊蒐求及流通情形，是最能考驗政黨競爭是否可能跨越意識型態的束縛，而做較廣泛、專業的資訊蒐求及網絡發展，從而使法案的審查能有一定的品質。而本文的主要焦點，也就是探測第五屆立法院在多黨競爭情況下，是否能較一黨優勢的第四屆有既廣泛又能專精的資訊蒐求網絡，從而探究政黨競爭是否影響決策產出及相應的民主品質。

　　本文所用方法係資料探勘技術，爲過往政治學研究中所罕用。這個技術的優勢是能處理大量資料並做深入系統的分析，所以本文在探測立法院修法的資訊蒐求網絡上，輸入了包含媒體及立法院公報等相關記錄，係其他方法所不能企及。但再好的方法，也仍需人腦的應用及詮釋，所以本文所呈現的各項視窗，包括立法院及媒體的各種資訊記錄，其進一步的聯結，如某一立委在某一議題的立場及其轉變，與媒體報導相關人士意見的關係等，這都還需要人工先判讀，再做聯結集群分析。這一方面，本文仍未完成，有待將來努力。

　　本文呈現初步的分析結果，雖然並未能完全肯定第五屆的政黨競爭情勢下，確實帶來較廣泛的資訊蒐求及較專精化的取向，但也不全然悲觀，尤其對「兩岸人民關係條例」這樣政治性高的法案而言，將來加入質性的研討，以及更多具不同代表性的法案分析，相信對政黨競爭與民主品質間的正向關係，應可以有更進一步釐清的空間。

參考文獻

■中文部分

王甫昌，1994，〈族群同化與動員：台灣民眾政黨支持的分析〉，《中研院民族所集刊》，第 77 期，頁 1-34。

吳乃德，1992，〈國家認同和政黨支持：台灣政黨競爭的社會基礎〉，《中研院民族所集刊》，第 74 期，頁 33-61。

吳重禮，2000，〈美國分立性；政府研究文獻之評析：兼論台灣地區政治發展〉，《問題與研究》，第 39 卷第 3 期，頁 75-101。

胡佛、張佑宗、歐陽晟，1994，〈台灣價值分歧的結構及統獨立場與投票抉擇的影響〉，發表於台大政治所選舉行為研究小組舉辦的「民主化、政黨政治與選舉」學術研討會。

莊澤生，2002，《利用資料探勘技術發掘議題網絡》。國立中山大學資管所碩士論文。

陳文俊，1995，〈統獨議題與選民的投票行為----民國八十三年省市長選舉之分析〉，《選舉研究》，第 2 卷第 2 期，頁 99-136。

盛杏湲，2000，〈立法問政與選區服務：第三屆立法委員代表行為的探討〉，《選舉研究》，第 6 卷第 2 期，頁 89-120。

盛杏湲，2000，〈政黨或選區：立法委員的代表取向與行為〉，《選舉研究》，第 7 卷第 2 期，頁 37-73。

盛杏湲，2002，〈立法委員有關統獨議題的運作與立法表現〉，發表於台灣政治學會 2002 年年會，中正大學：2002/12/14-15。

盛杏湲，2002，〈統獨議題與台灣選民的投票行為：一九九〇年代的分析〉，《選舉研究》，第 9 卷第 1 期，頁 41-80。

黃秀端，2000，〈立法院內不同類型委員會的運作方式〉，《東吳政治學報》，第 11 期，頁 35-70。

黃秀端，2004，〈政黨輪替前後的立法院內投票結盟〉，《選舉研究》，第 11 卷第 1 期，頁 1-32。

廖達琪，1991，〈黨內民主化的一個障礙——從中國人的資訊採擷習慣談起〉，民主基金會（編）《政黨政治與民主憲政學術研討會論文集》學術研討會，頁 101-127。台北：民主基金會。

蔡育倫，2002，《台灣民主化歷程中政治菁英、選舉機制及媒體的角色探

討——以第一屆立法委員的退職經歷為個案》，國立中山大學政治所碩士論文。

楊婉瑩，2002，〈立法院決策過程的轉變----由一致政府到分立政府〉，發表於台灣政治學會2002年年會，中正大學：2002/12/14-15。

■外文部分

Arnold, D., 1990, *The Logic of Congressional Action*, New Haven: Yale.

Asher, H. & Weisberg, H. F., 1978, "Voting Change in Congress: Some Dynamic Perspectives on an Evolutionary Process." *American Journal of Political Science*, Vol.22: 391-425.

Bentley, A. F., 1908, "The Process of Government", Chicago: University of Chicago Press.

Berry, J. M., 1989, *The Interest Group Society*. USA: Harper Collins.

Bhandari, I., 1998, "Can Data Mining Help in Resolving Political Issue", *The On-Line Executive Journal for Data-Intensive Decision Support*, Vol.2, No.35.

Cain, B., Ferejohn, J., and Fiorina, M., 1986, "The Constituency Service Basis of the Personal Vote for U. S. Representatives and British Members of Parliament", *American Political Science Review*, 78: 110-125.

Cain, B., Ferejohn, J., and Fiorina, M.,1987, *The Personal Vote: Constituency Service and Electoral Independence*. Cambridge: Mass. Harvard University Press.

Carey, J., and Shugart, M. S., 1995, "Incentives to Cultivate a Personal Vote: a Rank Ordering of Electoral Formulas", *Electoral Studies*, 14: 419-439.

Chen, H., and Lynch, K. J., 1992, "Automatic Construction of Networks of Concepts Characterizing Document Databases", *Ieee Transactions on System, Man, and Cybernetics*, Vol.22, No.5, SEP/OCT.

Choe, C. S., 2001, "Public Policy Making and Interest Groups Politics in the U.S: an Analysis of IRCA", *International Area Review*, Vol.4(1).

Cooper, J., and Brady, D. W., 1981, "Institutional Context and Leadership Style", *American Political Science Review*, 75(June): 411-425.

Cooper, J., and Brady, D. W., 1981, "Toward a Diachronic Analysis of Congress", *American Political Science Review*, 75: 988-1012.

Copper, J. F., 1987, "Taiwan in 1986: Back on Top Again", *Asian Survey*, Vol.27, No.1, pp.81-91.

Copper, J. F. and P., C. G., 1984, "Taiwan's Elections: Political Development and Democratization in the Republic of China", *Occasional Paper*, Baltimore: School of Law, University of Maryland, No.5.

Copper, J. F., 1981, "Taiwan's Recent Elections: Progress toward A Democratic System", Asian Survey, Vol.21, No.10, pp.1029-39.

Cox, G. W., and McCubbins, M. D., 1991, "Divided Control of Fiscal Polity in the Politics of Divided Government". In Cox, G. W., and Kernell, S. (eds.), *The Politics of Divided Government*, pp.155-75. Boulder: Westview.

Cox, G. W., and McCubbins, M. D., 1993, *Legislative Leviathan: Party Government in the House*. Berkeley, CA: University of California Press.

Cox, G. W., and McCubbins, M. D., 1994, "Bonding, Structure, and the Stability of Political Parties: Party Government in the House", *Legislative Studies Quarterly* 19(2): 215-231.

Crowe, E., 1986, "The Web of Authority: Party Loyalty and Socialization in the British House of Commons", Legislative Studies Quarterly, 11: 161-186.

Cyert, R. M. and March, J. G., 1963, *Behavioral Theory of the Firm*. Englewood Cliffs: Prentice.

Dahl, R. A. eds., 1966, *Political Oppositions in Western Democracies*. New Haven: Yale University Press.

Dahl, R. A., 1971, *Polyarchy: Participation and Opposition*. New Haven: Yale University Press.

Dahl, R. A., 1979, "Procedural Democracy", In Laslett, P. and Fishkin J. (eds.), *Philosophy, Politics and Society*, Fifth Series, pp.97-133. New Haven: Yale University Press.

Davidson, R., 1981, "Subcommittee Government: New Channels for Policy", In Mann, T. E., and Ornstein, N. J. (eds), *The New Congres*. Washington D.C.: American Enterprise Institute.

Davidson, H. R., and Oleszek, W. J., 1996, *Congress and its Members*. Washington: CQ Press.

Dodd, R., 1977, "Congress and the Quest of Power", In Lawrence Dodd and Bruce Oppenheimer, *Congress Considered*, pp.269-307. New York: Praeger Publish.

Downs, A. (1957). *An Economic Theory of Democracy*. New York: Harper and Row.

Eldersveld, S. J., 1995, *Party Conflict & Community Development*. USA: The University of Michigan Press.

Feldman, M. S., and March, J. G., 1981, "Information in Organizations as Signal and Symbol", *Administrative Science Quarterly*, Vol.26, pp.171-86.

Feldman, M. S., 1989, *Order Without Design: Information Production and Policy Making, Stanford*. CA: Stanford University Press.

Fenno, R. F., 1973, *Congressmen in Committees*. Boston: Little Brown.

Fenno, R. F., 1978, *Home Style: House Members and Their Districts*. Glenview: Scott, Foresman.

Ferejohn, J. A., and Kuklinski, J. H. (eds.), 1990, *Information and Democratic Processes*. Chicago: the University of Illinois Press.

Fiorina, M., 1974, *Representatives, Roll Calls, and Constituencies*. Toronto: Lexinton, Books.

Fiorina, M., 1980, "The Decline of Collective Responsibility in American Politics", *Daedalus*, 109:25-45.

Fiorina, M., 1989, *Congress: Keystone of the Washington Establishment*. New Haven: Yale University Press.

Geertz, C., 1973, *The Interpretation of Culture*. N.Y.: Basic Books.

Greenwald, A. G., 1980, "Totalitarian Ego", *American Psychologist*, Vol.35, pp.603-18.

Hall, R., 1987, "Participation and Purpose in Committee Decision Making", *American Political Science Review*, March: 105-127.

Hall, R., 1996, *Participation and Congress*. New Haven: Yale University.

Held, D., 1987, *Models of Democracy*. Stanford, California: Stanford University Press.

Heaney, M. T., 2001, "Issue Networks, Information, and Interest-Group Alliances", University of Chicago, April 30.

Heclo, H., 1978, "Issue Networks and the Executive Establishment", *American Enterprise Institute*.

Huckfeldt, R., and Sprague, J., 1987, "Networks in Context: The Social Flow of Political Information", *American Political Science Review*, Vol.81-4, pp.1197-216.

Jacobs, M., and Rich, R. F., 1987, "Information Selection in The House of Representatives: Organizational Perspectives", Unpublished paper, presented at the 1987 annual meeting of the American Political Science Association.

Kingdon, J. W., 1984, *Agendas, Alternatives, and Public Policies*. Boston: Little Brown.

Kingdon, J. W., 1989, *Congressmen's Voting Decision*. Ann Arbor: The University of Michigan Press.

Klingemann, H., Hofferbert, R. I., and Budge, I., 1994, *Parties, Policies, and Democracy*, USA: Westview Press.

Kohonen, T., 1982, "Self-organized Formation of Topologicall Correct Feature Maps", *Biol. Cybrnet*, 43, pp.59-69.

Kozak, D. C. & Macartney, J. D., 1987, *Congress and Public Policy*. The Dorsey Press.

Krehbiel, K., 1991, *Information and Legislative Organization*. Ann Arbor: The University of Michigan Press.

Krehbiel, K., 1996, "Institutional and Partisan Sources of Gridlock: A Theory of Divided and Unified Government", *Journal of Theoretical Politics*, 8(January): 7-40.

Krehbiel, K., 1998, *Pivotal Politics: A Theory of U.S. Lawmaking*. Chicago: University of Chicago Press.

Kuhn, T. S., 1970, *The Structure of Scientific Revolutions*. Chicago: University of Chicago Press.

Laver, M., and Schofield, N., 1998, *Multiparty Government*. Michigan: The University of Michigan Press.

Liao, Da-chi, 1990, *The Influence of Culture on Information Gathering in Organizations: An Authoritarian Paradigm*. Ann Arbor, MI: UMI. Press.

Liao, Da-chi, 2000, "Parliaments and Democratization: A Theoretical Consideration", Paper presented at RCLS session on Parliament & Democratization, the Year 2000 IPSA World Congress. Quebec, Canada, Aug. 1-5. (NSC89-2414-H-110-004)

Lincoln, J. R., Hanada, M., and Olson, J., 1981, "Cultural Orientations and Individual Reactions to Organizations: A Study of Employees of Japanese-Owned Firms", *A.S.O.*, Vol.26, pp.93-115.

March, J. G. and Simon, H. A., 1958, *Organizations*. New York: John Wiley and Sons, Inc.

March, J. G., 1975, "Bounded Rationality, Ambiguity, and the Engineering of Choice", *Bell Journal of Economics*, Vol.9, pp.587-608.

March, J. G., and Olson, J. P., 1979, *Ambiguity and Choice in Organization*. Oslo: Universitetsforlaget.

Mayhew, D., 1974, *Congress: The Electoral Connection*. New Haven and London: Yale University Press.

Meyer, J. W., and Rowan, B., 1977, "Institutionalized Organizations: Formal Structure as Myth and Ceremony", *American Journal of Sociology*, Vol.83, pp.340-63.

Mills, C.W., 1956, "The Power Elite", *Oxford University Press*.

Morelli, M., 1999, "Demand Competition and Policy Compromise in Legislative Bargaining", *American Political Science Review*, Vol.93(4): 809-820.

Muir, W. K., 1982, *Legislature*. Chicago: The University of Chicago Press.

Nelson, R. R., and Winter, S. G., 1982, *An Evolutionary Theory of Economic Change*. Cambridge: The Belknap Press.

Nisbett, R. R., and Ross, L., 1981, *Human Inference: Strategies and Shortcomings of Social Judgment*. Englewood: Prentice Hall.

Pettigrew, A. M., 1979, "On Studying Organizational Culture", *Administrative Science Quarterly*, Vol.24, pp.570-581.

Pfeffer, J., 1980, "A Partial Test of the Social Information Processing Model of Job Attitudes", *Human Relations*, Vol.33, pp.457-476.

Pondy, L. R., 1977, "The Other Hand Clapping: An Information-Processing Approach to Organizational Power", In Hammer, T. H., and Bacharach, S. B. (eds.), *Reward Systems and Power Distribution*, pp.56-91. Ithaca, N.Y.: School of Industrial and Labor Relations, Cornell University.

Poole, K., 1988, "Recent Developments in Analytical Models of Voting in the U.S. Congress", *Legislative Studies Quarterly*, Vol.13: 117-33.

Poole, K., and Rosenthal, H., 1991, "Patterns of Congressional Voting", *American Journal of Political Science*, Vol.35: 228-78.

Price, D., 1978, "Policy Making in congressional Committees", *American Political Science Review*, June: 548-574.

Przeworski, A., Alvarez, M. E., Cheibub, J. A., and Limongi, F., 2000, *Democracy and Development*. Cambridge: The Press Syndicate of the University of Cambridge.

Przeworski, A., Stokes, S. C., and Manin, B., 1999, *Democracy, Accountability, and Representation*. Cambridge: The Press Syndicate of the University of Cambridge.

Reed, S. R., 1994, "Democracy and the Personal Vote: A Cautionary Tale from Japan", *Electoral Studies*, 13: 17-28.

Rich, R. F., 1981, *Social Science Information and Public Policy Making.* San Francisco: Jossey-Bass Publishers.

Robinson, W. H. & Wellborn, C. H., 1991, *Knowledge, Power, and the congress*. Washington: congressional Quarterly.

Sampson, E. E., 1971, "Cognitive Psychology as Ideology", *American Psychologist*, Vol.36, pp.730-43.

Shephsle, K. A., and Weingast, B. R., 1987, "The Institutional Foundations of Committee Power", *American Political Science Review*, 81: 85-104.

Simon, H. A., 1956, "Rational Choices and the Structure of the Environment",

Psychological Review, Vol.63, pp.129-38.

Simon, H. A., 1972, "Theories of Bounded Rationality", McGuire, C. B., and Rander, R. (eds.), *Decision and Organization*. Amsterdam: North Holland.

Smith, H., 1988, "The Power Game: How Washington Works", Ballantine Books.

Smith, S. S., 1990, "Information Leadership in the Senate", Kornacki, J. (Ed.), *Leading Congress*. Washington: CQ. Press.

Sproull, L. S., 1981, "Beliefs in Organizations", In Nystrom, P. C., and Starbuck, W. H. (eds.), *Handbook of Organizational Design*, Vol.2, pp.203-24. N.Y.: Oxford University Press.

Sundquist, J. L., 1988, "Needed: A Political Theory for the New Era of Coalition Government in the United States", *Political Science Quarterly*, 103(Winter): 613-35.

Sundquist, J. L., 1992, *Constitutional Reform and Effective Government*, rev. ed. Washington: Brookings Institution.

Tversky, A., and Kahneman, D., 1974, "Judgment under Uncertainty: Heuristics and Biases", *Science*, Vol.185, pp.1124-31.

Weisberg, H. F., and Samuel, P. C., 1998, *Great Theater: the American Congress in the 1990s*. Cambridge University Press.

Wildavsky, A., 1984, *The Politics of the Budgetary Process*. Boston: Little Brown.

Wilensky, H. L., 1964, "The Professionalization of Everyone?", *American Journal of Sociology*, Vol.70, pp.137-58.

■資料探勘部分

Chien, L. F., 1999, "PAT-tree-based adaptive keyphrase extraction for intelligent Chinese information retrieval", *Information Processing and*

Management, Vol.35, pp.501-521.

Frakes, W. B., Baeza-Yates, R. (eds.), 1992, "Information Retrieval: Data Structures and Algorithms", Prentice Hall, Englewood Cliffs, New Jersey.

Hatzivassilogou, V., Gravano, L., Maganti, A., 2000, "An Investigation of Linguistic Features and Clustering Algorithms for Topical Document Clustering", *Proceedings of the 23rd annual international ACM SIGIR conference on Research and development in information retrieval*.

Kohonen, T., 1982, "Self-organized formation of topological correct feature maps", *Biol. Cybrnet*, 43: 59-69.

Salton, G., and Buckley, C., 1988, "Term-weighting Approaches in Automatic Text Retrieval", *Information Processing & Management*, Vol. 24, No.5, pp.413-523.

Swan, R., and Allan, J., 2000, "Automatic Generation of Overview Timelines", *Proceedings of the 23rd annual international ACM SIGIR conference on Research and development in information retrieval*.

Zhang, H. P., Yu, H. K., Xiong, D.Y., and Liu, Q., 2003, "HHMM-based Chinese Lexical Analyzer ICTCLAS." *2nd SIGHAN workshop affiliated with 41th ACL*.

附錄一：第四屆修訂經過（第六修）

一、背景

台灣地區與大陸地區人民關係條例（以下簡稱兩岸條例）前後一共歷經了八次修正，其中，第六次的修正乃是於第四屆立法院所完成。該次修正共計修正了第二、第十六及第二十一條，並增訂十七之一條。而於民國八十九年十二月三讀通過。大抵言之，此次修正的主要方向乃是針對該條例適法、用法之考量。

二、修正經過

■第二條

> 提案日期：2000.06.09
>
> 提案者：盧秀燕等 42 人
>
> 提案緣由：原第二條第四款規定，在名詞定義上，本條例所指大陸地區人民為「大陸地區設有戶籍或臺灣地區人民前往大陸地區繼續居住逾四年之人民。」顯然與憲法精神不合，並且可能發生兩岸「人球」問題，故擬將後段—「臺灣地區人民前往大陸地區繼續居住逾四年之人民。」刪除。
>
> 審查日期：2000.06.21
>
> 審查委員會：民族、司法、法制
>
> 三讀通過日期：89.12.05

■第十六條

> 原提案機關：行政院大陸委員會，1999.3.29，第 97 次委員會
>
> 提交行政院：1999.5.20，第 2629 次會議通過
>
> 提交立法院：1999.06.15

提案緣由：基於人道與倫理考量，有關兩岸條例第十六條之規定得
　　　　　隨同本人申請在臺灣地區定居之大陸地區人民之「直系
　　　　　血親卑親屬」，修正為「直系血親」，使「直系血親尊親
　　　　　屬」亦得隨同本人申請在臺灣地區定居。

審查日期：1999.12.16

審查委員會：內政及民族、司法、法制

三讀通過日期：2000.12.05

■第十七之一條

・行政院版

原提案機關：行政院大陸委員會，1999.8~9，第 103 次委員會

提交行政院：2000.1.20，第 2665 次會議通過

提交立法院：2000.03.21

提案緣由：為落實大陸配偶來台「身分從嚴、生活從寬」之政策，
　　　　　陸委會分別於 1999 年 8 月 30 日第 102 次及 9 月 27 日第
　　　　　103 次委員會議討論通過「大陸地區人民在臺灣地區居留
　　　　　數額表」草案及「大陸配偶來臺相關規定檢討要項分工
　　　　　表」，而該分工表項目「有條件」開放大陸配偶在台灣居
　　　　　留期間從事工作之問題，尚缺乏法源依據，故擬具兩岸
　　　　　關係條例第十七條之一，送立院審議。

・陳進丁案

提案日期：2000.05.30

提案人：陳進丁等 32 人

提案緣由：落實政府對於大陸配偶來台「身分從嚴、生活從寬」之
　　　　　政策，並有效約制假結婚真賣淫之情事。

兩案併送委員會審查：2000.06.21

審查委員會：內政及民族、司法、法制

三讀通過日期：2000.12.05

■第二十一條

· 行政院版

　　第三屆立法院所提：1998.12.08

　　（未經委員會審查，依 1999.1.25 日公布施行之「立法院職權行使法」

　　第十三條規定，該法案已視同廢棄）

　　再提案機關：行政院大陸委員會，1999.3.29，第 97 次委員會

　　提交行政院：1999.5.20，第 2629 次會議通過

　　提交立法院：1999.06.15

　　提案緣由：為延攬優秀人才來台教學研究並保障工作權，落實行政

　　　　　　　院科技會報第五次會議，增訂第二項，對於大陸人士來

　　　　　　　台從事教學研究之相關規定；並增訂第三項，對於該人

　　　　　　　員活動之限制。

· 丁守中案

　　提案日期：1999.11.16

　　提案者：丁守中等 37 人

　　提案緣由：延攬優秀大陸人士來台從事教學研究工作

· 朱鳳芝案

　　提案日期：1999.11.26

　　提案者：朱鳳芝等三十五人

　　提案緣由：延攬優秀大陸人士來台從事教學研究工作

　　三案併送委員會審查：1999.12.16

　　審查委員會：內政及民族、司法、法制

　　三讀通過日期：2000.12.05

附錄二：第五屆第一次修訂經過（第七修）

第五屆立委任期針對【兩岸人民關係條例】共有兩次修正，第七修和第八修，第七修共修正三條：第二十四條、第三十五條、第六十九條。

提案日期：2002.03.16

提案機關：行政院大陸委員會

提交行政院：2002.03.06，第 2776 次會議決議。

提交立法院：2002.03.11

提案緣由：行政院大陸委員會，為落實經濟發展諮詢委員會議兩岸組共同意見，推動兩岸經貿之開展該會爰擬具「臺灣地區與大陸地區人民關係條例」第二十四條、第三十五條、第六十九條修正案。

修正要點如下：

1. 解決大陸投資盈餘匯回重複課稅議題（修正條文第二十四條）。
2. 關於准許未經核准赴大陸投資產商補辦報備登記之議題，明定未經核准赴大陸地區從事投資或技術合作者，應自本條例修正施行之日起六個月內向主管機關申請許可。（修正條文第三十五條）
3. 開放陸資來臺投資土地及不動產。（修正條文第六十九條）

審查日期：2002.03.19

審查委員會：內政及民族委員會

三讀通過日期：2002.04.02

附錄三：議題個數統計表

期間	時間區段	議題數	立委參與人數	總參與人數	立委比例
六修前	1999-02-01~2000-12-06	107	48	1088	4.4%
六修後	2000-12-07~2002-01-31	170	78	1031	7.6%
七修前	2002-02-01~2002-04-03	53	31	300	10.3%
七修後	2002-04-04~2003-11-30	300	124	1487	8.3%
第四屆	1999-02-01~2002-01-31	240	98	1882	5.2%
第五屆	2002-02-01~2003-11-30	331	128	1627	7.9%
六修前（政）	1999-02-01~2000-12-06	82	46	375	12.3%
六修後（政）	2000-12-07~2002-01-31	158	61	505	12.1%
七修前（政）	2002-02-01~2002-04-03	54	30	228	13.2%
七修後（政）	2002-04-04~2003-11-30	326	121	930	13.0%
第四屆（政）	1999-02-01~2002-01-31	222	83	728	11.4%
第五屆（政）	2002-02-01~2003-11-30	358	125	1024	12.2%
六修前（社）	1999-02-01~2000-12-06	90	8	870	0.9%
六修後（社）	2000-12-07~2002-01-31	74	38	647	5.9%
七修前（社）	2002-02-01~2002-04-03	24	4	101	4.0%
七修後（社）	2002-04-04~2003-11-30	124	41	864	4.7%
第四屆（社）	1999-02-01~2002-01-31	146	43	1428	3.0%
第五屆（社）	2002-02-01~2003-11-30	134	44	940	4.7%

附錄四

委員會隸屬	立委	議題數	官員	議題數
X	丁守中	2	簡太郎	3
X	翁金珠	1	吳安家	2
X	楊仁福	1	蘇秀義	1
司法	彭紹瑾	3	鄧振中	2
X	許添財	2		
法制	巴燕達魯	1		
X	賴清德	1		
內政	黃爾璇	1		
X	顏錦福	1		
X	馮定國	1		
法制	馮滬祥	4		
法制	劉光華	2		
司法	戴振耀	2		
X	曹啟鴻	1		
X	朱鳳芝	3		
內政	李俊毅	2		
X	李顯榮	2		
司法	李慶雄	1		
X	林豐喜	1		
X	林正二	1		
法制	林政則	2		
X	林重謨	1		
X	盧秀燕	2		
內政	葉宜津	1		
X	葉憲修	1		
內政	蔡中涵	1		
X	蕭金蘭	1		
內政	蘇煥智	1		
X	邱垂貞	1		
X	邱太三	3		
X	郝龍斌	2		
X	鄭寶清	1		
X	鄭龍水	2		
X	周錫偉	1		
X	陳進丁	1		
		32.43%[13]	38.89%[14]	

第六修 每人參與議題數

委員會隸屬	立委	議題數	官員	議題數
X	龐建國	1	張元旭	1
X	高明見	1	花全	1
X	卓伯源	1	蔡練生	1
X	朱鳳芝	3	鄧振中	8
X	李顯榮	2	陳明通	5
X	葉宜津	3	李雪津	1
內政	藍美津	2		
內政	邱創進	1		
內政	陳學聖	3		
內政	陳建銘	1		
		40.00%	38.89%	

第七修 每人參與議題數

簡太郎：內政部常務次長
吳安家：行政院大陸委員會副主任委員
蘇秀義：行政院勞工委員會職訓局副局長
鄧振中：行政院大陸委員會副主任委員

張元旭：內政部地政司司長
花　全：財政部賦稅署組長
蔡練生：經濟部投審會執行秘書
陳明通：行政院大陸委員會副主任委員
李雪津：行政院新聞局副局長

---

[13] 此數據為在本表中，該立委屬於內政、司法、法制三委員會的比例。
[14] 此數據為屬於該三個委員會之立委提出的議題數占總所有委員提出議題數的比例。

第五篇

政府專業資訊網站

電子化政府與資訊科技的策略性運用
──衛生署全國醫療資訊網計畫的個案分析

張世杰
佛光人文社會學院公共事務學系助理教授

蕭元哲
義守大學公共政策與管理學系副教授

一、前言

「電子化政府」可說是目前全世界新一波政府改造運動的代名詞，電子化政府的內涵，不單代表著許多人對於先進資訊科技作為政府改革工具的高度期望，認為其可用來促進政府運作與服務的效率，同時也能讓民眾獲得快速便捷的公共服務，藉此改善政府與人民之間的互動關係[1]。更重要的是，電子化政府被期待成為整合政府組織體系的利器，目前許多國家政府組織體系仍呈現相當複雜的功能分化現象，特別是在新公共管理運動的政府機構法人化與民營化趨勢下，使得過去較具整合特質的層級節制體系，變得較為割裂化（fragmentalized），針對此一問題，資訊科技的網路設備與系統功能，則被期待可在這些分崩離析的政府單位與機構之間，創造出一種「虛擬整合」（virtual integration）的網絡化關係。

值得注意的是，電子化政府究係是各國政府所欲追求的一個價值目的？還是應被視為一項利用資訊科技以改善政府運作方式與服務效率的政策方案？簡言之，它究係是各國政府針對高度資訊社會需求所提出的一個自我改造的最終理想目標？抑或僅只是作為達成其他價值目標的手段工具？關於此，本文傾向支持後者的論點，因此，本文認為電子化政府只是一個概念，或只是一個嘗試透過資訊科技來改進政府治理能力的政策方案。這個工具性的本質，讓我們能夠注意到在電子化政府背後，其實還有一些更高層次的策略目標，在驅使目前許多國家政府投入資訊科技與相關設備的更新改進，同時也使我們注意到，電子化政府必須是

---

[1] 例如 OECD 便指出，近年來資訊科技被一些 OECD 會員國政府應用，成為公共管理改革的重要工具，請參見：OECD, 1998, *Information Technology as an Instrument of Public Management Reform: A Study of Five OECD Countries.*

鑲嵌其他政策領域的制度系絡中，才可能呈現出資訊科技的效用，這可以從許多國家電子化政府方案的實際內容窺知一二。

例如，在我國電子化政府方案的龐雜內容中，就推動了以下二十項行政資訊系統的建立：戶役政資訊系統、地政資訊管理方案、警政資訊系統、境管資訊系統、稅務資訊系統、貨物通關資訊系統、法務資訊系統、工商管理資訊系統、第三代公路監理資訊系統、全國醫療資訊網、社政資訊系統、營建資訊系統、教育管理資訊系統、行政執行資訊系統、海運通信資訊系統、全國檔案資訊系統、植物疫情監測與通報系統、動物疫情資訊系統、水產資訊體系及網際網路應用發展、推動漁業網際網路應用等[2]。這些行政資訊系統皆隸屬於不同的政策領域，受到不同行政部門的管轄與主導，其實際的運作效果必須視其所欲達成的政策目標來決定，並受到其所屬政策領域制度系絡的影響甚巨，不太可能單純從整體電子化政府方案的推動過程對這些資訊系統的運作效果進行評估。

如果我們同意將電子化政府方案的推動視為是資訊科技在政府部門中的應用過程，根據上述的觀點，則可以理解這個應用過程並非只是一個「技術層次」的問題，更重要的也涉及到所謂「策略層次」的問題。換言之，即使政府部門投入大量資金在資訊科技與系統設備的擴充上，也無法保證這些投資可以改善政府部門的運作功能或有助於某些政策目標的達成？這似乎不是一個單純的技術問題，這需要進一步去瞭解政府部門如何塑造一種有利的科技應用環境，使得資訊科技的潛能可被充分激發出來，以有效轉變政府部門的運作過程及組織結構，從而達成某些策略層次的政策目標。

既然資訊科技的應用是一個策略層次的問題，因此也可以進一步將其提昇到一個「價值層次」的問題來討論。基本上，策略與價值是一體

---

[2] 請參見：行政院研究發展考核委員會，2002，《電子化政府報告書（九十一年度）：電子化政府之挑戰與契機》。

之兩面，價值影響策略的形成；策略能夠導致價值的實現與轉化。我們認為資訊科技的使用者對於此項科技本質的評價與期待，將會影響其使用的目的與方向。換言之，許多社會組織、團體或個人皆會對資訊科技抱持著某種鑑賞態度，如果以組織作為一個分析單位來看，組織內部的鑑賞系統將會形塑資訊科技的應用發展方向，如果以某個政策領域作為分析單位，我們也能發現存在有某些鑑賞系統在引導資訊科技的應用方向以達成某些政策目標。

　　為了進一步建構上述對於電子化政府方案（資訊科技）在策略與價值層次上的論證分析觀點，本文將選擇我國《電子化政府推動方案》中有關「提昇全國醫療資訊網之系統功能與效益」此一措施項目作為個案分析對象，從實際案例探討中，我們期望能發掘一些經驗事證來支持此處所主張的論證分析觀點。

　　本文將依下列架構來鋪陳整個論文內容：第一，簡要介紹一些學者對於電子化政府內涵的定義，特別將之放在一個全球化政府改造潮流中來說明其意義；第二，針對電子化政府方案的策略層次議題進行分析與討論，再簡要說明目前我國電子化政府方案推動的情況；第三，藉由Christopher Hood的文化理論分析架構來建構「鑑賞系統」的概念，並探討不同的鑑賞系統對資訊科技的應用與發展方向會造成何種影響[3]；第四，根據前面建構的幾個概念與問題分析主軸，檢視在目前我國健保醫療照護體系中，全國醫療資訊網計畫的實際效用有可能會受到哪些不同文化鑑賞系統的影響，而這些文化鑑賞系統對於全國醫療資訊網計畫目標的達成究竟有何影響。

---

[3] 有關 Hood 的文化理論分析架構，可參見：Hood, 1995a, "Emerging Issues in Public Administration"; Hood, 1995b, "Control Over Bureaucracy: Cultural Theory and Institutional Variety"; Hood, 1998, *The Art of The State: Culture, Rhetoric, and Public Management* 等著作。

二、電子化政府與資訊科技

　　電子化政府概念的興起可以視爲一項利用資訊科技來促進政府治理能力的演進過程。從政府部門應用資訊科技的歷史演進過程中，我們可以發現資訊科技通常是附著在一些政府治理工具的配置結構中，才能發揮其效用[4]。此外，我們也能從中尋繹出不同時期盛行的治理觀念對於政府部門資訊科技應用方向的影響軌跡。首先，本文將根據一些學者的研究結果，針對資訊科技在政府部門中應用的歷史發展階段做一摘要說明[5]。

(一)政府部門資訊科技應用的歷史階段

■自動化（automation）時期

　　政府部門應用資訊科技的早期階段，主要集中在「自動化資料處理」（automatic data processing）的工作，許多中央行政部門配置大型電腦主機，蒐集與儲存地方派出單位上繳的報表資料，此一時期資訊科技所推動的是「自動化」的概念，其用意在於節省資料處理時的人工成本，並能讓後方幕僚單位（back offices）掌握基層業務推動的狀況以及針對這些資料進行簡單的統計分析。

■電腦化（computerization）時期

　　隨著八〇年代個人電腦的逐漸盛行，許多地方派出單位也能配置辦

---

[4] 請參見：張世杰、蕭元哲、林寶安，2000，〈資訊科技與電子化政府治理能力〉；張世杰、蕭元哲、林寶安，2001，〈資訊科技與電子化政府治理能力之間關係的探討：一個文化理論分析觀點之提出〉。Margetts, 1995, "The Automated State"; Margetts, 1999, *Information Technology in Government: Britain and America* 等著作。

[5] 此處歷史分期的概念與架構主要參考自：Bellamy & Taylor, 1998, *Governing in the Information Age*；以及 Margetts, 1995。

公用的桌上型電腦，藉由單一行政資訊系統網路連線的方式，使得資料上繳處理的效率大為提昇，同時並可讓派出單位的基層人員連線至中央部門電腦主機查詢相關業務資料，此一時期可以「電腦化」的概念為代表，這時期雖仍延續早期「自動化」的資訊科技操作概念，將電腦的應用擴展到基層單位，是以「辦公室自動化」一詞成為新鮮的潮流語彙，然而網路連線的概念已經逐漸為人所注意，對於使用的政府部門員工而言，所期待的是如何能夠促進連線速度，以及更人性化的資料處理與擷取的操作程序。

■「網路化」（networking）與「資訊化」（informatization）時期

　　前兩個階段對於政府服務輸送與作業流程的改變意義並不顯著[6]，然而從九〇年代開始，隨著網際網路科技的興起，電腦硬體設備與人性化的應用軟體程式不斷推陳出新，「網路化」（Networking）的概念便成為此後資訊科技應用的主流方向。而根據Bellamy和Taylor兩位學者的觀點，至此之後，過去一直被人們所使用的「資訊化」一詞，才真正實現其輔助政府與民間企業部門在決策與管理功能方面的潛能[7]。例如，政府與民間企業可以透過多元資訊的管道，迅速蒐集與分析所獲得的資訊情報，以利及時決策與管理功能之實現。值得注意的是，此時電子化政府的內涵，基本上等同於網路化政府的概念[8]，亦即不同的行政部門不應只囿於重視其管轄範圍內行政資訊系統的建置，而應該思考如何透過網路連結的功能來跟其他行政部門分享資訊與知識流通的效益，並將政府內部資訊網路和外部網際網路系統互相連結，使民間能易於獲取和使用政府相關業務資訊，在「單一窗口服務」的設計理念下，讓民眾能減省與政府進行交易與溝通的成本，最後期望實現每天二十四小時、每週七天不打烊的政府線上服務理念。

---

[6] Bellamy & Taylor, 1998: 39.
[7] 同註 6，pp.46-49.
[8] 請參見：劉怡靜，2000，〈資訊時代的政府再造：管制革新的另類思考〉，頁 59。

(二)資訊科技與政府治理工具

Hellen Margetts曾指出，資訊科技在政府部門中的應用效果須視其和其他政府治理工具（政策工具）的配置關係中來決定[9]，根據Margetts的觀點，我們也主張對於電子化政府內涵的界定，應該將其視爲一項達成其他政府治理目的或政策目標的手段工具。換言之，電子化政府方案本身可能無法獨自承擔改造政府治理能力的重責大任，電子化政府方案這個政策工具需要結合其他政府治理工具才可能發揮其預期效果。

Margetts借用Christopher Hood對政府治理工具的分類架構，來闡釋政府部門可以藉由資訊科技來改變其他政府治理工具的使用方式[10]，主要是由於資訊科技可讓這些政府治理工具發揮更大的預期效用；另外，也能夠創造出前所未有的創新機會，使得這些政府治理工具能夠展現出新的功能[11]。根據Hood的分類，一般政府治理工具可以劃分成下列四種政策工具類型：(1)連結性的政策工具（nodality）；(2)權威性的政策工具（authority）；(3)財政性的政策工具（treasure）；(4)組織性的政策工具（organization）。政府通常藉由這四種政策工具來進行其和外在環境之間的關係，而這個關係型態表現在政府必須時常偵測與獲取有關外在環境變化的訊息，並同時也要對外在環境發揮某種程度的影響力，簡言之，政府企圖透過這四種政策工具來發揮下列這兩種功能：(1)偵測者（detector）；(2)影響者（effector）。以下，我們簡單介紹這四種政策工具的內涵，以及探討資訊科技其如何幫助這四種政策工具發揮偵測與影響外在環境的功能。

■連結性的政策工具

政府行政部門和機構通常可以藉由它們位處於社會網絡關係中的有

---

[9] 請參見：Margetts, 1995, 1999.

[10] 請參見：Hood, 1986, *The Tools of Government.*

[11] 請參見：Margetts, 1999: 1.

利位置，來蒐集關於外在社會環境與公民大眾的訊息，因此，連結性的政策工具在偵測功能上，扮演非常重要的角色。隨著新興媒體科技的發達，以及網際網路的興起，一般學者咸認資訊科技可以擴展政府偵測外在環境資訊的功能，例如二十四小時的新聞電視節目，有時比政府部門蒐集重大新聞資訊的能力還強，而目前盛行的「數位化民主」理念，指出網際網路可以取代傳統政府傳播、諮詢民意與決策的工具，而公民大眾也能節省較多的時間與精力快速獲得其所需要的政府運作資訊，並且大大提昇其監督政府施政的能力，從而重新塑造民眾與政府之間的關係[12]；相對而言，政府也能透過其在社會資訊網絡中的優勢連結地位，利用新興的媒體科技來進行政策行銷與政令宣導的活動，例如許多政府單位網站便承載著這方面的角色功能，而目前全國性政府入口網站的設計，更能讓民眾避免迷失在政府複雜的實體結構迷宮中，而能針對其所和政府進行交易的實際需求獲得有用的相關資訊。

■權威性的政策工具

政府通常可以藉由權威工具的行使，例如透過法律程序或職權來命令、禁止、委託和准許民間部門或私人進行某種活動，通常運用這種權威工具的政府部門以警察機關、稅捐單位、移民局和一些核發執照的行政單位為代表。Margetts並詳細指出這方面的政策工具計有：法律的禁止條款、法規命令、徵收令、特許狀、委任狀、配給與配額、執照與認證書、以及稅單等[13]。基本上，目前我國電子化政府方案中有關各種行政資訊系統的建置與功能擴展，皆可強化這些公權力行使的功能，例如，戶政和警政資訊系統的結合，可以幫助警察機關偵防犯罪人口的遷徙，以及強化治安的通報系統，進而有效預防及遏阻犯罪行為的發生。

■財政性的政策工具

這方面的政策工具主要是和金錢及其他動產的持有與交換有關，換

---

[12] 有關這方面數位化民主的概念，可參考：Richard, 1999, "Tools of Governance".
[13] 同註11，p.9。

言之，政府爲了推動許多政策計畫，必須要有財政資源的挹注才能成事，同時也需要透過採購與招標的程序換取民間資源的協助，此外一切關於會計與主計的作業程序也是爲了健全政府的財政能力，在這方面，目前我國電子化政府方案中有關電子支付作業系統、全國主計網的建置與推廣、電子採購網站的建置、稅務資訊系統與電子閘門的設置皆能提昇財政支付與政府交易方面的效率。在涉及社會福利與保險給付方面的財政問題時，例如健保醫療費用的申報與支付制度，透過電子連線申報制度可以縮短健保局支付醫療院所醫療費用的時間，增加醫療院所的現金周轉率，當然先進的醫療費用申報系統的程式軟體可以幫助健保局查核出有問題的醫療費用申報資料，從而追蹤醫療院所或民眾是否有過度浪費醫療資源的嫌疑。

■組織性的政策工具

主要指涉政府所具有的土地、建築、設備和人力等資產，而這些資產可以爲政府所利用並輔助前三類政策工具的使用，根據Margetts的觀點，這方面的政策工具可以再劃分成：(1)政府的組織能力（organizational capacity）；(2)政府的組織化專業知識（organized expertise）[14]。前者涉及到政府部門如何透過組織結構的配置來妥善利用這些資產，以達成諸多公共政策的目標；後者則涉及到政府部門是否能夠發展出高度專業化的人力素質，針對諸多公共政策問題的發生，可以獲取適切的知識資源和創新的組織運作程序來解決這些公共政策問題。我們認爲資訊科技在這方面對於政府組織能力與專業知識的影響將比對前三類政策工具的影響更爲深遠，不僅因爲政府組織能力與專業知識會影響前三類政策工具的運作狀況，更重要的是，資訊科技在政府部門中的應用效果也會受到政府組織能力與專業知識既存配置型態的影響，誠如科技烏托邦主義者與反科技烏托邦主義者之間長存的爭論所顯示的，

---

[14] 同註 11，pp.17-22。

資訊科技能夠幫助縮減組織層級數目，驅使組織結構更加扁平化；也可以增強組織結構的集權化趨勢[15]。解決這個爭論的癥結點似乎不存在於資訊科技本身，而是得取決於組織決策者的價值取向，視其希望將資訊科技應用在哪個策略目標上，同時也取決於既有組織的文化氣候、經費資源和人力專業背景是否能有效利用資訊科技的潛能以達成決策者所制訂的策略目標。

(三)依附與強化盛行治理觀念的資訊科技

每個國家在不同時期似乎會存在有某個盛行的治理觀念在塑造政府體系內部以及其和外部民間社會之間的關係型態，從前面對於資訊科技應用於政府部門的歷史演進過程所做的描述，我們也可以尋繹不同時期盛行的治理觀念對於政府部門資訊科技應用方向的影響軌跡，當然截至目前為止這方面實際的經驗案例仍集中在我們對於英國理論與經驗文獻資料的掌握上，然而基於我國過去十幾年來的政府改造運動有許多方面是受到英國新公共管理運動思潮的影響，而對於先前政府部門資訊科技應用三階段的歷史描述，大致上也符合先進國家（包括我國在內）的實際狀況，因此，這一章節的討論應該是頗為符合我國的實情。

我們以為在資訊科技應用的自動化時期，當時盛行的依舊是崇尚官僚體系集權化與層級節制的治理觀念，而恰巧當時中央部會大型電腦主機的配置，以及資訊科技發展的水準，也只能強化當時這種治理觀念。然而，在80年代開始，新公共管理運動逐漸興起之際，所謂「管理者主義」、「民營化」和「企業化」的治理觀念開始影響許多國家政府重新改造其內部組織結構以及其和外在民間社會之間的關係。政府內部組織結構的改造，表面上是喊出精簡組織層級和人力成本，但實際上政府行政部門法人化與業務委外民營的結果，不僅使得原本功能分化頗為複雜的政府體系更加割裂化（fragmentation），也使得許多政府部門資訊系

---

[15] 有關這方面的探討，請參見：張世杰、蕭元哲、林寶安，2001: 457-459。

統與設備的投資多半是在各部門行政系統之下各自為政，基本上這也頗為符合「管理者主義」的觀點，亦即主張公共部門組織可以分成一些個別管理或企業化（corporatized）的單位，這些單位可以有它們自己的設計理念與企業識別系統，並想享有單獨的預算經費（one-line budgets）與充分的管理自主權，依據清楚的任務宗旨和企業計畫來運作；此外也強調放手讓管理者積極涉入整個單位的管理過程，即所謂「直接上手操作的管理模式」（hands-on management），讓組織單位的管理者不僅擁有更多的自主權，並且必須為執行績效負實際的責任，而不在隱身於幕後只負責決策工作[16]。

八〇年代至九〇年代初的電腦化時期，各行政部門系統開始爭相添購桌上型電腦設備，充實其單一部門行政資訊系統的建置，造成未來整個政府體系資訊系統之間缺乏整合，延緩了資料分享與連線的契機[17]。由於當時網際網路尚未發達，雖然政府部門也逐漸強調顧客取向的服務精神，但這時期所注重的市場競爭原則，主要還是停留在政府部門「內部市場」與單位之間績效競爭的的觀念設計上。

從九〇年代初期，政府與民間部門開始推動「企業流程改造」（Business Process Reengineering, BPR），企圖實現單一窗口服務的理念之後，許多國家政府與企業組織開始對組織結構與界線進行全新的概念化界定，在傳統的垂直與水平結構分化概念上，加了一種虛擬的網絡化關係結構型態，所謂「虛擬組織」（virtual organization）的概念便應運而生。從這開始，我們也可以觀察到另一種盛行的治理觀念逐漸成為主流：即所謂的「網絡」（Network）治理型態。

根據Gerardine DeSanctis和 Peter Monge兩位學者的解釋，「一個虛

---

[16] 有關這方面新公共管理運動的內涵，可參見：Hood, 1994, *Explaining Economic Policy Reversals*. pp.129-132.

[17] 例如在英國便發生這種狀況，可參見：6 et al., 2002, *Towards Holistic Governance: The New Reform Agenda*. pp.143-144.

擬組織乃是由一些分散各地且功能與文化上相當分殊的實體組織所組成的一個集合體，而這些實體組織是透過電子化的溝通方式，同時是建基在水平動態關係的協調目的之上被連結起來的」[18]。基本上，在這個虛擬集合體中各實體組織之間的關係是可以彈性調整的，但卻又是界線模糊的，這些關係多半是透過彼此合作的意願與契約機制來維繫，誠如，Ulrich Franke所強調的，「虛擬組織就是一個夥伴網絡關係」（the virtual organization is a partnership network），而各實體組織之間之所以會形成這種夥伴網絡關係，主要的著眼點是，目前高科技時代製造業與服務業的提供者，皆將生產過程盡量給予「模組化」（Modularization）[19]。換言之，可將生產過程分割成不同的活動交由自主性頗高的不同內部模組單位（modules）來管理，有如Michael E. Porter的企業價值鍊觀念，可將企業生產或服務提供的過程劃分成「進料後勤」、「生產作業」、「出貨後勤」、「市場行銷」、「顧客服務」等五個主要活動，再加上諸如「採購」、「技術發展」、「人力資源管理」、「企業基本設施」等輔助活動[20]，企業可以依據所處的產業特性與不同的市場需求，認清本身在這些價值鍊活動中的核心與非核心能力，將核心部分的活動保留由自己生產及管理，以維持自身的競爭與生存優勢，而可將非核心活動外包給別的企業來生產管理，如此反而能降低本身的生產與人事成本，增加產品的價格競爭力。

上述這種虛擬組織的模組化生產與服務提供方式，其主要的特徵在於企業組織內部的結構型態需要賦予各個模組單位充分的決策權力，和以顧客需求與結果為導向的責任機制[21]。如此一來，企業高層策略主管

---

[18] DeSanctis & Monge, 1999, "Introduction to the Special Issue: Communication Process for Virtual Organizations". p.693.

[19] Franke, 2000, "The Knowledge-Based View (KBV) of the Virtual Web, the Virtual Corporation, and the Net-Broker". pp.21-22.

[20] 請參見：Porter, 1985, *Competitive Advantage: Creating and Sustaining Superior Performance*.

[21] Wigand, Picot & Reichwald, 1997, *Information, Organization and Management:*

可以根據產業市場特性與獨特顧客需求決定哪些模組活動可以自建、外包或替別人代工，不論是外包或代工便有可能將整個企業或內部單位置身於各種不同類型的虛擬組織網絡關係中，這樣動態化和複雜化的網絡關係在過去是不能想像的。然而重要的是，目前因為有先進的資訊科技與網際網路設備，能夠讓企業決策者可以快速獲取市場需求的變化狀況，同時也能蒐集各方競爭者的資訊以瞭解本身在市場中的競爭優勢，因此可以在這些資訊科技的輔助下，尋求適當的合作夥伴。

企業界這種虛擬化的整合關係，也讓許多公共行政學者注意到，在市場治理機制和官僚體制治理機制之間，其實還存在著契約關係和權威關係的不同混合型態，而這些不同的混合型態可以表現在政府部門、企業組織和公民社群之間公私部門資源聯結與相互學習的夥伴關係上[22]。例如在政府業務委託民間經營的過程中，其實我們可以跳脫過去新公共管理所強調的競標過程此一市場競爭機制的狹隘觀點，而換個角度來思考政府業務委外其實可在政府與民間部門之間創造出一個資源聯節和相互學習的機會，即不僅可以讓政府部門將有限資源投注在其核心的業務上，也能增進民間部門有參與公共政策決定與服務提供的機會。

誠如許多學者所注意的，過去政府公共服務體系呈現高度「割裂化」的現象，使得相關政府部門無法針對共同問題做一有效的解決，而行政部門之間相互推諉責任、資源重複浪費和同時追求相互衝突的目標，都是政府體系割裂化所造成的棘手問題。因此，從九〇年代中期，一些國家政府和公共行政學者便主張政府部門應該重視「協調」（coordination）和「整合」（integration）的機制，所謂「夥伴政府」（Joined-up Government）的理念便應運而生[23]。不惟如此，所謂「公私

Expanding Markets and Corporate Boundaries. p.161.

[22] 這方面的觀點可參見：李宗勳 編著，2002，《政府業務委外經營：理論與實務》。

[23] 請參見：Ling, 2002, "Delivering Joined-Up Government in the UK: Dimensions, Issues and Problems"；以及 6 et al., 2002.

夥伴關係」（public-private partnerships）也成為聯結政府部門、企業組織與民間社群之間關係的觀念樞紐，在這方面，資訊科技的發展與應用將扮演十分重要角色，因為其可促進上述三方之間的資訊共享與開放信任的態度。當然，這也需要克服許多阻礙這層關係建立的障礙，例如如何兼顧資訊公開與隱私權的保護、如何縮短數位落差的現象以及減少各方資訊系統無法跨界傳輸資訊的不相容問題。

三、電子化政府的策略層次問題

電子化政府此一概念在我國的應用與討論，跟其他國家發展的歷史背景相比較，其實我國的起步並不算晚，早在國民黨主政時期，行政院在民國八十六年一月便通過「建立電子化政府，創造競爭優勢方案」，在此方案下，行政院研考會便積極推動電子化政府的各項計畫，在其中以「流程改造提昇政府服務品質」為這時期最重要的訴求[24]。此時，由於網際網路的興起，全世界亦興起網路經濟的熱潮，在這方面資訊科技的突飛猛進，創造出國人對於電子化商務與電子化政府的一種樂觀期待。

民進黨政府新上任之際，賡續推動前任政府的電子化政府方案，各項資訊基礎建設持續進行，不過在官方論述上，似乎有了更精緻的演變，此時政府主事者（例如前任研考會主委林嘉誠）認為若要建立一個新世紀的數位行政典範，最重要的就是要塑造出可以支撐此一典範的行政文化，這些行政文化的特徵計有：(1)知識分享的文化；(2)資訊公開的文化；(3)團隊合作的文化；(4)鼓勵創新的文化；(5)公開問題的文化；(6)意見表達的文化；(7)工作學習的文化；(8)積極進取的文化；(9)

---

[24] 請見：黃大洲，1997，〈以流程改造提昇服務品質—行政院研考會推動行政流程簡化工作成果〉。

精緻細膩的文化；(10)全球思維的文化[25]。

　　總之，在我國電子化政府方面，應用資訊科技來提昇政府組織運作效能的用意至爲明顯，但是，單獨只應用這些科技是無法完全改變整個政府體系的運作現況。誠如Kenneth L. Kraemer和John L. King（1986: 494）所強調的：「資訊科技並非是一個半路殺來的程咬金，一下子就能轉換政府組織。」[26]因此，一個值得研究的問題就是：倘若要使電子化政府的諸多方案目標得以達成，上述這種有利於科技應用的環境因素應該包括哪些重要特徵？前面林嘉誠所指出的行政文化，只是諸多環境因素的其中一項，而如何能夠在當前政府體制中形塑出這些有利的行政文化？卻未見林嘉誠有更進一步的闡釋？

　　目前許多對各國電子化政府方案所作的評估研究，基本上，仍是侷限於「技術層次」的問題討論，譬如，世界市場研究中心（World Markets Research Centre）對世界各國電子化政府方案推動狀況所作的最新評估報告，只著重196個國家政府機關總共2,288官方網站的資訊內容、線上服務項目、隱私與安全措施、網上互動與回應民眾意見等項目，進行評比與分析。在這份評比報告中，台灣被評爲是電子化政府推動表現的世界排名第二位，僅次於美國[27]。從方法論的角度來看，這類型的研究只能讓我們瞭解：有哪些國家在官方網站的設計上符合某些電子化政府技術層面的標準，例如，線上資訊與服務之可近性、網站的安全與隱私保護之設計、網站內容與資料庫的更新頻率、入口網站的資料搜尋與連結功能等。

　　但是，這類型的研究卻無法使我們瞭解各國民眾使用官方網站時的確實情況爲何？在擷取政府相關資訊與在跟政府機關進行交易活動時，民眾是否已經習於透過網際網路進行這種線上查詢與線上交易聯繫的活

---

[25] 請見：林嘉誠，2001，〈塑造數位行政文化，建立顧客導向型政府〉。

[26] Kraemer & King, 1986, "Computing and Public Organizations", p.494.

[27] World Markets Research Centre, 2001, *Global E-Government Survey 2001*.

動？若不習慣這種方式，其主要的原因爲何？更重要的是，我們也無法從這些靜態的官方網站資料來理解各國電子化政府方案在轉化政府運作功能與過程方面時的績效表現爲何？換言之，我們很難從這類型研究來瞭解許多國家在電子化政府方案中所勾勒之願景的實現程度爲何？如何或爲何無法得以充分實現？關於這些問題，似乎不全然是技術問題，而是涉及到策略與價值層次的問題解決。

OECD在二〇〇一年一篇討論電子化政府的公共管理政策摘要報導中指出：「我們很難找到一個資訊科技方案是孤立存在的，每一個資訊科技系統應該被視爲是達成其他目的的一個手段和方法──特別是爲了企業流程的一個改變。因此資訊科技方案就是企業方案，應該由高層管理來領導，而非由資訊科技專家來領導。」[28]OECD的這個宣示，標舉出電子化政府的策略意義，在於爲了達成其他的政策目標與願景，而這些目標指引與願景規劃的工作通常是由通才型的高層主管人員來擔任，基本上，資訊科技專家囿於狹隘的技術知識視野，往往無法勝任這個角色。

從這角度，我們可以將電子化政府方案認視爲是一個達成更高策略目標的手段。因此，若要去評斷電子化政府方案的成效，不應只限於計算每天民眾上政府網站搜尋資料與辦理業務的數目成長率，或是政府網站設計是否符合使用者的便利原則等技術問題。而是應該去檢視影響資訊科技與資訊系統在公共部門中應用效果的成敗因素爲何？電子化政府方案達成其他政策改革目標的效果如何？而相關政府單位的高層主管是否能夠將電子化政府的具體措施連結到其組織目標與任務的達成上？其中應該要有多少創新的成分？而其困難之處又是如何？這些便是本文所欲討論的策略層次問題。

Richard Heeks和Subhash Bhatnagar曾指出影響資訊科技和資訊系統在公共部門中應用效果的成敗關鍵計有：(1)資訊內容；(2)技術因素；(3)

---

[28] OECD, 2001, "The Hidden Threat to E-Government: Avoiding Large Government IT Failures".

人員因素；(4)管理因素；(5)過程因素；(6)文化因素；(7)結構因素；(8)策略因素；(9)政治因素；(10)環境因素[29]。基本上，電子化政府方案所欲提供的核心服務要素就是「資訊」，因此，透過政府網站所獲取的資訊內容之可信度如何，便可能會影響資訊使用者對於這些資訊的接受度，而資訊內容也涉及到資訊輸入與傳輸過程中的資料保密問題，當民眾懷疑透過政府網站與行政部門進行交易互動時，將可能讓自己的私密資訊暴露在不相干且懷有惡意的第三者掌握下，將會阻礙其與政府單位交換資訊的行動。此外不同資訊系統之間程式軟體的相容性也會影響資訊傳輸交換的品質及效率。如何解決民眾對於這些資訊內容方面的疑慮，這也是「技術因素」所要注意及改進的問題。

資訊系統本身乃是植基在一個由人們與社會結構所組成的制度系絡中，即便有先進的資訊科技可供操作，但假使沒有適當訓練背景的人員來應用這些先進的技術，將無法讓資訊科技的潛能發揮出來；同時，倘若資訊科技被假定可將組織結構轉化成更為分權的形式，但若沒有領導者的支持，擬定出可行的策略計畫，塑造一種崇尚分權形式的文化與政治氣候，那麼單憑資訊科技是不可能讓這種轉化的理想得以實現。總之，資訊科技在政府部門中的應用，並非是在一種「制度真空」（institutional vacuum）的情況下應用，例如在一個數位落差十分嚴重的制度環境中，想要達到全民上網及發揮電子化政府線上服務提供的功能便會大打折扣。因此，在策略上，除了必須設法解決數位落差的現象（例如補助低收入者購買電腦與上網設備，或廣設公共上網設施），另外也需要提供一些誘因機制，鼓勵民眾或民間企業部門願意透過網路跟政府進行線上交易與互動（例如，就醫療院所申報健保醫療費用制度而言，可以讓電子連線申報者可以獲得在作業上的較佳方便性，可以比媒體或填表申報方式較快獲得醫療費用的支付，千萬不可讓醫療院所認為

---

[29] 請參見：Heeks & Bhatnagar, 2000, "Understanding Success and Failure in Information Age Reform".

以電子連線申報的方式反會受到更嚴格的查核，而造成這些醫療院所的疑慮）。

以上僅就影響資訊科技與資訊系統在公共部門中應用效果的成敗關鍵因素作一簡要分析，至於前述其他有關策略層次的問題，則必須結合價值層次的問題一併討論。主要是因為電子化政府方案達成其他政策改革目標的效果需視其和其他政策工具搭配的狀況而定，而這也涉及到決策者與其他相關成員是透過何種鑑賞系統來決定資訊科技與其他政策工具搭配的方式，我們將論證說明文化因素乃是構成決策者與其他行動者鑑賞系統的重要因素，基本上，形塑此些鑑賞系統的文化因素和其他政策工具的配置便構成了資訊科技應用的制度系絡特徵。

四、電子化政府的價值層次問題

張世杰等人曾經指出，資訊科技只是政府治理工具的一種，它對於政府治理能力的提昇，必須取決於其所依存的制度系絡來決定[30]。因此，資訊技術只是影響公共政策或政府制度運作結果的許多自變項之一，卻非主要的影響變項。基本上，如前面關於政府治理工具的探討，我們發現在不同政策領域的制度系絡中，就不同的政策工具配置型態以及這些政策工具所欲達成的功能任務而言，資訊科技可以扮演一個變革催化劑的角色，但它無法主導整個變革的方向與目標價值的選擇，因此，如何藉由資訊科技的輔助以發揮這些政策工具的功能，並能尋找出一些創新的機會讓資訊科技可以創造出這些政策工具的全新功能，根據我們的觀點，這和決策者及其他行動者對於資訊科技潛能所抱持的評價態度有關。

至於這個評價態度是如何形成，從上述Heeks和Bhatnagar所列舉影

---

[30] 請見：張世杰、蕭元哲、林寶安，2000：2。

響資訊科技應用效果的十個因素中，我們發現對這二位學者而言，這十個因素之間並沒有高低位階之分。然而，許多研究策略資訊管理的學者們則指出組織文化可說是影響組織資訊系統應用效果的最主要因素[31]。基本上，我們也贊同上述這些學者的觀點。

例如，Avison等人便曾強調資訊科技對於組織運作的影響取決於整個資訊部門在組織中的地位而定，例如資訊部門在主管眼裏的重要性，以及資訊部門和其他部門之間的關係，都有可能會影響資訊系統或資訊科技的應用效果，此外，資訊科技的使用者對於資訊科技的信任程度也會影響其應用的價值[32]。Avison等人進一步強調整個組織內部的文化網絡（cultural web）會影響許多組織成員對於資訊科技與資訊部門的評價態度，這個文化網絡包含下列幾個要素：(1)組織結構（organizational structures）；(2)控制系統（control systems）；(3)權力結構（power structures）；(4)故事傳聞（stories）；(5)儀式與慣例（rituals and routines）；(6)象徵符號（symbols）等要素，而所有上述這些要素都可統攝成為一個「組織典範」（organizational paradigm）的概念，茲以圖一來表示這個文化網絡的概念[33]。

由於，組織文化被視為影響資訊科技的評價和其在組織成員們心中的地位甚鉅，則這些都涉及到人們內心主觀的認知與態度形成過程，因此，它也可以等同於是一個組織的「鑑賞系統」（appreciative system）[34]，如同一般社會科學界耳熟能詳的「典範」觀念一般[35]，組織文化提

---

[31] 這方面請參見：Daft & Weick, 1984, "Toward a Model of Organizations as Interpretations Systems"; Avison, Cuthbertson & Powell, 1999, "The Paradox of Information Systems: Strategic Value and Low Status"; Leidner, 2000, "Understanding Information Culture: Integrating Knowledge Management Systems into Organizations".

[32] Avison, Cuthbertson and Powell, 1999: 421.

[33] 同前註，p.424。

[34] 請參見：Vickers, 1983, *The Art of Judgment: A Study of Policy Making*; Zifcak, 1994, *New Managerialism: Administrative Reform in Whitehall and Canberra*.

[35] Kuhn, 1970, *The Structure of Scientific Revolutions*.

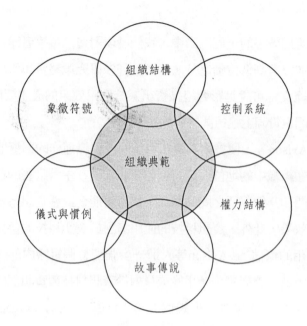

圖一 文化網絡

資料來源：Avison, Cuthbertson & Powell (1999: 424)

供了一些線索、方法、價值與規範，以限制及影響其成員如何去觀察其週遭世界，同時亦限定了某些問題範圍與可能的解決答案，更重要的是它提供了一套評價的標準來檢定某些事物的價值。

然而，許多學者也指出，在大型的社會組織或政府體系裏，時常不會只存在單一個組織文化。換言之，我們允許有多元（文化）典範或鑑賞系統存在於某一個組織裏頭[36]，通常，在這個多元典範的局面中，總會有某個典範的信奉者取得政治上的主導地位，或是擔任組織的重要決策角色，於是這個典範便取得重要的優勢，以其鑑賞標準評價許多事物的價值。而其他不同典範的擁護者則伺機而動，等待有利的時機（通常是在現存主導典範失去解決異例問題的時候，形成了統治危機之時）推

---

[36] 這方面請參見：吳瓊恩（1992）《行政學的範圍與方法》；吳瓊恩（2001）《行政學》；顏良恭（1995）《公共行政中的典範問題》；以及 Zifcak (1994: 183)。

翻既存強勢典範的主導地位[37]。

　　根據上述這個多元典範的觀點，我們將借用Hood所提出來的四種行政文化類型之架構，來探討以下這四種不同文化典範中對於資訊科技的評價與可能影響應用方向的為何[38]：(1) 個人主義的組織文化（Individualist）；(2)層級節制的組織文化（Hierarchist）；(3)平等主義的組織文化（Egalitarian）；(4)宿命論的組織文化（Fatalist）。值得注意的是，Helen Margetts和Patrick Dunleavy同樣依照Hood所建構的四種文化類型架構來分析有哪些文化因素會影響電子化政府方案的推動過程[39]。基本上，這二位學者主張這四種文化對於科技本質的不同假定會形成了它們對於資訊科技的不同評價系統，從而可能會形成對電子化政府推動的有利或阻礙因素（請參見圖二）。

　　然而，此處要提醒讀者的是，Margetts和Dunleavy這四個不同文化典範之下資訊科技的評價與應用方式所做的分析說明，和Hood所做的分析說明並非完全一致。但她（他）們彼此之間的論述是可以相互補充的，皆可擴展我們對文化因素和資訊科技之間關係的理解程度。我們將在每個文化典範之下平行列舉兩方學者之間的論述重點，茲簡要整理如下[40]：

■個人主義的組織文化—科技的本質是仁慈親切的

　　Margetts 和 Dunleavy 認為，對於崇尚個人主義文化者而言，科技世界中發生的一切事件都是可被容忍的，如圖二所示，不論我們推動盆內凹槽內的球，它都會回復到盆底，因此管理機制可以對科技世界發生的一切儘管放心，大膽的嘗試與錯誤學習的過程是可被鼓勵的。

---

[37] 請見：Zifcak (1994:183-184)。
[38] 同註 3。
[39] 請參見：Margetts & Dunleavy (2002) *Better Public Service through E-Government: Academic Article in Support of Better Public services through E-Government*。
[40] 有關 Margetts 和 Dunleavy 的分析說明，請參見同前註，p. 2。有關 Hood 的分析說明，請參見 Hood (1995a: 176-177)；Hood (1998: 17-18, 198-200)。

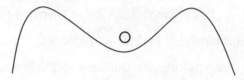

Technology Capricious
科技的本質是反覆無常的

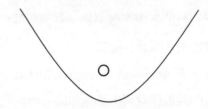

Technology Perverse/Tolerant
科技的本質是乖張的／寬容的

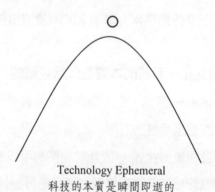

Technology Benign
科技的本質是仁慈親切的

Technology Ephemeral
科技的本質是瞬間即逝的

圖二 四種文化對於科技本質的假定

資料來源：Margetts & Dunleavy (2002: 2)

Hood 認為，在這文化之下，鼓勵資訊科技的創新實驗，而資訊系統的設計是用來促進市場交易的活絡以及即時反映顧客的獨特需求，以創造科技投資的最大報酬率。同時關於契約履行情況的資訊也是資料搜尋紀錄的重點。十分重視電子通訊科技在電子商務方面的應用，從而希望能大幅減少組織交易的成本；因此，此時資訊蒐集的主要方向是蒐集個別員工的績效或個別客戶的需求期待等資訊，而這些均能透過市場價格機制來予以界定，當價格機能無法確定這些個別人員的績效與需求時，則組織文化的型態可能不是崇尚個人主義的價值，而是重視集體主義的價值與規範分享[41]。

■層級節制的組織文化—科技的本質是乖張的／寬容的

Margetts 和 Dunleavy 認為，對於崇尚層級節制文化者而言，在科技世界裏，大部分所發生的事件都是可被容忍的，但稍不注意也會讓科技導致無法收拾的後果，例如**圖二**所示，當球被推出盆上外緣時，則將一去而不復返，因此科技的管理機制預防不尋常的事件發生，過度對科技抱持樂觀或悲觀的看法皆不適切。

Hood 認為，在這文化下，組織資訊系統的設計方式會刻意依照既存組織結構的分工與差異特徵，區分出不同的資訊傳輸路徑，換言之，人員享有資訊的可接近性會因為所處角色地位的不同而有差異，例如不同等級的人員有不同形式的密碼，而享有資訊的深度與廣度也會不同。在這種組織文化中，資訊科技是用來幫助主管監控部屬之用，資訊系統的設計是以主管的需求為主要考量。在這方面，資訊蒐集的重點主要是為瞭解員工或顧客的行為是否符合原先所設定的期望或規則，特別是當行為或交易型態本質上非常複雜與難以界定時，此時預先設定好各種行為規範或目標期待，均可減少或吸納情境的模糊性，以利組織管理者的

---

[41] 有關管理者如何可能透過個人主義、層級節制和平等主義的組織文化來運用資訊科技以控制組織員工的績效表現，可以參考 Ouchi, 1980, "Markets, Bureaucracies, and Clans"這篇論文的觀點。

操控[42]。

■平等主義的組織文化—科技的本質是瞬間即逝的

根據 Margetts 和 Dunleavy 的分析說明,崇尚平等主義文化者認為科技世界是充滿許多無法被容忍的事件,只要輕微的震動,就會使球體迅速滑落一發不可收拾。因此,對於資訊科技的應用要小心謹慎,大膽追求創新容易遭致惡果。

不過根據 Hood 的分析說明,對於崇尚平等主義文化者而言,資訊科技還是提供了一個機會,可以用來消弭組織中社會差異的不平等狀況,藉由網絡化的溝通路徑,讓各單位或層級之間能夠達成資訊分享交流的目的,此一文化不強調階級的差別待遇;最重要的是,資訊應用的方向在於強化組織員工或顧客能夠認同其所屬組織團體的共享價值與信念系統,因此對於那些不認同平等與意義共享等規範的成員,在這個文化系絡中,自有一套社會壓力系統要求成員就範。通常,服膺這個文化傾向的制度系絡,較侷限在小型的組織體系,而成員的行為結果也較難透過明確的標準來測度[43]。

■宿命論的組織文化──科技的本質是反覆無常的

Margetts和Dunleavy認為,對於宿命論者而言,資訊科技只會為組織生活帶來更多的不確定性,許多硬體設備與軟體程式並非是完美無暇,因此資訊科技只會替組織生活帶來更多的問題[44]。

Hood認為,在這個文化系絡中,由於一切都是充滿不確定性,因此對於透過資訊科技來控制組織成員行為的想法不很盛行,資訊部門的重要性自然被忽略。若是問生存在這個文化系絡中的組織為何還能生存下來?主要的理由是,具有這個文化傾向的人們通常只是服膺前述三個文化典範者的結盟對象。換言之,宿命論者就像是牆頭草一樣,只是主流

---

[42] 同前註。
[43] 同前註。
[44] 同註 35。

文化的附庸[45]。

　　值得注意的是，根據Margetts和Dunleavy二位學者的觀點，在這四個文化類型中，以個人主義文化的鑑賞系統較能欣賞資訊科技所可能帶來的創新與可觀的效益，而以宿命論者和平等主義者的文化鑑賞系統最有可能構成電子化政府方案推動時的文化障礙，而層級節制的文化鑑賞系統則位於樂觀與悲觀兩派之間。就宿命論者文化所可能構成的文化障礙而言，主要是源自於有些人對過去資訊科技投資計畫或採購時失敗經驗的記憶，因此認為資訊科技將無法改變現實的狀況[46]；而對於平等主義者而言，他們也和宿命論者一樣，對於資訊科技是否能改變現況的效果存疑，由於他們較崇尚面對面溝通的方式，因此不認為透過網際網路的溝通方式能拉近服務提供者和顧客之間的距離[47]。至於就層級節制文化的尊崇者而言，他們似乎只信賴科技專家的規劃與建議觀點，因此對於這些一般非科技專家的政府員工與高層主管而言，他們很少能理解資訊科技到底可以創造出多少新的價值。基本上，層級節制文化講究官僚體制的正式化和規格化的要求，對於無紙化的電子公文收發系統，似乎難有較高的接受度，而其企圖防止不尋常問題發生的先天傾向，對於網際網路的發展可能會是一個阻礙因素[48]。總之，根據上述的分析，可以知道Margetts和Dunleavy二位學者的文化理論分析觀點傾向認為：個人主義的文化鑑賞系統對於資訊科技在政府部門中的應用乃是一項較有利的推動因素。

　　然而，根據上述的分析，我們較認同Hood的論述觀點，因為除了兩方學者皆認為宿命論者的文化鑑賞系統對資訊科技的應用較無顯著有利的影響外，Hood則較清楚指出其他三種文化鑑賞系統的正面與負面影響

---

[45] 有關這方面的論點，也請參考：Thompson, Ellis & Wildavsky, 1990, *Cultural Theory*.

[46] 同註39，p. 4。

[47] 同前註。

[48] 同註39，p.5。

效果，從而對三者做出較為平衡的論述分析，而非完全指向個人主義文化對資訊科技應用的有利觀點。確實，如果我們能仔細研究網際網路許多線上討論群的組成，將會發現在這些不同的網路社群內部，其實呈現出相當平等主義的色彩，而這些平等主義式的資訊溝通與共享的科技應用方式，不見得對資訊科技的應用會構成進一步阻礙的效果。例如，在網路上我們可以發現有些患有相同疑難雜症的病人會逐漸聚起來形成特殊的網路族群，他們彼此之間平等分享患病與就醫經驗，而形成一個相互扶持的病人團體，換言之，網際網路成為他們時常蒐集有關自身問題解決方法與相關資訊的重要來源[49]。

總之，如果我們假設文化因素對於資訊科技的應用會帶來某些正負面的影響，則在研究方向上，可能就會想去找尋哪一種類型的文化鑑賞系統對資訊科技抱持較友善的態度。在這方面便有可能採取Margetts和Dunleavy二位學者的預設觀點，傾向於認為個人主義的文化鑑賞系統較能夠發掘科技創新運用的可能性。而且在傾向個人主義的制度環境中，市場競爭機制時常被用來作為塑造行動者誘因的關鍵工具，而如何掌握各方行動者的確切資訊，也是市場競爭機制運作成功的充分必要條件，因此，崇尚個人主義文化的人對資訊科技的應用自然帶有不少樂觀的期待。

但是，如同前面所提及的，資訊科技在政府部門中的應用絕非是處在制度真空的環境中，在不同的政策領域中，其和許多政策工具的搭配使用，皆對這些不同的政策領域形成了一個複雜的制度系絡。此外，我們也認為在龐大的政府體系或政策領域中，時常存在有一個以上的文化鑑賞系統。這有如一些組織理論學者所指出的，其實在許多組織中存在有一些「次級文化」的現象，換言之，組織文化並非一直都是處在同質

---

[49] 請參見：Goldsmith, 2000, "How Will the Internet Change Our Health System?".

性的狀況[50]。在此便衍生出一個值得探討的問題，那就是去解釋在龐大的政府體系或政策領域中爲何會有不同的文化鑑賞系統存在？而這種現象對於資訊科技的應用又會造成何種影響？

五、衛生署全國醫療資訊網計畫：一個嘗試性的個案研究方向

本文在此處將嘗試透過我國衛生署全國醫療資訊網計畫的個案分析，來解釋爲何會有不同的文化鑑賞系統存在於龐大的政府體系或政策領域中？而這個現象對資訊科技在政府部門中的策略性應用又會造成何種影響？值得注意的是，基本上這只是一個初步的研究構想，且基於篇幅的限制，本文將只就前面所提出的研究問題提出一些初步的解答與思考方向。此處先就衛生署全國醫療資訊網計畫的個案內容做一介紹。

(一)全國醫療資訊網計畫

首先我們要指出的是，在全國醫療資訊網計畫的推動背後，其實潛藏著一些衛生署想要達成的策略目標，而在追求這些策略目標的過程中，除了技術問題之外，整個醫療服務體系的制度特徵與系絡環境才是影響醫療資訊網計畫的重要因素。在這方面，我國全民健保制度的建立不僅是推昇醫療資訊網計畫建置進度的強勢力量，而我國健保制度爲了同時達成一些相互衝突的政策目標，也影響到整個醫療資訊網計畫的演進過程。

早在民國七十六年十月十九日衛生署便向行政院資訊發展推動小組提出「建立全國醫療資訊網規模計畫」，從此展開第一期的全國醫療資

---

[50] 請參見：Sackman, 1992, "Culture and Subcultures: An Analysis of Organizational Knowledge".

訊網計畫之推動，就技術層面的應用功能而言，全國醫療資訊網（HIN, Health Information Network）主要是希望能夠完成下列三個資訊系統的建置[51]：

1. 就醫療服務體系而言，期望達成「病例連線、遠距醫療」的理想；
2. 就全民健保體系而言，期望達成「醫療費用通線申報」的目的；
3. 就公共衛生體系而言，期望達成「衛生行政管理與統計，以及防疫資訊系統」的建立。

從這三個資訊系統的建置來看，便可瞭解到資訊科技在政府部門中的應用乃是依附在某些政策目標的達成與政策工具的使用過程中，換言之，資訊科技本身仍然是屬於技術層面的問題，唯有和某些政策目標與政策工具聯繫起來，才會涉及到策略與價值選擇的問題。

根據郭旭崧的報告所言，當前全國醫療資訊網存在有下列三大技術問題：(1)網路頻寬不足，當初規劃以文字數據傳輸為限，因此目前頻寬無法因應多媒體之應用；(2)應用系統老舊，許多機關之間的資訊系統互不相容，形成「一機一用」的怪現象，滿意度偏低；(3)醫療應用範圍極為有限，名為「醫療資訊網」實為「衛生行政資訊網」[52]。此外，根據羅玳力的引述報告，「自民國七十六年開始衛生署已耗資近二十億元，設置了全國醫療資訊網路，並在新竹、台北、台中與高雄都設立了區域資訊中心，此網路負載了全國20%的衛生行政資訊、及10%的健保醫療費用連線申報，然而無法負荷包括電子病歷、醫師處方、各式診斷儀器的影像資料、各項生理檢驗資料在內的資訊傳遞」[53]。

---

[51] 請參見：郭旭崧，1998，〈打造新全國醫療資訊網〉。
[52] 同前註。
[53] 此為網路上擷取的報告：http://www.sumroc.org.tw/book/echo7-3.html，上網日期：10/20/2001。

基於上述這些技術功能問題，衛生署遂於民國八十八年開始推動為期五年之「第二代全國醫療資訊網（HIN2.0）」，並配合同時期我國所開始推動之「國家資訊基礎建設」的計畫目標，將原先醫療網的骨幹網路升級為寬頻網路，初步將開始推動「電子病歷交換系統」的建置、建立所謂「電子轉診作業模式」以及「完整之國家醫療資訊交換機制」，期望能夠透過醫療資訊的交換達成連續性的醫療照顧服務，減少不必要的重複性的檢驗與醫療程序，最終希望能改善我國醫療照顧的品質[54]。

根據上述的說明，我們可以察覺到「全國醫療資訊網」的建立，雖然留待有許多技術性的問題需要克服，但更重要的是其背後還有一些更深遠的策略目標期待被達成；例如：減少醫療資源的浪費、促進我國醫療照顧服務的品質、確保病患本身醫療資訊的隱私權、提高醫療服務產業的創新能力。只不過，相關學術領域的研究者至今還無法確定這種電子化醫療資訊網路的應用到底具有多大潛能可以轉化整個醫療服務體系的制度形構與運作過程。舉例而言，如果資訊科技會是改善許多國家醫療服務體系弊病的萬靈丹，那麼為何目前我國健保制度已陸續推動健保IC卡的使用或是透過醫療費用的電子申報系統，仍無法有效抑制醫療資源成本的浪費？而如何去評價這些資訊科技的應用效果？其又是依據哪些價值標準來給予評估？這些問題的解答皆涉及更為複雜的制度系絡因素與價值選擇的問題。因此，接下來有必要簡單介紹我國健保醫療照護體系的一些重要制度特徵，正是由於這些制度特徵，有可能會影響了全國資訊醫療網的未來運作與發展方向。

(二)我國醫療服務體系的特徵簡介

我國自民國八十四年三月一日正式推展全民健康保險方案，全民健保的推動對整個醫療服務體系的影響十分深遠，由於強制全民納保和推

---

[54] 行政院衛生署，2001，《行政院衛生署「二代全國醫療資訊網計畫」委辦計畫之後續推廣計畫書》。

動一體適用的給付標準，以講求全民有平等接近各種醫療服務機會的前提之下，基本上，這十分符合「平等主義」文化傾向所主張的價值觀點。

　　然而，這並不意味著其他諸如「層級節制」或「個人主義」等文化價值的理念便不存在於我國醫療服務體系中，相反地，基於我國在醫療服務提供方面保有傳統市場競爭的機制，因此，民眾可以隨意到任何一家基層診所或大型醫院接受門診看病的服務，特別是在傳統「論量計酬」的醫療費用支付制度之下，醫師看的病人數目越多，則其收入便越增加，因此，許多基層診所和大型醫院莫不卯足全力，積極吸引病人上門；然而，在基層與第二層醫療服務體系之間缺乏轉診制度，而病人直接到大醫院接受門診服務的越級自負額定得太少，無法誘導病人回流到基層診所，導致小病也到大醫院看病，形成醫療資源嚴重的浪費。更重要的是，大型醫院競相設立及引進高科技且昂貴的醫療設備，在在吸引許多民眾上門，從而壓縮基層診所的生存空間。不惟如此，這也導致基層診所或大醫院傾向在人口眾多與富裕地區設立，從而導致醫療資源地區性的不平等分配問題。

　　在目前我國醫療服務體系中，個人主義的文化因素對於資訊科技的應用方向所可能造成的影響，不僅表現在許多醫療機構藉由資訊科技的輔助來提供許多創新的醫療服務，藉以鞏固在醫療服務市場上的競爭優勢；更重要的則是，許多醫療機構也紛紛藉由一些資訊系統來評估其所屬醫師之醫療服務成本與服務利潤，這些評估的結果皆可做為醫師績效獎金的發放依據，這也造成許多醫師的醫療行為十足顯現出對金錢利潤重視的傾向，而違背了醫師的專業倫理精神。

　　雖然，醫療服務提供市場可說是處於激烈競爭的戰國時代，但衛生署和健保局為了提昇醫療服務品質，避免診所或醫院浮濫開立病人不需要的藥品或進行不必要的治療手術，健保局可說也卯足全力在監控許多診所和醫院的醫療行為，例如，要求各家診所或醫院在申報健保醫療費

用時，必須確實填寫相關的報表文件，而這些費用申報過程，亟需電腦資訊系統的輔助，從而增加基層診所的行政成本，許多執業很久的老醫師無法熟悉先進的電腦技術與作業程序，逐紛紛歇業打退堂鼓[55]。基本上，目前健保局嘗試進行國民健保IC卡的推動，在某些方面，除了是為了提供民眾更便利的就醫手續，以減少過去換發健保卡的不便之外，其實，相當程度上，也是為了紀錄個人醫療費用的使用狀況，以及為了避免醫事服務機構浮報和濫報醫療費用的現象，而民眾對於IC卡涉及個人隱私資料的敏感度，在缺乏安全感的情況下，剛開始時對其接受程度也不是很高[56]。

總之，為了因應全民健保醫療費用申報與核付制度的要求，基層診所與各大醫院紛紛進行其電腦資訊設備的更新，而許多大型醫院亦紛紛設立專責的資訊管理部門，除了因應全民健保的作業需要之外，也希望能夠對其醫院本身的醫療資源利用狀況做好成本效率的分析工作，以節省醫院不必要的開支[57]。從上述這些事例來看，我國醫療服務體系的電腦資訊科技的應用也十足彰顯了「層級節制式」的文化價值色彩。因為，這些資訊系統的運用無非是基於政府為了控制健保特約醫療機構的醫療行為與資源使用狀況之需要。

近年來，我國健保局為了有效抑制健保醫療成本上漲的趨勢，已陸續推動牙醫門診、中醫門診、西醫基層與西醫醫院的總額預算制度。根據李玉春和蘇春蘭的定義，「總額預算制度係指健康保險相關團體（或政府）預先對某類醫療服務或醫院之支出設定年度預算總額，藉以達成保險財務收支平衡或維持財務虧損在可預期範圍內之目的」[58]。由於總額預算制度的推動需要透過對過去各個醫療部門的醫療費用支出狀況進

---

[55] 請參見：陳錦源，2001，〈基層醫療何去何從〉。

[56] 請參見：李菱菱，2001，〈國民健保 IC 卡之規劃與推動〉。

[57] 請參見：郭正全，1994，〈因應全民健保實施醫院電腦管理應有的認識與調適〉。

[58] 請參見：李玉春、蘇春蘭，1993，《總額預算制度之設計》，頁 1-1。

行詳實的分析，才能訂定出各方皆可接受的總額預算額度，其中需要有效掌握許多醫療機構服務成本與病人人口特質等資訊，經由風險校正的程序，以維持醫療機構適度的財務風險分擔責任，並促使醫療機構能夠幫助健保局共同抑制醫療費用成本上漲的趨勢。因此，在這方面有關醫療資源利用的資訊蒐集與分析便顯得十足重要。但這也需要在健保局和醫療機構之間建立一種平等協商與責任分擔的文化特徵，否則容易造成健保局與醫療機構之間的猜忌與誤解，例如健保局可能會懷疑醫療機構隱瞞諸多成本結構的資訊而有壓低預算額度的打算，從而導致總額預算的協商與推動的困難。

基本上，總額預算制度的推動是一種結合層級節制與平等協商機制的制度設計，層級節制的機制體現在各個醫療部門的健保特約醫療機構乃是透過其所屬醫療專業協會的代表（例如醫師公會）來和健保局進行協商，這些協會代表與健保局所達成的協議最終對這些醫療機構將構成某種拘束力；此外，為了確保各個醫療機構能夠遵守總額預算制度設計的原則，克制本身可能有浪費醫療資源之行為，這些醫療專業機構與從業人員彼此之間必須形塑出一種自我監督與自我管理的專業文化精神，在這方面也彰顯出，總額預算制度的推動亦需要有平等主義的文化底蘊以支撐這種自我監督管理的專業文化精神。

根據上述的分析，可以瞭解到我國醫療服務體系的基本制度特徵受到全民健保制度的影響甚鉅，在這方面健保制度皆需要動用一些政策工具與相應的資訊系統才能同時達成許多政策的價值目標。這些皆體現出資訊科技的應用是受到一些文化因素的影響，例如：追求全民納保與健保財務風險分擔的政策目標，體現了平等主義文化的原則）；重視醫療資源的使用效率與市場競爭的政策目標，體現了個人主義文化的原則；講究醫療服務成本控制與提升服務品質的政策目標，體現了層級節制文化的原則。

(三)未來值得研究的問題

在二〇〇〇年第十九卷第六期的美國《健康事務期刊》（*Health Affairs*）中，有許多論文均企圖去探討網際網路的應用在醫療服務部門中所可能產生之衝擊影響，並用E-Health這個名詞來描繪這種新型態醫療照顧服務體系的特徵。然而，誠如J. K. Iglehart所指出的，E-Health的技術是否能促進醫療照顧服務的可近性、品質與安全性？是否能夠改善目前醫療照顧服務成本浪費的現象，還需留待後續許多研究來探討[59]。準此而言，延續我們先前對於電子化政府之策略層次與價值層次的問題討論，本文認為後續的研究可以針對衛生署全國醫療資訊網計畫的歷史沿革作更深入的分析，並嘗試回答以下幾個具體的研究問題：

1. 就策略層次而言，如何形塑一個有利科技應用的環境與制度系絡，使得電子化醫療資訊網能夠有效轉化目前我國醫療照顧服務體系的運作過程，從而促進整體醫療服務體系的可近性、品質與安全性，並能夠減少醫療服務成本浪費的現象？

2. 就價值層次而言，為了建立一個現代化且完善的醫療服務體系，需要達成哪些政策價值目標，而我國電子化醫療資訊網計畫可以運用哪些資訊科技？並應該配合哪些政策工具才有可能達成這些價值目標？而這些價值目標在何種程度上會受到哪些文化因素的影響？就此而言，全國醫療資訊網計畫中有哪些資訊科技的應用項目，會和這些政策工具及文化因素產生何種互動過程？

3. 就過程面來看，整個全國醫療資訊網的建立與運作涉及到多少公、私部門組織的整合聯繫問題？而整個資訊網路體系運作的成敗責任應由哪些單位來負責？在其中，該如何去解決所涉及到的稀少資源之分配及政治角力的問題？

---

[59] Iglehart, 2000, "The Internet Promise, The Polity Reality", pp.6-7.

值得注意的是，根據前面的分析，我國全民健保制度的建立可視為是推動衛生署「全國醫療資訊網」的重要制度因素，然而，根據前面對整個醫療服務體系制度特徵所做的分析，我們可以發現有些制度因素可能會阻礙整個方案的執行成效，例如，在醫療機構彼此競爭激烈的環境下，有哪些醫師願意將許多病人的診斷結果及病歷輕易轉手，更何況，在現存轉診制度缺乏有利誘因機制的設計之下，「電子轉診作業模式」根本就是英雄無用武之地。而基層診所和第二層級以上的醫院時常為了收入都有扣留病人的傾向，這也使得「完整之國家醫療資訊交換機制」的運作會有阻礙。而這些反映出我國醫療服務體系存在著濃厚的個人主義文化特徵。因此，這方面的發現跟前述Margetts和Dunleavy 的研究結果有點矛盾，實際上，對於推動類似全民健保制度的醫療服務體系而言，個人主義的文化鑑賞系統對電子化醫療資訊科技的應用不見得是一個有利的因素。根據此一觀點，我們認為未來的研究方向可以嘗試去解答：到底哪一種文化鑑賞系統的確立與主導地位較能夠達成「全國醫療資訊網」的一些更深遠的策略目標？抑或是，前述這三種文化鑑賞系統的並存，乃是促使這些策略目標得以達成的不可或缺之條件？凡此種種問題，均值得吾人深入探討。

六、代結論與反省

基於篇幅與時間的限制，本文很遺憾無法針對目前衛生署全國醫療資訊網計畫的進度與初步成果進行更深入分析。此外，針對目前我國全民健保醫療服務體系的某些重要政策工具，也未能做較詳盡的說明，例如「總額預算制度」和「疾病管理方案」這兩個重要的政策工具，基本上，皆需要完備的資訊系統之輔助，才能發揮抑制醫療資源浪費與提昇

醫療服務品質的功能。這是未來可以繼續追蹤的問題

　　值得說明的是，我國醫療資訊網計畫推動的歷史過程，始終和全民健康保險的建立與後續發展有極密切的關聯性，全民健康保險制度若沒有完善的資訊系統之輔助，則很難得以建立與維繫。所幸我國這方面資訊系統的建置尚屬完備，但這方面僅止於有關被保險人的承保資料以及醫療費用申報系統，至於對於一般醫療院所實際的醫療成本結構與內部財務管理方面的資訊，則缺乏系統性的蒐集與分析，這方面的資料，對於健保局和醫療專業團體在協商年度總額預算經費時至關重要。根據前面的分析，我們也指出，若能強化目前健保制度中的平等主義精神與醫療專業團體的自我管制能力，將有利於總額預算制度的推動。

　　總之，透過醫療資訊網計畫的個案分析，我們可以發現，若要去評估及瞭解資訊科技在政府部門中的應用效果為何？必須根據其所搭配的政策工具與一些制度文化因素，才有可能獲得一個完整的答案。而由於許多政府部門在推動公共政策的過程中，必須同時追求一些相互衝突的價值目標，因此這便反映出為何會有一些不同的文化鑑賞系統存在於龐大的政府體系或政策領域中。許多有關電子化政府方案的策略應用問題，若不去對價值選擇與目標衝突問題進行討論，將只會在一些技術問題上打轉，最終將會失去研究的深度與廣度。

參考文獻

■中文部分

行政院研究發展考核委員會，1999，《全面發展電子化政府提昇效率及服務品質》，http://www.rdec.gov.tw/elecgov/report/（10/20/2001）。

行政院研究發展考核委員會，2001，《電子化政府推動方案》，民國90年4月11日。

行政院研究發展考核委員會，2002，《電子化政府報告書（九十一年度）：電子化政府之挑戰與契機》，民國 91 年 12 月。

行政院衛生署，2001，《行政院衛生署「二代全國醫療資訊網計畫」委辦計畫之後續推廣計畫書》，http://203.65.104.249/hin2pilot/plan.htm (10/20/2001)。

李宗勳編著，2002，《政府業務委外經營：理論與實務》，台北：智勝文化。

李玉春、蘇春蘭，1993，《總額預算制度之設計》，台北：行政院衛生署。

李菱菱，2001，〈國民健保 IC 卡之規劃與推動〉，《研考雙月刊》，第 25 卷第 1 期，頁 50-57。

吳定，1997，〈再造工程方法應用於工作簡化知探討〉，收錄於《政府再造》，高雄市政府公教人力資源發展中心編印，頁 91-113。

吳瓊恩，1992，《行政學的範圍與方法》，台北：五南圖書公司。

吳瓊恩，2001，《行政學》，台北：三民書局。

林嘉誠，2001，〈塑造數位行政文化，建立顧客導向型政府〉，《研考雙月刊》，第 25 卷 1 期，頁 6-14。

孫本初，1998，〈組織再造工程〉，孫本初編著，《公共管理》，台北：智勝，頁 390- 415。

陳錦源，2001，〈基層醫療何去何從〉，《台灣醫界》，44(2): 48-50。

郭正全，1994，〈因應全民健保實施醫院電腦管理應有的認識與調適〉，《醫院管理》，第 27 卷第 4 期，頁 34- 40。

郭旭崧，1998，〈打造新全國醫療資訊網〉，衛生署企劃處投影片報告。http://140.129.148.4/sung/speech/981119Hin2/index.htm (10/20/2001)

張世杰，2000，《制度變遷的政治過程：英國全民健康服務體系的個案研究，1948-1990》，國立政治大學公共行政學系博士論文。

張世杰、蕭元哲、林寶安，2000，〈資訊科技與電子化政府治理能

力〉，佛光人文社會學院 第一屆政治與資訊研討會，宜蘭：佛光人
文社會學院 蘭陽文教中心。

張世杰、蕭元哲、林寶安（2001）〈資訊科技與電子化政府治理能力之
間關係的探討：一個文化理論分析觀點之提出〉，《義守大學學
報》，第 8 期，頁 449-468。

黃大洲，1997，〈以流程改造提昇服務品質—行政院研考會推動行政流
程簡化工作成果〉，《研考雙月刊》，第 21 卷 4 期，頁 5-11。

劉怡靜，2000，〈資訊時代的政府再造：管制革新的另類思考〉，《月
旦法學雜誌》，第 51 期 2 月號，頁 58-65。

顏良恭，1995，《公共行政中的典範問題》，台北；五南圖書公司。

羅腓力，2001，未標明文章標題之網路資料，http://www.
sumroc.org.tw/book/echo7-3.html (10/20/2001)。

■英文部分

Avison, D. E, Cuthbertson, C. H., & Powell, P., 1999, "The Paradox of
Information Systems: Strategic Value and Low Status", *Journal of
Strategic Information Systems*, 8(4): 419-445.

Bekkers, V. J. J. M., 1998, "Writing Public Organizations and Changing
Organizational Jurisdictions", in I. Th. M. Snellen and W. B. H. J. van
de Donk (eds.), *Public Administration in An Information Age*, pp.57-77.
Amsterdam: IOS Press.

Bellamy, Christine, 1998, "ICTs and Governance: Beyond Policy Networks?
The Case of the Criminal Justice System", in I. Th. M. Snellen and W. B.
H. J. van de Donk (eds.), *Public Administration in An Information Age*,
pp.293-306. Amsterdam: IOS Press.

Bellamy, Christine and Taylor, John A., 1998, *Governing in the Information
Age*. Buckingham: Open University.

Bretschneider, S., 1990, "Management Information Systems in Public and

Private Organizations: An Empirical Test," *Public Administration Review*, 50(5): 536- 545.

Brin, David, 1998, *The Transparent Society : Will Technology Force Us to Choose between Privacy and Freedom?*. Reading, Mass.: Addison-Wesley.

Cabinet Office, 2000, *E-government Interoperability Framework. London: The Office of the e-Envoy*, http://www.citu.gov.uk/egif.htm (11/23/2000).

Cyert, Richard M. and March, James G., 1992, *A Behavioral Theory of the Firm*, 2nd edition. Cambridge, MA.: Blackwell.

Daft, Richard, 2000, *Management*, 5th edition. Orlando, FL.: The Dryden Press.

Daft. Richard, 1986, *Organizational Theory and Design*, 2nd edition. St. Paul, Minn.: West Publishing Company.

Daft, Richard and Weick, Karl E., 1984, "Toward a Model of Organizations as Interpretations Systems", *Academy of Management Review*, 9: 284-295.

DeSanctis, Gerardine and Monge, Peter, 1999, "Introduction to the Special Issue: Communication Process for Virtual Organizations", *Organization Science*, 10(6): 693- 703.

Dunleavy, Patrick and Hood, Christopher, 1994, "From Old Public Administration to New Public Management", *Public Money & Management*, 14(3): 9- 16.

Dunlop, Charles and Kling, Rob, 1991, "The Dreams of Technological Utopianism", in Charles Dunlop and Rob Kling (eds), *Computerization and Controversy: Value Conflicts and Social Choices*, pp.14-30. Boston: Academic Press.

Falk, Jim, 1998, "The Meaning of the Web," *The Information Society*, 14(4):

285-293.

Franke, Ulrich, 2000, "The Knowleage-Based View (KBV) of the Virtual Web, the Virtual Corporation, and the Net-Broker", in Yogesh Malhotra (ed) *Knowledge Management and Virtual Organizations*, pp.20-42. Hershey, PA.: Idea Group Publishing.

Goldsmith, Jeff, 2000, "How Will the Internet Change Our Health System?", *Health Affairs*, 19(1): 148- 156.

Heeks, Richard and Bhatnagar, Subhash, 2000, "Understanding Success and Failure in Information Age Reform," in R. Heeks (ed.), *Reinventing Government in the Information Age*, pp. 49- 74. London: Routledge.

Hood, Christopher, 1986, *The Tools of Government*. Chatham, NJ.: Chatham House.

Hood, Christopher, 1994, *Explaining Economic Policy Reversals*. Buckingham: Open University Press.

Hood, Christopher, 1995a, "Emerging Issues in Public Administration", *Public Administration,* 73(1): 165- 183.

Hood, Christopher, 1995b, "Control Over Bureaucracy: Cultural Theory and Institutional Variety", *Journal of Public Policy*, 15(3): 207- 230.

Hood, Christopher, 1998, *The Art of The State: Culture, Rhetoric, and Public Management*. Oxford: Clarendon.

Howlett, Michael, 1991, "Policy Instruments, Policy Styles, and Policy Implementation: National Approaches to Theories of Instrument Choice", *Policy Studies Journal*, 19(2): 1- 21.

Iglehart, John K., 2000, "The Internet Promise, The Polity Reality", *Health Affairs*, 19(6): 6- 7.

Jackson, Peter M., 2001, "Public Sector Added Value: Can Bureaucracy Deliver?", *Public Administration*, 79(1): 5- 28.

Jenkins, Simon, 1996, *Accountable to None: The Tory Nationalization of Britain*. London: Penguin.

Kling, Rob and Iacono, Suzanne, 1989, "The Institutional Character of Computerized Information System," *Technology and People*, 5(1): 7- 28. http://www.slis.indiana.edu/kling/pubs/INSTI97C.htm (12/09/2000).

Kraemer, Kenneth L., 1991, "Strategic Computing and Administrative Reform", in Charles Dunlop and Rob Kling (eds.), *Computerization and Controversy: Value Conflicts and Social Choices,* pp.167-180. Boston: Academic Press.

Kraemer, Kenneth L. and King, John Leslie, 1986, "Computing and Public Organizations", *Public Administration Review*, 46 (Special Issue): 488- 496.

Kraemer, Kenneth L. and Dedrick, Jason, 1997, "Computing and Public Organizations", *Journal of Public Administration Research and Theory*, 7(1): 89- 112.

Kuhn, Thomas S., 1970, *The Structure of Scientific Revolutions*. Chicago: Chicago University Press.

Leidner, D. E., 2000, "Understanding Information Culture: Integrating Knowledge Management Systems into Organizations", in R. D. Galliers et al. (eds.), *Strategic Information Management: Challenges and Strategies in Managing Information Systems*, 2nd edition. Oxford: Butterworth-Heinemann.

Ling, Yom, 2002, "Delivering Joined-Up Government in the UK: Dimensions, Issues and Problems", *Public Administration*, 80(4): 615- 642.

Loader, Brian (ed.), 1997, *The Governance of Cyberspace: Politics, Technology and Global Restructuring*. New York : Routledge.

Lowi, Theodore, 1966, "Distribution, Regulation, Redistribution: The

Functions of Governments. In R.B. Ripley (ed.), *Public Policies and Their Politics*, pp.27-44. New York: W. W. Norton.

Margetts, Helen, 1995, "The Automated State", *Public Policy and Administration*, 10(2): 88-103.

Margetts, Helen, 1999, *Information Technology in Government: Britain and America*. London: Routledge.

Margetts, Helen and Dunleavy, Patrick, 2002, *Better Public Service through E-Government: Academic Article in Support of Better Public services through E-Government*. London: The Stationary Office.

Martin, John, 1993, "The Two Hottest Words in Public Management—and Why It May Be Worth Wading Through The Hype to Understand Them", *Governing*, March: 27-30.

Metcalfe, Les, 2000, "Linking Levels of Government: European Integration and Globalization", *International Review of Administrative Sciences*, 66(1): 119-142.

National Partnership for Reinventing Government, 2000, *Electronic Government*, http://www.npr.gov/initiati/it/index.html (11/23/2000).

OECD, 1998, Information Technology as an Instrument of Public Management Reform: A Study of Five OECD Countries. PUMA(98)14.

OECD, 2001, "The Hidden Threat to E-Government: Avoiding Large Government IT Failures", *PUMA Policy Brief* , No.8, March 2001. http://www.oecd.org/pdf/M00004000/M00004080.pdf (03/20/2003).

Ouchi, William G., 1980, "Markets, Bureaucracies, and Clans", *Administrative Science Quarterly*, 25(March): 129-141.

Peters, B. Guy, 2000, "Policy Instruments and Public Management: Bridging the Gaps", *Journal of Public Administration Research and Theory*, 10(1): 35-45.

Porter, Michael E., 1985, *Competitive Advantage: Creating and Sustaining Superior Performance*. New York: Free Press.

Prime Minister, 1999, *Modernising Government*. Presented to Parliament by the Prime Minister and the Minister for the Cabinet Office by Command of Her Majesty, March 1999. London: Stationery Office.

Richard, Elisabeth, 1999, "Tools of Governance", in Barry N. Hauge and Brian D. Loader (eds.), *Digital Democracy: discourse and Decision Making in the Information Age*, pp.73-86. London: Routledge.

Sackmann, Sonja A., 1992, "Culture and Subcultures: An Analysis of Organizational Knowledge", *Administrative Science Quarterly,* 37(1): 140-161.

6, Perri et al., 2002, *Towards Holistic Governance: The New Reform Agenda.* Basingstoke, Hampshire: Palgrave.

Snellen, Ignace Th. M., 1994, "ICT: A Revolutionizing Force in Public Administration", *Informatization and the Public Sector*, 3(3/4): 283-304.

Starr, Paul, 2000, "Health Care Reform and the New Economy", *Health Affairs*, 19(6): 23-32.

The Economist, 2000, "The Next Revolution", *A Survey of Government and The Internet*, 24th June: 3-5.

Thompson, Michael and Wildavsky, Arron, 1986, "A Cultural Theory of Information Bias in Organizations", *Journal of Management Studies*, 23(3): 273-286.

Thompson, M., Ellis, R. and Wildavsky, A., 1990, *Cultural Theory*. Boulder, Colo.: Westview.

Thong, James Y. L., Yap, Chee-Sing and Seah, Kin-Lee, 2000, "Business Process Reengineering in the Public Sector: The Case of the Housing Development Board in Singapore", *Journal of Management Information*

Systems, 17(1): 245- 270.

Vickers, G., 1983, *The Art of Judgment: A Study of Policy Making*. London: Harper & Row, Publishers.

Wigand, R., Picot, A. and Reichwald, R., 1997, *Information, Organization and Management: Expanding Markets and Corporate Boundaries*. Chichester, West Sussex: John Wiley & Suns Ltd.

Wildavsy, Arron, 1983, "Information as An Organizational Problem", *Journal of Management Studies*, 20(1): 29- 40.

Willcocks, Leslie, 1994, "Managing Information Systems in UK Public Administration: Issues and Prospects", *Public Administration*, 72(1): 13-32.

World Markets Research Centre (WMRS), 2001, *Global E-Government Survey 2001*, http://www.worldmarketsonline.com/pdf/e-govreport.pdf (10/20/2001).

Zifcak, S., 1994, *New Managerialism: Administrative Reform in Whitehall and Canberra*. Buckingham: Open University Press.

政府資訊網站的知識管理及公共參與

——以行政院環境保護署AQMC網站為例

陳王琨

景文技術學院環境管理系副教授

一、前言

（一）網路社會裡的公共參與

進入資訊時代，將政府部門施政理念與民眾的期待結合是每一個不同層級的政府所努力的目標。由於資訊傳播迅速，民眾可以取得資訊的管道也相對地十分暢通，政府部門如果對資訊的發布處理不夠快速或者是不夠正確，就常會造成負面的影響，因此，如何正確而有效地建構一個可靠的媒介來將政府部門的資訊傳達出去，是每個政府單位所面對的課題。

透過網站來傳達訊息是一個良好的方式，網路沒有時空的限制，是縮短政府與民眾距離的有效工具，然而網路的特性會限制到它所傳達的訊息。網路使用的複雜度也造成了它傳遞訊息集中在特定族群的缺點。政府部門的人力有限，如何善用民間的力量，來共同處理一些對社會大眾有影響的事務，也是值得深思的地方。

此外，涉及專業知識，例如地震、颱風、環保等議題，而且又是民眾所關心的話題之時，要如何以最有效的方式來傳達經過專業判斷所得到的知識與決策，就是政府部門的管理者所更需要面對的問題了。

「公共領域」是學者 Habermas 所提出的概念，他分析了現代社會的公共領域變遷情形，發現公共領域逐漸受到國家的技術官僚的約束，在科技專家與行政官僚密切合作的情形下，要如何來擴大在現代社會中的公共參與？（Habermas, 1984, 1989）在 Alan Irwin 所提出的「市民科學」（citizen science）的主張中，希望能夠調和公眾與專家之間的衝突，使科學爲公眾所理解，也使科學爲人民所接受（Irwin, 1995）。而 Jacques Ellul 則提出了另一個觀點，認爲在當代社會中，技術已過於神化，因此必須

發展出一個可以拒絕過度的科學與技術依賴的民主（Ellu, 1992）。

在一個高科技的社會下，科技會不會占據了民主的領域？形成了公共領域的壟斷或腐化的現象，這是關心現代民主社會發展者不能不重視的。在幾個具高度技術性的問題，例如：核能發電的選擇，產業政策的研擬，以及公共工程的開發等，要如何來使公眾提出切身的想法而不受制於技術官僚所呈現出來的高度障礙，則是建構現代政治民主時所必須要省思的地方。

(二)前人研究文獻之回顧

國內外學者已有從不同的角度來對政府部門資訊網站進行探討，例如張錦華從公共領域、多元文化主義與傳播進行研究（張錦華，1979）；項靖討論了地方政府的網路公共論壇與民主之實踐（項靖，1999）；王如哲以教育領域與改革進行知識管理之探討（王如哲，2000）；Choel 與 Rich 探討資訊與公共政策的關聯（Choel & Rich, 1996）；王家煌探討台北市的電子化政府與電子民主（王家煌，2002）；Ventura 則探討使用地理資訊系統在地方政府的網路上之應用（Ventura, 1995）；亦有多位學者研究電子化政府的各類案例（Landsbergen & Wolken, 2001）（Layne & Lee, 2001）

以上學者對於網路社會裡的公共領域做了許多的探討，但是以知識管理及第三部門的角度來進行的研究尚不多見，因此本研究以此方向為研究的重點。在本文中將以實際的案例，討論國內環保署現在正在推動的 AQMC（Air Quality Model Supporting Center，空氣品質模式支援中心）的管理架構。從知識管理及公共參與的角度來討論政府部門的環境資訊網站的理想架構，以電子化政府的角度來探討民主與網路科技互相交會之時所可能面臨的狀況。

二、政府資訊網站的功能及知識管理

(一)政府資訊網站的定義與功能

本文中所提及的政府資訊網站，係指由政府所設立，透過官方的力量來提供社會大眾各種生活資訊的網站。例如環保資訊網站、氣象資訊網站等等。因此，政府資訊網站也是建構電子化政府中的一個重要的單元。

政府部門環境資訊網站要做些什麼事？從官方的立場來看，有三個功能是不可或缺的，此即：(1)傳達的功能；(2)溝通的功能；(3)教育的功能。

政府有必要透過官方網站傳達正在推動中的重大方案的訊息給民眾知道，這是網站的第一功能；透過網站的即時或非同步溝通系統與民眾交換信息，也是網站的重要任務；此外，如果所要傳達的是某些理念的宣導，則網站又具有為民眾教育的功能。將這些功能集合在一起，讓網站的功能充分發揮，勢必要有精心的設計才能達到目的，一個好的政府部門環境資訊網站不但在硬體與軟體上要有充分的配合，還需要有一流的規劃工程師，來針對政府與社會的需求來做出良好的概念設計（conceptual design）。

從公共政策的執行來看，政策的效應必須透過執行才產生效應，在走入民主治理的時代，如何將公民的力量參與到政府制定政策的過程，以提昇政策執行的效果，這是實務上很值得探討的地方。透過一個政府所設立的官方網站要如何才能達到這個目的？網路科技是否會減低民眾對於公共政策的疏離感？這也是我們所關心的部分。

(二)政府資訊網站中的知識管理

C. W. Holsopple 指出，在組織之內若能建立一套知識管理系統，則對於制定政策的效率之提升將會有極大的助益（Holsopple, 1995）。政府資訊網站中提供了許多的資訊（information），但是也有許多的知識（knowledge）隱藏在其中。以環保署所提供的環境品質資訊而言，每天的空氣品質是一種資訊，然而，在這種空氣品質之下，政府或民眾該有什麼樣子的應變措施，這就是屬於知識的範疇了。

區分在網站中所產生的資訊與知識內容，是進行知識管理的第一步驟。環境資訊網站提供了大量隨時間變動的資訊，為了製造這些資訊及整理這些資訊，必須要有良好的知識管理技術，所以，建構一個良好的知識管理策略是必要的。

由於現在的資訊網站面對的是知識爆炸的「知識社會」，所以管理者首先要考慮到的是：「在這個資訊網站中會產生什麼樣的知識？」要如何來建構良好的知識管理策略？不同的管理策略與施行方案都會產生不同的結果，針對環境資訊網站我們可以先就其特性加以分析，並從知識管理的過程來探討最佳的知識管理策略。

在政府資訊網站所構成的相關知識中，大致可以分成為二大類，一為「外顯的知識」，另一為「內隱的知識」，它們的分別如圖一所示。「外顯的知識」由於已經成為文字或經過整理成為可以取得的資訊，所以比較容易傳播下去。而「內隱的知識」由於是與人有關的內在經驗，因此沒有相當良好的機制則不易保存下來。

然而，以知識管理（knowledge management）的眼光來看，外顯的知識僅只是知識的一小部分，因此知識管理者所要建構的，除了這些外顯知識所表現出來的資訊之外，主要要建構的是在知識管理中所最強調的「內隱知識」（陳琇玲，2002）。

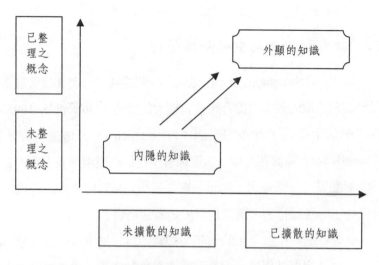

圖一　環境資訊網站的外顯知識與內隱知識

（三）資訊網站的知識管理過程

進行知識管理，在組織上要先建立有共同專業的團體（communities），知識管理過程中，創造、編碼、與擴散是三個主要的挑戰，這三者必須在組織結構與文化下運作。此外，知識管理的組織及配套的誘因機制則是第四個面對的挑戰。

知識管理現在已經應用在各個企業上，但是以一個環境資訊網站做為知識管理的對象是否依然可行，則可以由知識管理的過程來詳加討論。

如何建立共同專業的團體，讓參與者有共同的興趣，分享及運用新的知識，知識管理學者的看法是在這一群專家團體之中再任命所謂的知識經理（Knowledge Manager），在團體的最高層則安排知識長（Chief Knowledge Officer, CKO）的職位，由 CKO 統籌劃全部的知識管理架構及推行知識管理的策略[1]。

---

[1] 以上內容引自湯明哲所撰文〈未來管理的主流〉，參見天下文化出版，《知識管理》（*Knowledge Management*），哈佛商業評論精選（Harvard Business Review）導讀序

知識社會的另一個特徵是以分散式的知識來取代集中的概念，以分散式的管理來代替集中式的管理。網路恰好扮演了這個分散知識的實現，大家可以從不同的來源取得過去認為是不可能得到的資源，讓過去大家以為力所不能及的事變得十分容易。

例如在過去，進行環境品質的模擬是一件十分繁鎖的事，必須要對氣象分析、污染擴散等現象十分熟悉，且又涉及了許多複雜的數學方程式。但是在網路普及的現在，透過網路的教育與工作之分工，可以使參與這項工作的人員越來越多，因此也預期將來會有更多的學者、專家或工程師都有能力在自家中做這些過去認為是不容易完成的事。

三、政府資訊網站的公共參與

(一)從第三部門的定義來看公共參與

由以上的分析可以知道在政府部門的環境資訊網站中所包含的知識成分與總量是相當大的。要如何來架構一個有效的管理架構才能使這個資訊網站發揮到最高的效率？管理學者杜拉克對於第三部門的研究可為這個問題找到很好的答案（Drucker, 1990, 1993）。

杜拉克以為，第三部門是具有公部門的公正性以及私部門的效率性的單位，因此在環保、醫療、慈善、文化、社區活動的領域上會特別地有成效。然而相對於以上的領域之性質，在環境資訊網站中是否也能像它在其他領域一樣做出很好的成效呢？

做個環保、文化、慈善的義工，對於專業上的要求或許不多，但是在環境資訊網站上，所涉及的專業層面必然是較多的，例如污染防治策

文之內容。

略、環境管理方案、政府環境政策等，都必須有相當的專業訓練。要以第三部門的義工方式（可稱爲環境資訊義工或是環保網路義工）來進行組織成員的管理，是有相當程度的挑戰性的。

（二）可以選擇自由出入的管理架構

在非營利組織下的成本效益與效率，均非公部門的任何單位可以比擬，所以杜拉克指出，非營利組織將是二十一世紀管理實務的主流。

第三部門是以（Human Change，即「人的改變，作新民」）爲使命的志業，因爲它沒有私部門之商業盈虧底線，也沒有公部門的公權力藉以強制執行，故第三部門更需要注重經營管理與領導，以有效達成使命[2]。

如何才能在組織之中讓大量有心參與的專業或非專業的人員進入組織之中，成爲第三部門中的義工團體？知識管理者在設計這個組織的知識管理架構時必須要先考慮到這個因素。分散式組織架構是本文所提出的論點。

可以有出入選擇的自由是分散式組織架構的主要概念。只有在成員可以自由出入的情境之下，他才願意提出他個人最有利的見解來貢獻給組織。而這樣才是組織永續經營的基礎。當成員可以自由出入組織之時，他可以成爲組織內部的一員，辦演積極貢獻的角色。而在他進入組織之外時，他也會成爲一個提供意見的諍友。

（三）以分散式組織概念建立的組織管理

架構一個良好的政府部門環境資訊網站的管理架構，也應該是依循這樣的分散式組織架構，才能有最高的效率。事實上，第三部門非營利組織大多都具有這樣子的特性，因此很容易得到許多人的加入參與。

---

[2] 以上說法引至鄭永義所註《使命與領導》（*Mission and Leadership*）（第三部門系列二）一書，仁化出版社出版，民國 91 年。

司徒達賢以 CORPS 模式來分析非營利組織的營運行為，CORPS 是五個英文字母的縮寫，C 是 client，代表被服務的對象；O 是 operations，代表創造價值之業務營運，含組織與經營；R 是 resources，代表財力與物力資源，含資源提供者；P 是 participants，代表參與者，其中含專職人員與義工；而 S 是 services，代表所創造的價值或所提供的服務。這個概念也可以用來檢視我們所要研究的對象是否符合非營利組織的營運理念（司徒達賢，1999）[3]。

四、政府資訊網站…環保署 AQMC…的個案討論

(一)環保署 AQMC 的背景

以下，以實際的案例來做為本文討論的個案分析，對象是環保署所推動的 AQMC 的管理架構。分別從模式中心的成立背景、組織定位，組織管理方式、以及知識的管理對模式中心的影響來加以探討。

■為什麼要有 AQMC

環保署公告於民國九十二年度開始進行空氣品質的擴散模式的管制。此項規定使國內的空氣品質管理進入另一個新的境界，過去由學術界與產業界各自提出環境模擬模式的時代已經結束，要經由環境影響評估或排放許可的單位今後必須更審慎地提出引用的環境模擬模式，以保證開發行為或排效廢氣不致於危害到環境的品質（環保署，2002）。

AQMC 雖然在字面上只是一個技術支援中心，但是由這個技術支援中心衍生出來的決策，卻可能影響到目前大家所關切的重大施政方向，

---

[3] 以上請參考司徒達賢著，《非營利組織的經營管理》，pp.10-12, 48，天下出版，1999.9。

例如：為了維護良好的空氣品質，在國內有那些區域是允許開發？那些區域不應允許開發？為了保護臭氧層所做的溫室氣體管制，在國內有那些產業會受到限制？

■AQMC 的目標

環境品質的模擬是一個十分複雜的工作，必須要良好的學術背景與工程實務的經驗，才能夠正確地判斷出可靠的結論。由於空氣品質變化的原因十分複雜，影響的變數有氣象因子、地形因素、污染的排放量等。環境科學家透過科學的原理，發展出各種不同的空氣品質模式，這些空氣品質模式均有不同的假設，雖然模式可以用來做為協助政策決定的工具，但是正因為假設不同，所以模擬所得的結果也不一樣，如果因不瞭解其假設而誤用這些模式，則將導致錯誤的決策。

AQMC 所服務的對象，有各級政府的人員，學術界與產業界的人士，提供必要的資訊給這些使用對象是很重要的功能。

■整合各界空氣品質管理力量

就過去國內外在空氣品質模擬的經驗發展來看，與這項工作息息相關的產官學各界可說是各自有心卻又各自無力，進入一個不自覺的迷思之中。學術界企圖發展出一個可以有最精準預報能力的模式，產業界尋找對企業發展最有利的方案，而行政官員也不能不考慮到在執法的立場上公正客觀的角度。

空氣污染總量管制是現階段環境品質管理正推動的工作，而如何讓各個不同領域的專家集中力量來發展出好的空氣品質管理模式來推動這個工作，正是這個中心成立的主要宗旨。

(二)AQMC 的知識管理

AQMC 的特性是它的知識管理層面占了整個組織運作的大部分，因此如何來做好知識的管理也是這個中心組織管理的重要工作（Tiwana, 2002）。

■環境品質模式的知識庫

　　環境品質模式是一個大量科技知識累積的成果，AQMC 的管理其實是一個科技管理的課題（陳王琨，2000）。

　　在環境品質評估的過程中要用到許多不同的環境品質模式，例如在環境影響評估作業與空氣污染排放許可管理，都極度依賴空氣品質模式做為定量的基準。這些模式分別由不同的研究單位與顧問公司所發展出來（如**表一**）。

■AQMC 的外顯知識

　　在 AQMC 所形成的外顯知識，包括已經具體成形的各種資訊，例如各種法規、公開的模組、環境資料庫等等，如**表二**所示。這些外顯知識是在進行空氣品質模擬時所必備的。例如發展出來的模式，包括模式的學理、方程式、電腦程式等。各種環境資料庫，包括氣象資料庫、環境品質數據庫、文書檔等。相關的界面，包括各種輸入界面與輸出界面。以及模式手冊，包括各種系統手冊、操作手冊等。

■AQMC 的內隱知識

　　在 AQMC 的計畫進行過程當中，研究人員除了要努力將有關空氣品質模式的各種外顯知識加以整理之外，另外則必須透過網路運作、專案討論、以及訓練課程等活動來架構模式支援中心的「內隱知識」層面。

表一　由不同單位所發展出來的空氣品質模式

編號	模式名稱	發展單位與研究之專家學者	說明
1	ISC	美國環保署	美國環保署認可模式
2	CALINE--4	美國加州空氣資源管理局	美國環保署認可模式
3	TAQM	雲林科技大學環安所	國內評估使用模式
4	UAM	美國系統應用國際公司（SAI）	美國環保署認可模式
5	GT_X	中興大學環工所	國內評估使用模式
6	CAMX	中興工程顧問公司	國內評估使用模式
7	TEDS	中鼎工程顧問公司	國內評估使用模式
8	AUSPLUME	澳洲余佩克電腦公司（SUPAC）	美國環保署認可模式

資料來源：環保署，2002。

表二　AQMC 的外顯知識

類別	種類名稱	知識的內容
第一類	發展出來的模式	模式的學理、方程式、電腦程式等。
第二類	各種環境資料庫	氣象資料庫、環境品質數據庫、文書檔等。
第三類	相關的界面	各種輸入界面與輸出界面。
第四類	模式手冊	各種系統手冊、操作手冊等。

表三 AQMC 所產生的各種「內隱知識」

類別	種類名稱	知識的內容
第一類	個人的經驗	使用模式的技巧、詮釋模擬結果的能力。
第二類	組織的經驗	協調進行模式專案的分工能力，組織成員默契。
第三類	社群的經驗	發展新技術、新模式的能力、社群成員的信任度。
第四類	社會整體的經驗	使用空氣品質模式解決環境管理問題的能力。

在**表三**中列出了各種屬於 AQMC 所產生的各種「內隱知識」。

很顯然地，取得一個 AQMC 的程式並不代表已經解決了空氣品質管理的問題，因為如何正確地使用這個模式還包含了許多的「內隱知識」。同樣地，即使把一個空氣品質模式依照使用手冊計算出結果也不代表空氣污染的問題已經得到解決，因為如何正確地來詮釋（interpretation）這個結果是需要大量的「內隱知識」的。

與「外顯知識」不同的是，「內隱知識」其實是比較個人化的，也很難用具體的文字或言語來表示出來，它就像民間傳統工藝的藝師一般，有很多的知識與經驗其實連這些藝師都說不出來，但是它的確就是有這些的價值存在。在空氣品質模式支援中心的建構上，是不能忽略這些「內隱知識」的存在的。而如何將這些「內隱的知識」傳承下來，甚至於以最適當的教育訓練課程保存在社會大眾之中，是 AQMC 的教育訓練課程中所注意的事項。

(三)AQMC 的分散式組織管理

■引入 AQMC 非營利組織的概念

　　AQMC 結合非營利組織型態的空氣品質論壇將能更有效地導引社會大眾進入國內空氣品質的管理領域，讓產官學各界的能力與資源能夠充分地結合並有效發揮。而以分散式組織的概念來做為本中心的架構，則可以達到組織的永續經營與最大邊際效益。

　　組織的成效由組織管理架構決定。如何將社會大眾的力量引入這個組織來建構一個有效的架構，是建構這個中心必須要考量的問題，以非營利組織型態運作的空氣品質論壇可以提供模式中心永續經營的的源頭活水。

■AQMC 的公共參與

　　空氣品質論壇是在國內的關心空氣品質的專家學者的努力之下成立，空氣品質論壇沒有取得任何單任的補助，也不具有政府部門的公權力，它是典型的第三部門非營利組織。過去國內環境工程的實務參與者或多或少在空氣品質的管理上曾經涉入，也瞭解到這個領域一步一腳印的成績。過去曾經是以公部門領導的時代現在已經漸漸加入了民間的力量來參與。

　　當空氣品質論壇成為一個獨立的社會力量之時，會直接反應出民間社會對於追求空氣品質改善的渴望，而真實的意見也可以呈現在這個組織之中，因此模式中心的架構中必然要適度地與空氣品質論壇做相當程度的結合，才能夠將這個社會的力量加入。

■結合網路管理的組織管理

　　現今環保署的 AQMC 是以網路進行管理，其架構如**圖二**所示（環保署，2002）。

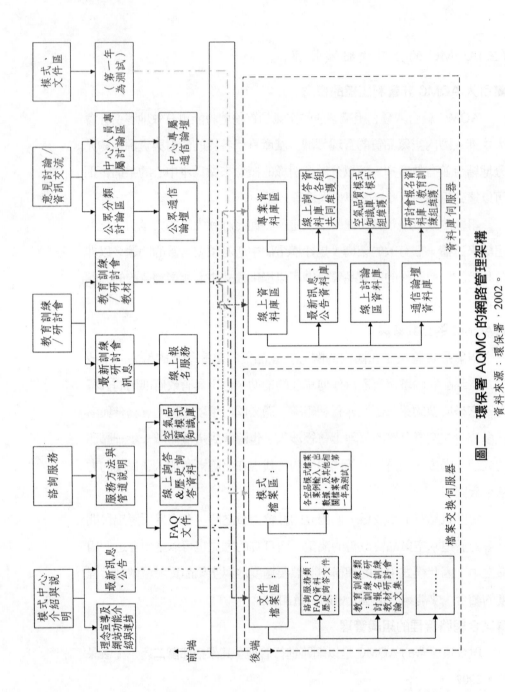

圖二　環保署 AQMC 的網路管理架構

資料來源：環保署，2002。

(四)AQMC 的組織管理架構

AQMC 在空氣品質管理的工作中扮演重要的角色，它具有以下的特色：

■學習型的組織（learning organization）

AQMC 是一個標準的學習型組織，在中心擁有豐富的空氣品質管理的實務經驗與研究的成員，因此也自然形成一個協助解決問題與發展新技術的場所。建立了學習型組織的次文化之後，AQMC 也可以協助各個參與的成員在有關空氣品質管理的知識上不斷地成長，提高每一個成員在國內與國外的相同領域上的能力。

■虛擬中心組織（Virtual organization）

AQMC 是一個虛擬的組織，以虛擬中心的方式來建立支援中心，因此模式中心是將知識儲存在不同的專業者之身上，它的主要知識來自於各個成員間的默契，並且透過網路（net）與專案（task）來結合。所以它雖然沒有固定的硬體組織，但是它的效率卻是比剛性的組織結構要高得多。

■知識入口網站

AQMC 定位為一個有關空氣品質模式知識的入口網站，在這個中心內成員可以得到各種有關空氣品質管理的各種知識。除了透過中心的連結、網頁內容、訓練教材、以及專案成果之外，上網瀏覽者還可以由模式中心的成員身上取得想要得到的各種「分散的知識」（註：意即那些不是已記錄成為文字的經驗或方法，也就是「內隱的知識」）。

(五)AQMC 的社群成長

「知識誠可貴，人才價更高」[4]（尤克強，2002），建構一個可以讓

---

[4] 見尤克強著，《知識管理創新》一書序文。

不同專業人才進入組織之中的管理架構，才能讓這個中心的人才社群不斷成長。

由於空氣品質模式的教育訓練涉及了許多的專業知識，因此它不可能由獨一的個人或機構所獨占，它必然是由一個社會大眾充分參與的社群來共同經營才會有最好的成果。

有許多不同面向的人可以參加到這個社群裡，包括模式發展者，使用模式者，以及對環境品質如何改善關心的社會大眾，他們都應該要有不同的方式可以進到這個社群裡頭。

因此，AQMC 應該看成是一個介於公部門與私部門之間的社群，因此若以嚴格的眼光來看，它是一個由第三部門來運作的單位。因為它具有第三部門的性質，所以應該以一個非營利組織的方式來進行經營與管理，如圖三所示。

網路上的公共參與，是一個帶有社會公平與理想性質的工作，因此完全符合杜拉克的見解。在建構本研究之初，即以此一構想為架構，讓每一位參與的成員以第三部門的參與者來推動，並且透過「台灣空氣品質論壇」的網路，來擴大社會的參與面，讓 AQMC 能夠成為一個發揮空氣品質管理專業的中心。

要讓這個工作做得更好，就必須要讓這個社群（community）不斷地成長，讓關心這項工作的所有人都有機會參與這其中的任何一項工作。教育訓練課程的改良是要由社群的參與才能成功的，因此透過教育訓練課程這個平台，以及網路教學課程的機制，可以打造一個空氣品質管理的專業社群，讓每一個人的專業才智都能互相貢獻並且互相學習。

圖三　公部門、私部門、與第三部門性質的 AQMC

五、個案研究之結果與討論

(一)網站的知識管理工作內容

　　AQMC 網站的知識管理工作內容，主要是推動「容許增量限值」的空氣污染管制制度，並與固定污染源「許可証制度」充分配套，以落實固定污染源的管制，使地方政府或是相關顧問公司從業人員能獲得充分的資料檔與技術的支援。在 AQMC 網站的知識管理工作內容，包括以下各項工作：

1. 伺服器硬體的維護及網站安全性維護（備份及防止駭客入侵）。
2. 例行性的網頁之更新與維護。
3. 用電子郵件發行會員簡訊，內容包括服務、資料更新、中心重要成果、人事等項目。至少每二個月發行一次。
4. 按月統計中心網頁服務成果（網站登入人次、溜覽頁數，檔案下載容量、網站失效時數）。

5.氣象資料後處理、並建檔上架（放在網路伺服器上）。

6.空氣品質數據後處理，並建檔上架（放在網路伺服器上）。

7.收集彙整使用者意見，進行網頁改革。

AQMC 會員管理系統之建置目的是為了讓進入網站搜尋資料的參訪者能夠得到更完整的資訊服務而建立；當參訪者進入時可瀏覽所有的網頁文件，並在線上諮詢及討論區裡提出相關問題，進一步想要取得本網站所提供的相關資料庫資訊時，必須進入會員管理系統登入註冊成為 AQMC 之會員方可在網站中下載檔案、線上模擬...等各項有關空氣品質模式的資訊服務。

網站會員的資格以電子郵件信箱為篩選條件，主要是 AQMC 所提供的資料大多做為服務顧問公司、環保局及學校研究生……等模式研究操作技術之用，因此為長期性提供完整的資訊與互動性服務，並且更有效率地管理會員來源，以電子郵件信箱做為篩選會員資格之主要條件，初期以 E-mail 的方式通知會員提供在公司或學校研究之用的電子郵件帳號，以方便做為資料傳輸之用，會員管理系統不接受來自不明電子郵件帳號和免費性電子郵件帳號，以提升會員管理制度（見**圖四**）。

(二)網站裡的公共參與

AQMC 網站內容除了提供靜態文件以供閱讀與下載之外，與使用者間的互動包括空氣品質模式相關問題的諮詢討論。另外提供使用者線上模擬與線上資料查詢功能，提供使用者整合性的資源服務。

除了長期進行 AQMC 的維護與更新之外，在會員管理、網站資源瀏覽統計，以及空氣品質模式相關諮詢服務三個方面，相關統計結果說明如後：

會員管理方面，截至二〇〇五年五月底止註冊成為會員的人數為 357人（**圖五**），會員多來自學校研究生、顧問公司、及本中心工作人員，平

圖四　AQMC 的線上資料庫查詢系統（資料庫查詢結果顯示頁面）

均每天的註冊的會員總數為 0.35 人。討論區中文章總數為 261 篇，主題總數為 113 篇，平均每天發表的文章總數為 0.26 篇。

　　為更瞭解 AQMC 建構網站以來實際被使用的效能，將網頁日誌（log）檔案透過軟體進行統計。以下為本年度網站瀏覽點擊（hit）、瀏覽檔案（file）、瀏覽頁面（page）及訪客人數（visit）的統計資料（表四至表七），其中「網站資源瀏覽月總和」是以每月的瀏覽總數進行統計，「訪客平均使用資源表」是以當月瀏覽總數除以訪客數得每位訪客的平均資料，「平均每日使用資源表」是計算每日的瀏覽平均數（以下各統計表製表日期為二〇〇五年九月二十三日）。

　　AQMC 自開站以來截至九月二十三日止，訪客總人數為 28,032 人。依統計表之**表 4.1.5.1** 可知：自二〇〇五年一月至九月二十三日，訪客總人數為 22,790 人，其總平均數為每日 85 位訪客，每位訪客平均瀏覽 7.11 個頁面，平均讀取 15.2 個檔案。

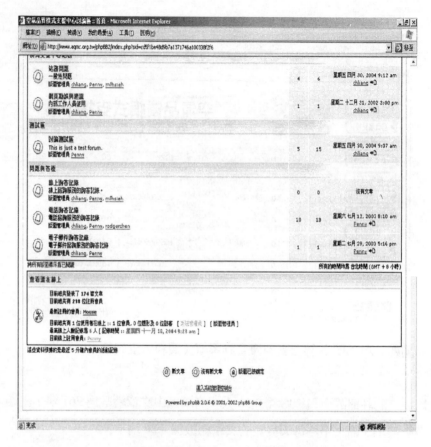

圖五　AQMC 會員（截至二〇〇五年九月底共計會員 357 人）

表四　AQMC 網站資源瀏覽月總和

月份	點擊數（hits）	檔案數（files）	頁面數（pages）	訪客數（visits）
2005/01	42,927	28,664	12,126	1,358
2005/02	43,590	31,029	15,731	1,775
2005/03	73,827	48,876	21,263	2,821
2005/04	54,247	37,975	18,511	2,560
2005/05	54,284	38,939	17,153	2,436
2005/06	55,263	38,880	19,041	2,976
2005/07	68,048	41,208	25,991	3,352
2005/08	73,574	48,970	18,214	3,125
2005/09	50,525	32,712	14,054	2,387
總　　計	516,285	347,253	162,084	22,790

表五　AQMC 網站之訪客平均使用資源表

月份	點擊數 （hits/訪客數）	檔案數 （files/訪客數）	頁面數 （pages/訪客數）	訪客數 （visits）
2005/01	31.6	21.1	8.9	1,358
2005/02	24.6	17.5	8.9	1,775
2005/03	26.2	17.3	7.5	2,821
2005/04	21.2	14.8	7.2	2,560
2005/05	22.3	16.0	7.0	2,436
2005/06	18.6	13.1	6.4	2,976
2005/07	20.3	12.3	7.8	3,352
2005/08	23.5	15.7	5.8	3,125
2005/09	21.2	13.7	5.9	2,387

表六　AQMC 網站之平均每日使用資源表

月份	點擊數 （hits/日）	檔案數 （files/日）	頁面數 （pages/日）	訪客數 （visits/日）
2005/01	1,385	925	391	44
2005/02	1,453	1,034	524	59
2005/03	2,382	1,577	686	91
2005/04	1,808	1,266	617	85
2005/05	1,751	1,256	553	79
2005/06	1,842	1,296	635	99
2005/07	2,195	1,329	838	108
2005/08	2,373	1,579	587	100
2005/09	2,105	1,363	595	99

　　截至二〇〇五年九月底發表於討論區的文章共計 263 篇、115 個主題，而諮詢回覆系統已交流了 128 篇（不包括 e-mail 及電話詢答部分）。詢答者在進入詢答網頁時，可以先行參考先前的問題與答覆記錄或是分類討論區。這樣的服務不僅僅是參訪者與中心的互動外，也增加了參訪者間互相的交流。

　　截至二〇〇五年九月底，空氣品質模式支援討論區可區分為十類，共有 115 個主題、263 篇文章，各類討論區的子題與主題數、文章數如**表七**。

表七 AQMC 討論區的子題與主題數、文章數

	主題	文章數
1.空氣品質模式		
空氣品質模式一般性問題	17	31
ISC 模式	15	24
GTx 模式	0	0
TPAQM 模式	0	0
TAQM 模式	4	12
CAMx 模式	6	8
2.氣象資料與模式		
氣象資料與模式一般性問題	18	40
3.排放源與排放模式		
排放源與排放模式一般性問題	1	2
4.空氣品質觀測		
空氣品質觀測一般性問題	3	6
5.教育訓練		
教育訓練一般性問題	2	5
6.策略評估		
策略評估一般性問題	0	0
7.科技發展與國際交流		
科技發展與國際交流一般性問題	0	0
叢集電腦使用問題與維護	25	91
8.模式支援中心站務		
站務問題	4	6
網頁勘誤與建議	1	1
9.測試區		
討論測試區	5	15
10.問題與答覆		
線上詢答紀錄	0	0
電話詢答紀錄	12	20
電子郵件詢答紀錄	2	2
Total	115	263

六、進一步的分析與討論

（一）資訊網站的知識創造與擴散

　　AQMC 是一個具有教育學習功能的組織。知識的創造依靠研發，而知識的擴散要靠教育。不論是教學者或是學習者都會關心到他們在這個中心能學習到什麼樣的知識內容，因此我們將空氣品質管理的模式所涵蓋的知識與 AQMC 所可以擁有的知識做一比較說明。這包括了 AQMC 的「知識管理」與「資訊管理」兩大類。我們根據 AQMC 的以上特性以及潛在學習者的要求來設計它的課程內容。

　　針對空氣品質模式的使用者之需求來分析，大致上可以有以下的三大類，即：研究部門、工業部門、行政部門等。研究者要針對模式的性能不斷改進，他需要的是詳細的模式內容。工業部門要的是如何來使用這個模式的方法，因此他們要針對如何操作的部分加以學習。而行政部門在意的是模式結果的解釋，因此他需要的是概念性的解說。從科學教育的原理來選擇出三種不同的教學方法來適應這三種不同類別的學習者。

　　對於研究部門而言，以「探究訓練式」的教學法是較恰當的，因為這個方式可以滿足科學研究者對於事實真相的釐清，所以課堂講授與當面討論是極有必要的。

　　而對於工業部門而言，則以「操作學習式」的教學法較為恰當，透過電腦實習與操作，可以滿足大多數實務者在模式使用上的需求。對於行政管理者而言，則以「問題解決式」的教學法較為恰當，這樣可以符合行政部門針對特定問題尋求答案的心理需求（鍾聖校，1999）。這三種不同的教學法，可以用**表八**加以說明。

表八　模式支援中心辦理教育訓練課程的教學原則與方法

	對象	教學方法	教學方法之特色與說明
1	研究部門	探究訓練式教學法	針對特定原理課堂講授與互動討論。
2	工業部門	操作學習式教學法	以實際的教案進行練習或電腦上機。
3	行政部門	問題解決式教學法	由教師或學生提出，問題尋求答案。

表九　AQMC 所發展的網路模式訓練教材

類型	內容	教學方法	說明
A1	基礎學理	問題解決式教學法	針對基本學理設計網路教材
A2	基礎法規	問題解決式教學法	針對相關的法規設計網路教材
B1	電腦操作	操作學習式教學法	針對模式的操作技巧加以訓練
B2	模擬解說	操作學習式教學法	針對模式模擬結果如何詮釋加以討論
C1	擴散理論	探究訓練式教學法	針對基本的擴散理論加以講解
C2	模式原理	探究訓練式教學法	針對模式的設計加以講解

　　因此，我們在辦理教育訓練課程中考量到這個機制，也要求授課的教師以上述的原則與教學方式來進行授課。AQMC 也透過電腦網路來建立一個鬆散而卻有效率的社群，因此利用網路教學，可以充分發揮它的長處，教育訓練組在進行中也規劃出未來的模式支援中心的網路教學課程之架構。網路教學具有不受時空限制的優點，只要電腦界面設計得當，便可以得良好的教學成效。我們認為在網路教材上應該有不同程度的區分，因此將它分成為六個不同的階段，即 A1、A2、B1、B2、C1、C2 等。各級的程度與內容如**表九**所列。

　　這六個不同的課程，可以由學習者針對自己的需求來進入網路中學習，並且由模式發展者（即本訓練課程之教師）設計相關的考題，使學習者可以在閱讀完全部的教材之後測試自己的學習成效。每一單元採用題庫的方式，並且以隨機抽樣的方式來選取考題。

　　配合網路教學教材的提出，同時辦理面授的課程，這是一個認證的課程設計，試著把網路教學與面授認證的教育訓練課程更進一步地系統

化，讓學習者可以更多元地學到他所要的課程內容，也讓模式支援中心的知識更進一步地擴散到各個層面。

(二)網路中的民主與公共參與

AQMC 網站中試圖建構一個可以讓一般民眾、企業界、以及學術領域的溝通平台，這種新的形式的政策溝通方式雖不成熟，但卻值得嘗試。從學者以及本研究中，也看到了以下的現象。

首先，是與政府的信任關係，這是民主社會中的基本公民素養，技術專案的工作者可以建構好網路的知識管理架構與問題諮詢系統，但是能否有權限就網路中所出現的重大政策做出回應？通常技術工作者是不會去嘗試的。

這個現象也回應了另一個根本的問題，即：網際網路能否成為公共領域？（翟本瑞，2002）而若是政府未能在網路上就公共議題提供公開而平等的政策辯論空間，或是民眾無法得到全面性的充分資訊，將形成對於政府缺乏信任的狀況（遲恒昌，1999）（瞿海源，2001）。在 AQMC 中，試圖在這個入口提供了各種相關的空氣品質管理之資訊，但仍不免發生上網瀏覽者對於它的功能有過度期待的情形。

(三)政府資訊網站裡的數位落差

數位落差（digital gap）很明顯地出現在 AQMC 中，這個落差除了電腦的使用本身限制外，還有一個是來自於 AQMC 探討的主題——空氣品質模式，本身就是一個相當高的門檻，它的內容不容易被一般的民眾所瞭解。

而在網路上，因為參與者可以自由流動，因此不易針對一特定的議案形成共識的結論，進而成為決策參與的依據。在 AQMC 中採用了自由瀏覽與登記會員的方式，登記會員所呈現的問題討論通常是技術層次較高的。而自由瀏覽者則多半是以取得相關的訊息為目的。因此，AQMC

圖五　AQMC 於網站首頁上提供最新活動消息、空氣品質月報及季報

定期主動公布相關的討論訊息在網站之中。以簡訊專題，依氣象、排放源、空氣品質模式以及容許增量限值等四個主題，邀稿八篇文章。各文章的題目如下所示：

1. 地表能量平衡處理大氣穩定度方法與實例。

2. 台灣地區混合層高度分析法。

3. 台灣地表波溫比（Bowen Ratio）分析與分布。

4. CAMx 模式介紹。

5. CALPUFF 模式介紹。

6. TEDS 5 介紹。

7. 容許增量限值最近訊息。

8. 容許增量限值審查原則說明。

（四）技術網路的群體極化現象

網站中的群體極化（group polarization）現象，這個從**表七**中的討論主題內容可以看的出來。這其中的原因可能是因為進入 AQMC 瀏覽到的訊息技術性相當高，因此進入會員或長期接觸到網站的內容，他會出現觀點趨於一致的團體極化情形，這對於強調多元價值的公共論壇也不是很好的現象。改進的方式，可以由版主主動加入一些具有衝突性的議題，提供參與者更多元互動與腦力激盪的機會。

七、結論

公共參與是民主政治的重要內涵，它是一個實踐的過程，而不僅只於一個理論。資訊社會的網路科技形成了另一種形式的溝通工具，在這個工具裡網路社會有沒有公共參與的機會？面對著複雜的資訊科技，我們要如何來做好它的知識管理，以確保其中的公共領域有真正的公民參與，在本研究中做了較深入的探討。

政府官方的環境資訊網站可以產生很多的資訊，這些資訊要如何以有效率的方式來進入社會大眾？本研究中試著從一個政府環境資訊網站中找出結合第三部門非營利組織與知識管理的管理方式，以學者所提出的各種理論來檢討個案現在的運行狀況，由結果顯示出第三部門力量進入政府資訊網站是可行而有必要的。

為了要達到組織的永續經營與最大邊際效益，本研究中提出了以分散式組織的概念來做為中心的組織架構之建議，以知識管理及第三部門的角度來探討空氣品質模式支援中心的管理架構，包括組織定位，管理方式、以及知識管理的方法等。本研究顯示出 AQMC 結合非營利組織型態的空氣品質論壇能有效地導引社會大眾進入國內空氣品質的知識領

域，並且讓產官學各界的能力與資源充分地結合並有效發揮。

在模式中心的知識管理上，本研究中設計出模式中心的網路管理架構，以及讓組織所產生的知識擴散的有效方法，包括網路課程與訓練課程的教學模式等。研究中也發現，環境品質模式正如同地震、颱風、環保等議題一般，是一個涉及大量專業知識，同時也是民眾所關心的話題，因此要如何以最有效的方式來傳達經過專業判斷所得到的知識與決策，這是政府部門管理者所必須面對的。

表面上看來，網路因為不受時空限制以及溝通自由的因素，有可能建構一個民主的公共論壇，但事實上，因為數位落差以及群體極化現象，使得這個公共論壇的理想還有再努力的空間。

致　謝

本研究由行政院環保署於九十一至九十三年間經費補助設立（EPA-94-Fa11-03-A207），以上引述之資料內容均來自於所有參與研究計畫的學者，包括張能復（台灣大學）、張艮輝（雲林科技大學）、莊秉潔（中興大學）、賴信志、蔡俊鴻（成功大學）、余泰毅（銘傳大學）、林文印（台北科技大學）、盛揚帆、林忠銓（景文技術學院）等人之研究成果，謹此致謝！

參考文獻

■中文部分

王如哲，2000，《知識管理的知識與應用—以教育領域及其革新為例》，
　　　台北：五南。

尤克強，2001，《知識管理與創新》，天下文化出版，台北。

司徒達賢，1999，《非營利組織的經營管理》，頁 10-12、48，天下文化出版，台北。

行政院環保署，2002）《空氣品質模式支援中心運作及建立期末報告 EPA-91- FA11- 03- A216》，行政院環保署專案計畫研究報告，台北。

行政院環保署，2005，《空氣品質模式模擬增量管制策略效益檢討及未來新 增污染對空氣品質長期衝擊評估，期末報告 EPA- 94- FA11- 03-A207》，行政院環保署專案計畫研究報告，台北。

林水波，2001，《公共政策新論》，智勝文化出版，台北。

陳王琨，2000，《環境管理概論—環境教育與科技管理》，高立出版社，台北。

陳琇玲譯，Thomas M. Koulopoulos , Carl Frappaolo 原著，2002，《知識管理（*Knowledge Management*）——MBA 自修手冊（4）》，遠流出版社，台北。

湯明哲，2002，〈未來管理的主流〉，《知識管理（*Knowledge Management*）——哈佛商業評論精選（*Harvard Business Review*）》導讀序文，天下文化，台北。

鄭永義，2002，《使命與領導（*Mission and Leadership*）——第三部門系列二》，仁化出版社，新竹。

遲恆昌，1999，〈網路空間間與行動〉，《城市設計學報》，第七／八期。

鍾聖校，1999，《自然與科技課程教材教法》，五南圖書公司，台北。

瞿海源，2001，〈網路公共論壇與民意，有關停建核四事件討論的分析〉，《第四屆資訊科技與社會轉型》研討會。中央研究院社會學研究所主辦，台北市。

黃維明譯，Cass Sunstain 譯，2002，《網路會顛覆民主嗎？》（*Republic.com*），台北，韋伯文化國際出版有限公司。

■外文部分

Alan Irwin, 1995, *Citizen Science: A Study of People, Expertise and Sustainable Development*, New York: Routledge.

Otto, Dianne, 1996, "Nongovernmental Organizations in the United Nations System: The Emerging Role of International Civil Society", *Human Right Quarterly*, vol.18, pp.140-41.

Drucker, Peter Ferdinand, 1969, *The Age of Discontinuty: Guildines to Our Changing Society*, New York: Harper & Row.

Drucker, F. P., 1990, Managing the Non-Profit Organization-Principles and Practices, 1st ed. Harper Business. NY.

Drucker, Peter Ferdinand, 1993, *Post-capitalist Society*, New York: Harper Business.

Habermas, J., 1989, *The Structural Transformation of the Public Sphere: An Inquiry into a Category of Bourgeo's Society*, Cambridge: Policy Press.

Habermas, J., 1984, The Theory of Communication Action, Vol. I: Rationalization of Society. USA, Boston: Beacon Press.

Holsapple, C. W., 1995, "Knowledge-Management in Decision Making and Decision Support", *Knowledge and Policy: The International Journal of Knowledge Transfer and Utilization*, 8(1): 23-32.

Jacques, Ellul, 1964, "The Technological Society", New York: Vintage Books,.

Oh, Cheol H. & Robert E. Rich, 1996, "Explaining Use of Information in Public Policymaking", *Knowledge and Policy: The International Journal of Knowledge Transfer and Utilization*, 9(1): 3-35.

Tiwana, A., 2002, "The Knowledge Management Toolkit", *Prentice Hall PTR.*, NJ.

Ventura, Stephen J., 1995, "The Use of Geograghic Information Systems in

Local Government", *Public Administration Review*, May/June, Vol.61, No 3, pp.256-265.

POLIS 系列 36

政治與資訊的對話

主　　編／張錦隆、孫以清
出 版 者／揚智文化事業股份有限公司
發 行 人／葉忠賢
登 記 證／局版北市業字第 1117 號
地　　址／台北縣深坑鄉北深路三段 260 號 8 樓
電　　話／(02)2664-7780
傳　　真／(02)2664-7633
網　　址／http://www.ycrc.com.tw
 E-mail ／service@ycrc.com.tw
郵撥帳號／19735365
戶　　名／葉忠賢
法律顧問／北辰著作權事務所　蕭雄淋律師
印　　刷／大象彩色印刷製版股份有限公司
 I S B N ／978-957-818-792-4
初版一刷／2006 年 7 月
定　　價／新台幣 450 元

＊本書如有缺頁、破損、裝訂錯誤，請寄回更換＊

國家圖書館出版品預行編目資料

政治與資訊的對話 /張錦隆, 孫以清主編. --
初版. -- 臺北縣深坑鄉 : 揚智文化, 2006[
民 95]
　　面 ;　　公分. -- (POLIS 系列 ; 36)

ISBN 978-957-818-792-4(平裝)

1.資訊科學 - 論文,講詞等

312.907　　　　　　　　　　　95014120